Gerhard Andreas Schreiber

Neue Wege des Publizierens

Gerhard Andreas Schreiber

Neue Wege des Publizierens

Ein Handbuch zu Einsatz, Strategie
und Realisierung aller elektronischen Medien

Die deutsche Bibliothek – CIP-Einheitsaufnahme

Schreiber, Gerhard Andreas:
Neue Wege des Publizierens: das Handbuch zu Einsatz, Strategie und
Realisierung aller elektronischen Medien / Gerhard Andreas Schreiber.
– Braunschweig; Wiesbaden: Vieweg, 1997
   (Vieweg business computing)
ISBN-13: 978-3-322-84946-5   e-ISBN-13: 978-3-322-84945-8
DOI: 10.1007/978-3-322-84945-8

http://www.vieweg.de

Gedruckt auf säurefreiem Papier

ISBN-13: 978-3-322-84946-5

Vorwort

Multimedia, Electronic Publishing, Internet, Intranet... - diese und ähnliche Begriffe beschreiben nur einen Teil des Umbruchs, den die Medienwelt durch die wachsende Bedeutung neuer elektronischer Informationsträger in den vergangenen Jahren erfahren hat und dem sie in noch weit stärkerem Maße in Zukunft gegenüberstehen wird.

Die Auseinandersetzung mit diesen Neuen Medien, also allen Produkten im Bereich von Offline und Online, weckt bei Medienunternehmen gleichsam Verlangen und Ängste. Die Eigentümer der klassischen Inhalte sehen sich neuen Herausforderungen gegenüber, die gleichermaßen Chancen und Risiken in sich bergen.

Die Folgen, die sich aus der Digitalisierung der Kommunikationswege und Datenstrukturen für Anbieter und Nutzer von Information ergeben, sind in Umfang und Tragweite derzeit nur ansatzweise erkennbar. So groß allerdings die Freude über die nie gekannte Aktualität und die atemberaubende Menge verfügbarer Daten im ersten Moment auch sein mag, so frustrierend gestaltet sich zuweilen der tägliche Umgang mit den Neuen Medien. Dies gilt sowohl für die Informationsanbieter als auch die Nutzer der neuen Services.

Herausforderungen für Anbieter sind deren neue Rolle als Navigatoren in der Flut der Information, die mediengerechte Aufbereitung sowie Distribution ihrer Daten in neuen Kanälen und die Entwicklung - auch ökonomisch - tragfähiger strategischer Konzepte. Es gilt für Medienunternehmen, einen Markt auszuloten, dem die scharfen Konturen des klassischen Buchmarktes, der Tageszeitungen oder der Telekommunikationsstrukturen früherer Jahre bislang fehlen.

Aufbereitung und Distribution der digitalen Datenbestände wirken sich dabei auf die gesamte Kette der Informationsgenerierung von den Autoren bis zum Endverbraucher aus und bedingen entsprechende Änderungen von Aufbau- und Ablauforganisation innerhalb der Medienunternehmen.

Neue Produktionsprozesse im Umfeld von Multimedia führen zur Entstehung völlig neuer oder gravierender Veränderung bestehender Berufsbilder. Im Markt sind ausgeprägte Konvergenztendenzen mit der Bildung von Kooperationen und Allianzen über unterschiedliche Branchen hinweg erkennbar.

Die Individualisierung der Information läßt im Gegenzug die Entstehung von Marktnischen und extrem kleinen, hochspezialisierten Marktsegmenten zu, in denen aussichtsreiche Perspektiven für entsprechend kreative Kleinunternehmen liegen.

Im vorliegenden Buch werden die Entwicklung bis zum status quo, der aktuelle Stand von Technik und Marketing, relevante Businesskonzepte und Markttendenzen aufgezeigt.

Um die Aktualität des Buches über einen längeren Zeitraum zu gewährleisten, stehen Erweiterungen und Ergänzungen über einen speziellen Internetservice zur Verfügung.

Danken möchte ich Frau Heike Strumpen für Ihre Unterstützung bei der Korrektur des Buches, Herrn Dr. Reinald Klockenbusch vom Verlag Vieweg für die konstruktive Zusammenarbeit, Herrn Jürgen Jung für seine langjährige Hilfe im Bereich des klassischen Publizierens der Druckvorstufe sowie dem Süddeutschen Verlag in München.

Im besonderen möchte ich dieses Buch meinem Sohn Markus und der Familie Korntheuer aus St. Leonhard am Walde in Österreich widmen.

München, im Juli 1997

Gerhard Andreas Schreiber

Inhalt

1. Einführung

1.1	Wozu ein Handbuch über Neues Publizieren?	1
1.2	An wen richtet sich das Buch?	3
1.3	Systematik	3

2. Grundlagen

2.1	Im Anfang war das Wort ...	5
2.2	Die Entwicklung des elektronischen Publizierens	6
2.2.1	Der Weg zur Informationsgesellschaft	8
2.2.2	Multimedia - eine neue Dimension	11
2.2.3	Integration als Konzept	14
2.2.4	Interaktivität	15
2.3	Neue Medien und Kommunikation	16
2.3.1	Werbung und Neue Medien	17
2.4	Wie definieren sich Neue Medien	18
2.4.1	Digitale Datenbestände	20
2.4.2	Interaktivität in der Anwendung	22
2.4.3	Interaktive Offline-Medien	22
2.4.4	Interaktive Online-Medien	24
2.4.5	Nicht interaktive elektronische Medien	25
2.5	Ausblick - Die neuen Herausforderungen	26

3. Offline-Medien

3.1	Überblick	28
3.1.1	Differenzierungskriterien	28
3.1.2	Magnetische Speicherung	29
3.1.3	Optische Medien - Die Compact Disc	31
3.1.3.1	Die Audio-CD (CD-DA)	34
3.1.3.2	Die CD-ROM	36
3.1.3.3	Die Mixed Mode-CD	39
3.1.3.4	Die CD-ROM/XA	40

3.1.3.5   CD-I, CD-I-Ready und Bridge-CD 41
3.1.4   Die CD-Recordable 42
3.1.4.1   Die Kodak Photo CD 44
3.1.5   Magneto-optische Speicherung (CD-MO und
           MiniDisc) 44
3.1.6   Die CD-RW 46
3.1.7   DVD 46
3.1.8   Kompatibilität der einzelnen CD-Formate 50

4. Die Herstellung von Offline-Medien

4.1   Projektplanung 52
4.2   Die Konzeptionsphase 57
4.3   Medienbereitstellung 60
4.3.1   Grundlagen der Datenbereitstellung 61
4.3.2   Textdaten 63
4.3.3   Graphiken 66
4.3.4   Digitale Tonaufzeichung 67
4.3.5   MIDI 70
4.3.6   Computergraphik und Animation 71
4.3.7   Digitales Video 76
4.3.8   Datenkomprimierung 81
4.3.8.1   Komprimierung von Bilddaten 82
4.3.8.2   Komprimierung von Videodaten 85
4.3.8.3   Komprimierung von Audiodaten 87
4.3.9   Medienneutrale Datenstrukturierung 89
4.3.10   Adobe Acrobat 91
4.4   Datenbankerstellung 94
4.4.1   Datenanalyse 95
4.4.2   Datenbanktypen 96
4.4.3   Strukturierung auf dem Datenträger 97
4.4.4   Datenzugriff (Indizierung und Retrieval) 97
4.5   Authoring 100
4.6   Premastering, Mastering und Endfertigung 102
4.6.1   Einzelfertigung von CD-R's 102
4.6.2   Massenfertigung in Preßwerken 103
4.6.3   Labeling und Packaging 104

5. Strategieentwicklung Offline

5.1	Markt und Wertschöpfung	106
5.1.1	Markt und Produkte	106
5.1.2	Wertschöpfung	109
5.2	Der Markteintritt - Positive und negative Faktoren	111
5.3	Phasen der Strategieentwicklung	112
5.3.1	Analysephase	113
5.3.2	Unternehmensanalyse	115
5.3.3	Machbarkeit, Preisfindung und Wirtschaftlichkeit	118
5.4	Ausblick	121

6. Online

6.1	Einführung	122
6.1.1	Entstehung und geschichtliche Entwicklung	123
6.2	Aufbau und Organisation des Internet	126
6.2.1	Grundstruktur des Internet	126
6.2.2	Adressierung	127
6.2.3	Technische Voraussetzungen und Protokolle	130
6.2.3.1	Weiterentwicklung des IP-Protokolls	132
6.2.3.2	Hardware	134
6.2.3.3	Zugang zum Netz	135
6.2.4	Nutzungskosten	136
6.2.5	Netzproviding in Deutschland	142
6.3	Die Dienste des Internet	145
6.3.1	Email	145
6.3.2	Usenet	147
6.3.3	Dateitransfer (FTP)	149
6.3.4	Archie	150
6.3.5	Telnet	150
6.3.6	Gopher	151
6.3.7	Internet Relay Chat (IRC)	152
6.3.8	Das World Wide Web	153
6.3.9	Applikationen im WWW	155
6.3.9.1	Server	155
6.3.9.2	Browser	155

6.3.9.3	Globale Suche über Search Engines	156
6.4	Sicherheit im Netz	157
6.4.1	Paketfilterung und Adreßtransformierung	158
6.4.2	Proxy-Lösungen	159
6.4.3	Überwachung von Sitzungen	160
6.4.4	Organisatorische Konzeption	160
6.5	Internet und Intranet	161
6.5.1	Erstellung von Online-Dokumenten	161
6.5.2	Kriterien zur Gestaltung von HTML-Seiten	162
6.5.3.1	Die weitere Entwicklung - XML als neuer Standard?	163
6.5.3	Intranet - Das Internet im LAN	164
6.5.4	Implementierung von TCP/IP	167
6.5.5	Datenbankzugriff aus dem WWW	168
6.5.6	Internet-Programmierung	170
6.5.6.1	Programmierung in Java	171
6.5.6.2	Programmierung von CGI-Scripten	171
6.5.6.3	Serverseitige Script-Sprachen (Perl)	172
6.5.6.4	Server Side Includes	173
6.5.6.5	ActiveX	173
6.6.6	Übersicht über WWW-Software	174

7. Marketing im Netz

7.1	Grundlagen	177
7.1.1	Markt und Nutzer	179
7.2	Produkte	183
7.2.1	Strategische Überlegungen	184
7.2.2	Reichweitenmessung im WWW	185
7.3	Handel im Internet	187
7.3.1	Bezahlung im Internet	189
7.4	Bekanntheit im Web	195
7.5	Beispiel: Die Süddeutsche Zeitung online	195
7.5.1	Die Umsetzung: Online im Süddeutschen Verlag	196
7.5.2	Kommerzialisierung - Anzeigen online	198

8. Strategieentwicklung und Projektmanagement

8.1	Strategieentwicklung	202
8.1.1	Grundsätzliche Fragestellungen	205
8.1.2	Strukturentwicklung	206
8.1.3	Phasen der Strategieentwicklung	208
8.1.4	Analysephase	209
8.1.5	Von der Strategiefestlegung zur Realisierung	211
8.1.6	Beispiele strategischer Planung	212
8.2	Projektmanagement	217
8.2.1	Phasen der Projektumsetzung für einen Auftraggeber	217
8.2.2	Aufbauorganisation	219

9. Digitaler Rundfunk - DAB und DVB

9.1	Digitaler Hörfunk - DAB	224
9.1.1	Technische Grundlagen	225
9.1.2	Datenformate	226
9.1.3	Wertschöpfung in DAB	227
9.1.4	Stand der Entwicklung	230
9.2	Digitales Fernsehen - DVB	232
9.2.1	Grundlagen	232
9.2.2	Charakteristika/Funktionalität	234
9.2.3	Einsatzmöglichkeiten	235
9.2.4	Zukunftssicherheit	236
9.2.5	Nutzung von Breitbandnetzen für Internet und Video-on-demand	236
9.2.6	Kabelmodems versus ISDN	237

Anhang A: Glossar

Anhang B: Literaturverzeichnis

Index

1 Einführung

1.1 Wozu ein Handbuch über Neues Publizieren?

Neue Schlüssel-
faktoren

Die Faktoren Kommunikation, Informationsbeschaffung und Informationsgestaltung spielen als wirtschaftliche, politische und soziale Schlüsselgrößen im privaten wie geschäftlichen Leben eine ständig wachsende Rolle.

Publizieren als
individueller Prozeß

Gleichzeitig ist das Publizieren, also Veröffentlichen von Information, durch die Möglichkeiten der Digitaltechnik immer weniger von institutionalisierten Mechanismen wie der Verlagsindustrie oder dem Rundfunk abhängig, vielmehr entwickelt es sich zunehmend zu einem individuellen Prozeß, den jeder Computeranwender mit vergleichsweise geringem Aufwand bewältigen kann.

Neues Publizieren definiert sich als Informationsgenerierung, -aufbereitung und -distribution auf digitalem Wege und stellt für die etablierten Strukturen der Medienindustrie gleichermaßen Herausforderung und Potential dar. Entsprechend waren und sind die Reaktionen der Unternehmen von Unsicherheit geprägt und zeigen sich teilweise in ziellosem Aktionismus oder übervorsichtiger Zurückhaltung.

Zwischen Euphorie
und Ernüchterung

Im Internetbereich beispielsweise erfolgte die Entwicklung im Verlagswesen in den Schritten Verunsicherung, Euphorie und Ernüchterung. Einige Unternehmen versuchten sich (wie der Verlag Burda) mit bescheidenem Erfolg und hohen Kosten außerhalb ihrer Kernkompetenzen als Netzwerkprovider, andere zeigten sich durch die Erfahrung aus teuren Engagements im Rundfunk- oder BTX-Bereich den elektronischen Medien gegenüber so nachhaltig verschlossen, daß Branchenfremde Eintritt in deren Marktsegmente finden konnten. Beispiel hierfür ist der Erfolg der Microsoft-CD-ROM 'Encarta' im Marktsegment der elektronischen Bücher.

Eine weitere Tendenz ist die konvergente Entwicklung des Marktes, durch die Bereiche wie die Kommunikation, Telekommunikation und Multimedia, Rundfunk und Verlagswesen unter dem Oberbegriff 'Informationsindustrie' zusammenwachsen.

Elemente der
Informations-
industrie

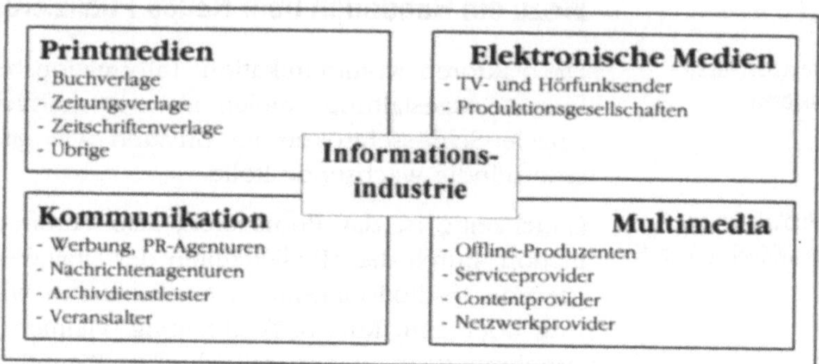

Die zentralen
Fragestellungen

Unter den genannten Gesichtspunkten ergeben sich für Anbieter und Nutzer der neuen Technologien zentrale Fragestellungen:

- Welchen Stand hat die technische Entwicklung derzeit erreicht und welche damit korrespondierenden betriebswirtschaftlichen Konzepte wurden bereits entwickelt?

- Wie können die einzelnen Produktlinien und Märkte definiert werden?

- Wodurch sind die strategischen Herausforderungen für die unterschiedlichen Segmente gekennzeichnet?

- Wie entwickeln sich die lokalen, regionalen, nationalen und internationalen Märkte?

- Welche Produkte besitzen die größten Umsatzpotentiale für den Anbieter?

- Welche Chancen und Risiken bergen die verschiedenen Entwicklungen für den Anwender?

- Wie lauten die Prognosen für den Medienbereich, und mit welchen Kriterien sind sie zu bewerten?

Die Beantwortung dieser Fragen erfolgt im vorliegenden Buch anhand von Definitionen, Beschreibungen und Analysen; die Planung und Bewertung unternehmensrelevanter Konzepte wird anhand von Fallbeispielen, Checklisten und Wirtschaftlichkeitsbetrachtungen erleichtert.

1.2   An wen richtet sich das Buch?

Medieninteressierte als Zielgruppe

Das Buch richtet sich an alle, die sich für den Bereich der elektronischen Medien, den aktuellen Stand von Technik und kommerzieller Nutzung, relevante Markttendenzen und die übergreifenden Zusammenhänge interessieren.

Es wendet sich sowohl an Einsteiger in dieses Gebiet als auch an Leser, die bereits in unterschiedlichen Bereichen der Medienindustrie (wie z.B. im Verlagswesen, in der Werbebranche, beim Rundfunk, in der Computerindustrie oder bei Telekommunikationsunternehmen) arbeiten.

Grundlagen, Definitionen und Planungshilfen

Für den Einsteiger in dieses Themengebiet werden Grundlagen erläutert, Definitionen gegeben und das Zusammenspiel der unterschiedlichen Komponenten der Informationsindustrie gezeigt. Dem professionellen Nutzer aus der Medienbranche werden Planungsgrundlagen an die Hand gegeben, Entscheidungshilfen vermittelt und konkrete Modelle gezeigt.

Ziel des Buches ist es, einen umfassenden Überblick über den technischen Stand und die ökonomischen Kenngrößen des Neuen Publizierens zu geben und Hilfestellung bei der Planung, Realisierung und Vermarktung elektronischer Medien zu leisten.

1.3   Die Systematik

Definitionen und Basiswissen

Das vorliegende Buch ist in neun Kapitel gegliedert. Dieser Einführung folgt ein grundlegendes Kapitel, in welchem die übergreifenden Begriffsdefinitionen erfolgen und Basiswissen vermittelt werden soll. Hier wird eine umfassende Beschreibung der technischen Hintergründe der einzelnen Formen Neuer Medien, deren Entwicklung und Marktposition vorgenommen.

Die klassischen Medien

Ausgehend vom klassischen Printprodukt wird die Entwicklung der Medienindustrie zur Informationsbranche analysiert, wobei zunächst auf die grundlegenden Datenstrukturen und Arbeitsprozesse, im weiteren aber auch auf die Rolle der durch den Einsatz der Digitaltechnik möglichen medienneutralen Datenstrukturierung und die verschiedenen Varianten der Datengenerierung, -haltung und -ausgabe eingegangen wird.

Offline-Medien

Im dritten Kapitel wird das Thema Offline-Medien ausführlich behandelt. Technische Grundlagen der verschiedenen Datenträger werden explizit erläutert.

Die Herstellung

Der darauf folgende vierte Abschnitt behandelt die für die Herstellung von Offline-Medien nötigen Verfahren von der Datengenerierung bis zur Massenherstellung. Einen Teilpunkt bildet die Beschreibung Datenstrukturbeschreibung mittels SGML und HTML, darüber hinaus werden auch ODA und PDF erläutert.

Vermarktung

Nachdem die technische Basis gelegt ist, wird in Kapitel fünf der Vermarktungsaspekt beleuchtet. Hier werden Märkte und Nutzer vorgestellt, Chancen und Risiken sowie die Strategieentwicklung und die Wirtschaftlichkeit von Offline-Projekten behandelt.

Online-Medien

Ebenso wie in den Abschnitten, die die Offline-Medien behandeln, werden auch in den Kapiteln über Online zunächst die technischen Grundlagen und die Entwicklung (Kapitel 6), darauf aufbauend Marketing und Commerce (Kapitel 7) und die Strategieentwicklung sowie das Projektmanagement dargestellt.

Digitaler Rundfunk

Die Zukunftstechnologien im Umfeld des digitalen Rundfunks bilden den Abschluß des Buches.

Den Anhang bilden Listen beispielhafter Internet-Präsenzen, ein Glossar, ein Quellenverzeichnis sowie der Index.

Online-Aktualisierung

Über den Internet-Link

'http://www.infothek.de/svteleradio/schreib'

können Updates der im Buch behandelten Themen abgerufen werden. Weiterhin stehen hier in elektronischer Form die im Buch enthaltenen Listen sowie ein Net-Guide mit Verweisen zu allen behandelten Internet-Adressen und weitere Arbeitsmittel zur Verfügung.

2   Grundlagen

Einführung in die Grundlagen der Neuen Medien

In diesem Abschnitt des Buches wird einführend die Entwicklung dargestellt und der Bereich der Neuen Medien definiert. Der erste Teil widmet sich der Entstehung der klassischen Medienproduktion vom Print bis zum derzeitigen Stand. Darauf folgt eine Darstellung der Rolle der Neuen Medien in der Kommunikation und eine Definition der unterschiedlichen Bereiche. Abschließend wird ein kurzer Ausblick auf die Herausforderungen der neuen Technologien gegeben.

Dieses grundlegende Kapitel soll den Rahmen für die weiteren, praxisorientierten Teile des Buches aufzeigen und die übergeordneten Zusammenhänge darstellen. Es wendet sich vor allem an Leser, die sich an das gedankliche und technische Umfeld herantasten und die praktische Arbeit mit Neuen Medien zunächst im Überblick erschließen möchten.

2.1   Im Anfang war das Wort

Die handwerkliche Herstellung

Über einen Zeitraum von beinahe 500 Jahren - seit der Einführung der beweglichen gegossenen Lettern durch Johannes Gutenberg - war die Herstellung von Medien (und solange war der Begriff Medium dem bedruckten oder beschriebenen Papier gleichzusetzen) ein mehr oder weniger handwerklicher Ablauf.

Jede Einzeltätigkeit bei der Herstellung gedruckter Werke war eingefügt in ein fest umrissenes Berufsbild innerhalb stolzer Handwerksstände. Schriftgießer schmolzen Blei zu einzelnen Lettern, Schriftsetzer fügten diese aus ihren Setzkästen mit dem Winkelhaken zu Druckzeilen und ganzen Seiten zusammen. Die Bleiseiten wurden in die Druckmaschinen montiert und schließlich auf Papierbögen gedruckt. Buchbinder fügten die Seiten zu Büchern und hängten diese nach dem Beschnitt in die Buchrücken ein.

Ende des 19. Jahrhunderts hielten die ersten halbautomatischen Zeilengieß- und Zeilensetzmaschinen Einzug in die Druckereien. Jedes traditionsbewußte Druck- oder Verlagshaus weist noch heute im Foyer mit einer historischen 'Linotype' oder einer ähnlichen Konstruktion auf die Wurzeln des Gewerbes hin.

Mit dem Siegeszug der Zeilensetzmaschinen und der Fortentwicklung der Drucktechnik wurde aus der überwiegend handwerklichen Fertigung die industrielle Produktion.

Während die auf der Bleisatztechnik basierende Verlags- und Druckindustrie ihre Herstellungsweise bis in die sechziger Jahre verfeinerte, aber nicht grundlegend änderte, entwickelten sich die 'klassischen' elektronischen Medien im analogen Hörfunk- und Fernsehbereich.

Die mechanische Speicherung von Ton (Schallplatte) und später auch Bild (Film) wurde durch die analoge Magnetbandtechnik ergänzt. Ende der vierziger und Anfang der fünfziger Jahre wurde mit den ersten Röhrenrechnern wie dem ENIAC (einem tonnenschweren Riesen mit mehreren tausend Röhren), den frühen UNIVAC's und den ersten kommerziellen IBM-Computern der Baureihe 650 eine weitere Basistechnologie geschaffen.

Schon Mitte der sechziger Jahre waren beinahe alle Komponenten der heutigen Informationsgesellschaft verfügbar. Auch der Urahn des heutigen Internet, das Arpanet, war bereits Realität.

2.2 Die Entwicklung des elektronischen Publizierens

Durch die Lochstreifensteuerung der Zeilengießmaschinen in der sogenannten TTS-(Teletype-Setter-)Technik wurde ein erster Schritt zur Automation der maschinellen Satzherstellung geleistet. Steuerungslochstreifen beziehungsweise die darauf gespeicherten Lochmuster wurden an einem von der eigentlichen Setzmaschine entfernten Ort hergestellt ('getastet'), per Draht, Funk oder Satellit versandt und mittels eines Empfängers und Perforators auf die eigentliche Produktionsmaschine übertragen. Dies erlaubte zum ersten Mal eine 'one-to-many'-Produktionsweise, durch die eine Datenquelle mehrere Verarbeitungsziele mit Herstellungsdaten versorgte.

6

Datenaufbereitung und Archivierung in Satzrechenzentren

Die getasteten Lochstreifen mußten in speziellen Satzrechnern für die Blei- oder Photosetzmaschinen aufbereitet werden. In großen Verlagen entstanden Satzrechenzentren, in denen oft auch die kommerziellen Anwendungen der Unternehmen betreut wurden. Da die Satzrechner als Großrechner eine elektronische Datenspeicherung auf Lochstreifen oder Magnetbändern erlaubten, wurden somit die Grundsteine der elektronischen Archive gelegt.

Der Austausch von Daten zwischen unterschiedlichen Satzrechensystemen war allerdings durch die unterschiedlichen Datenformate, welche die einzelnen Hersteller benutzten, deutlich erschwert.

Elektronik ersetzt Blei

Der bereits erwähnte Photosatz begann in den sechziger Jahren zunehmend den herkömmlichen Bleisatz zu verdrängen. Bei der Photosatztechnik wird auf ein belichtungsfähiges Material wie Film oder Photopapier mittels eines Kathoden- oder (wie heute üblich) eines Laserstrahls das Druckbild erzeugt. Nach der Belichtung kann aus diesem Film die Druckvorlage hergestellt werden. Die umfangreichen Stehsatzlager konnten durch einfache und platzsparende Archivsysteme ersetzt, die Herstellungskapazitäten erhöht und die Schriftqualität (Schärfe) verbessert werden. Die Qualität der über viele Jahre entwickelten Ästhetik bestimmter Bleisatzschriften, insbesondere im Akzidenzbereich, wurde allerdings lange Zeit nicht erreicht.

Die ersten Workstations

Der Photosatz führte neben der Entwicklung von Satzrechenzentren auch zu den ersten Workstations, also Geräten, mit denen unterschiedliche Herstellungsprozesse wie Erfassung, Layouterstellung und Belichtungsvorbereitung auf einer Systemebene zu realisieren waren. Diese Geräte (Beispiele: Linotype- und Berthold-Systeme) erlaubten es, alle typischen Arbeiten eines Schriftsetzers an einem Gerät auszuführen. für die unterschiedlichen Geräte wurden leistungsfähige Betriebssysteme (wie das Betriebssystem 'CORA 6' von Linotype) und spezielle Schriften entwickelt.

Vom Zeichenmodus zu WYSIWYG

Die am Bildschirm sichtbaren Satzdaten waren allerdings nur im Zeichenmodus, also nicht - wie heute üblich - in WYSIWYG ('What You See Is What You Get' = eine Bildschirmdarstellung

1:1 analog dem endgültigen Printprodukt) für den Bearbeiter sichtbar, sondern mußten mit sogenannten Auszeichnungen versehen werden. Die Fettung eines bestimmten Abschnittes beispielsweise erforderte eine spezielle Auszeichnung, durch die den Ausgabegeräten die gewünschte Formatierung mitgeteilt wurde. Dadurch ergab sich ein hoher Korrekturaufwand und eine sehr exakte Arbeitsvorbereitung.

2.2.1   **Der Weg zur Informationsgesellschaft**

Auf dem Weg zur heutigen Informationsgesellschaft wurden verschiedene Phasen durchlaufen. Die erste war die Software-Revolution, die den Siegeszug des PC eingeleitet hat. Ende der siebziger Jahre wurde die erste Tabellenkalkulation geschrieben; damit wurden die PC für Unternehmen aus wirtschaftlicher Sicht interessant.

Zur selben Zeit entstanden die ersten Textverarbeitungsprogramme und die ersten Datenfernübertragungs-Anwendungen. Zu Beginn der achtziger Jahren wurden integrierte Programmpakete wie Lotus 1-2-3 und Framework vorgestellt. Diese vereinigten Tabellenkalkulation, Datenbank, Graphikerstellung und Textverarbeitung in einem geschlossenen Gesamtpaket.

DTP - Die erste technische Umwälzung

Wie heute das Wort 'Multimedia' so war in den achtziger Jahren der Begriff 'Desktop Publishing', DTP, das Schlagwort für eine technische Umwälzung umfassenden Ausmaßes. Mit der Einführung einer Generation von Computern für den Ganzseitenumbruch begann ein Prozeß, der die Erstellung von Druckmedien tiefgreifend verändert hat. Mit DTP hat die digitale Verarbeitung im Druck- und Verlagsgewerbe Fuß gefaßt und zugleich der jetzigen, noch umfassenden Umwälzung der gesamten Medien- und Kommunikationsbranche den Weg bereitet.

Desktop Publishing beschreibt nichts weiter als die Erstellung von Publikationen 'am Schreibtisch'. Die technische Grundlage bildete hierbei das Aufkommen der Personal Computer (PC), die eine individuelle Arbeitsweise auf unterschiedlichen Ebenen zuließen.

Apple Macintosh und Laserwriter

Im Jahre 1984 erfolgte die Einführung des Apple Macintosh und damit des ersten erschwinglichen Computers mit einer anwenderfreundlichen graphischen Benutzeroberfläche. Für diese Rechnerplattform war bereits 1985 auf der Hardwareseite der Laserdrucker 'Laserwriter' und mit dem Programm Aldus Pagemaker die erste Software auf dem Markt.

Durch diese Technologien wurde es möglich, auf einem System Texte zu erfassen, Graphiken zu erstellen, Bilder in ein vorgefertigtes Layout zu integrieren und das Arbeitsergebnis in hoher Qualität auszugeben. Mit den ersten Desktop-Publishing-Programmen begann die Integration der Werkzeuge zur Druckvorbereitung von der Manuskripterfassung über Artwork und Layout bis zur Belichtungsvorlage auf einer vielseitigen 'Workstation'.

Vom Manuskript zum Datentransfer

Die Erstellung eines Manuskriptes erfolgte nicht mehr auf Schreibmaschine und Papier, sondern mittels eines erschwinglichen Microcomputers und einer Textverarbeitungssoftware. Die digitalen Daten wurden per Datenträger an den Verlag geschickt und dort in die Systeme eingelesen. Von nun an gestaltete sich die Entwicklung zunehmend schneller, neue leistungsfähige Hardware kam in immer kürzeren Zeitabständen auf den Markt und die entsprechende Software folgte ihr auf dem Fuße. Pagemaker wurde weitgehend von QuarkXPress verdrängt, die Bildbearbeitung mit dem Macintosh und dem Programm Adobe PhotoShop löste die HighEnd-Bildbearbeitungsstations von Hell und Crosfield ab.

Die ersten lokalen Netze

Ende der Achtziger begann die Integration der Stand-alone-PC's zu vorerst meist lokalen Netzen, zum Beispiel innerhalb eines Büros oder einer Abteilung, die alle auf denselben (Abteilungs-) Drucker oder denselben Datenstamm zugreifen konnten. Die Netzwerksoftware wurde immer weiter verbessert und die Standard-Applikationen auf dem Netzwerk lauffähig gemacht.

Für besonders aufwendige Aufgaben wie die Erstellung von 3D-Animationen und -graphiken werden auch heute noch spezielle Rechnerarchitekturen (z.B. die Graphik-Workstations von Silicon Graphics mit Alias Wavefront oder SoftImage-Software) eingesetzt, doch für alle übrigen Arbeitsprozesse haben sich die inzwischen mit leistungsfähigen PowerPC- oder Pentium-Prozessoren ausgestatteten Personal Computer etabliert.

Plattformübergreifende Technologien

Auch die Systemgrenzen sind durch plattformübergreifende Hard- und Softwarestandards (z.B. den Schnittstellenstandard PCI, die Seitenbeschreibungssprache Postscript oder die Internet-Standards HTML und PDF) weitgehend überwunden.

Seit den neunziger Jahren erfolgt die Integration der bisher in einzelnen Massenmedien, Telekommunikation und Unterhaltungselektronik bereitstehenden Elemente in den Computer: TV und Video, Photographie, Audio und zusätzlich bereits computerisierte Medienelemente wie Text, Graphik, Animation und Simulation.

Beeinflussung des Nutzerverhaltens durch die verfügbare Technologie

Mit der technischen Entwicklung erfolgte eine Änderung des Nutzerverhaltens. Die klassischen linearen Printmedien erlaubten bestenfalls eine Tagesaktualität, Rundfunk erlaubt keine individuellen Eingriffe auf laufende Programme. Grenzen der Informationsindustrien waren politisch (Ländergrenzen), durch die Sprachräume und die Kosten des Zugriffs auf die vorhandenen Inhalte vorgegeben.

Verfügbarkeit von Basistechnologie für breite Anwenderschichten

Die von vielen Gesellschaftswissenschaftlern beschriebene Wandlung von der Industrie- in eine Informationsgesellschaft ist durch die Aufhebung dieser Grenzen aufgrund einer für breite Nutzerschichten verfügbaren Basistechnologie und der Entwicklung der entsprechenden produktiven Seite der Medienindustrien möglich.

'Personal Publishing'

Globaler Zugriff auf Inhalte nahezu grenzenlosen Umfangs zu erschwinglichen Preisen ist, ebenso wie 'Personal Publishing', der Prozeß des Publizierens, der Erstellung und Veröffentlichung individueller Information für jeden Nutzer weltweiter Datennetze möglich.

Doch die Entwicklung ist nicht grenzenlos; gegenwärtig bestehen die Probleme in Leitungsengpässen und der Bewältigung der ungeheuren Datenflut. Solche übergroßen Quantitäten entstehen vor allem bei der digitalen Verarbeitung von bewegten Bildern, die alle Kapazitäten eines heutigen PC sprengen. Ein Lösungsansatz, an dem seit längerer Zeit gearbeitet wird, ist die

Datenkompression. Entsprechende Kompressionsalgorithmen und der Aufbau leistungsfähiger Datennetze sind Optionen für die Zukunft.

2.2.2   Multimedia - eine neue Dimension

Multimedia -
die Integration
unterschiedlicher
Datenformen

Die digital erzeugten und bearbeiteten Formate wurden standardisiert, und in DTP-Systemen zu Layouts zusammengefügten Texten, Bildern und Graphiken wurden mittels Autorensystemen - wie Macromedia Director oder Asymetrix Toolbook - Töne und mit Video und Animationsprogrammen erstellte Bewegtbilder hinzugefügt.

Multimedia - also die Vereinigung unterschiedlicher Medien auf einer Plattform - wurde dadurch Wirklichkeit. Doch die Basis der heutigen Systeme wurde bereits erheblich früher theoretisch und in Pilotprojekten gelegt.

Hypertext als
Schlüssel

Einer der Schlüsselbegriffe von Multimedia ist Hypertext. In Hypertext können wie in einer herkömmlichen Publikation Texte, Bilder und Graphik eingebettet sein, zusätzlich aber auch alles akustische Material, Videos und 3D-Animationen. Das Charakteristische an Hypertext ist, daß jedes seiner Elemente auf beliebige andere verweisen. Hypertext bildet ein Gewebe, dessen Knotenpunkte unverzüglich und von einem beliebigen Einwahlpunkt aus erreichbar sind. Nicht die Inhalte - Texte, Filme oder andere mediale Elemente - sind das eigentlich Interessante, sondern die Verknüpfungen.

Memex -
Die theoretischen
Grundlagen von
Hypertext

Bereits 1945 skizzierte der Amerikaner Vannevar Bush in seinem Konzept einer 'Memex'-Maschine ein System mit Hypertext- und Abfragemöglichkeiten für Dokumente, der die wissenschaftliche Informationsbeschaffung erleichtern sollte. Das Konzept enthielt weiterhin die Beschreibung von Datenpfaden ('Data Trails'), die die Wege zu den Daten beschreiben sollten. Memex hatte zum Ziel, die Möglichkeiten des menschlichen Gedächtnisses zu erweitern und auf assoziative Weise Zugang und Organisation von Information zu ermöglichen.

Die Konzeption ging davon aus, daß das menschliche Bewußtsein nicht logisch-mechanisch, sondern assoziativ arbeitet, also ein komplexes Geflecht aus Verknüpfungen schafft, das gespeicherte Daten, Ideen und Informationen miteinander verbindet. Das 'Memex'-Design sah das Anlegen von beliebigen Pfaden zwischen den unterschiedlichen Arten von Information vor.

NLS -
Die ersten modernen Architekturen

In den fünfziger und sechziger Jahren entwickelte der amerikanische Radartechniker Douglas Engelbart die Maus und weitere Elemente graphischer Benutzeroberflächen. 1968 veröffentlichte er das NLS ('oN Line System'), das zahlreiche Features moderner Multimediasysteme wie Maus, Eingabefenster, Email und Hypertext enthielt. Engelbart wollte mit Hypertext vor allem das Teamwork unterstützen und eine Gemeinschaft bilden.

Marshall McLuhan und die psychologischen und sozialen Komponenten

In den sechziger Jahren beschrieb der kanadische Kommunikationswissenschaftler Marshall McLuhan verschiedene Konzepte, die dem Verständnis von Hypertext und Online-Medien eine psychologische und soziale Komponente gaben. Seinen Erkenntnissen nach erzeugten die traditionellen Medien eine Vereinzelung des Individuums. Elektronische Medien aber brächten die Menschen wieder zu den ursprünglichen Verhaltensmustern von Stammesgemeinschaften, indem eine neue Tradition der quasi-'mündlichen' Kommunikation und die Ansprache aller Wahrnehmungskanäle geschaffen wurde.

1967 publizierte McLuhan in seinem Buch 'Das Medium ist die Botschaft': ,, ...daß wir in einem globalen Dorf leben, einem simultanen Ereignis, in dem Zeit und Raum verschwunden sind.' Er stellte fest, daß die elektronischen Medien die Individuen wieder in Berührung mit den Stammesgefühlen bringen, die die traditionelle Medienkultur aus unserem Empfinden verdrängt hatte.

Dadurch werde nicht nur eine neue, multisensorische Sicht der Welt möglich, sondern auch eine Kommunikation zwischen Menschen von beliebigen Punkten der Erde aus in der gleichen Weise, als ob sie tatsächlich in der selben Stadt lebten.

Definition des Begriffs 'Hypertext'

Der Amerikaner Ted Nelson schuf 1965 den Begriff Hypertext in seiner bis heute gültigen Form als Bezeichnung für eine neue, nichtsequentielle Art des Schreibens:

'Ich möchte das Wort ' Hypertext' einführen, um einen Korpus aus geschriebenem oder Bildmaterial zu bezeichnen, der auf so komplexe Art in sich verbunden ist, daß es nicht möglich ist, ihn sinnvoll auf Papier darzustellen.

Er kann Zusammenfassungen enthalten oder Karten seiner Inhalte oder Verknüpfungen; er kann Kommentare enthalten, Anmerkungen und Fußnoten. Ich glaube, daß ein solches Objekt oder System, wenn es sauber gestaltet und strukturiert ist, ein großes Potential für Erziehung und Lehre darstellt, daß es die Möglichkeiten von Studierenden mehrt, ihr Verständnis von Freiheit fördert, außerdem ihre Motivation und ihre intellektuelle Wendigkeit.

Ein solches System kann unendlich wachsen und nach und nach immer mehr von dem geschriebenen Wissen der Welt aufnehmen.... Filme, Ton- und Videoaufzeichnungen sind linear wie Text, vor allem aus Gründen der Aufzeichnungsmechanik. Sie können nun auch als nichtlineare Systeme arrangiert werden - sie können beliebig ediert werden oder mit jeweils unterschiedlichen Betonungen abgespielt werden.... Der Hyperfilm ist eine Art variabler Film, ist nur eines der möglichen Hypermedien, nach denen unsere Aufmerksamkeit verlangt.'

Das von Nelson in seinem Projekt 'Xanadu' realisierte sogenannte 'Dokuversum' - eine globale Online-Datenbasis - kann als eines der Fundamente des World Wide Web betrachtet werden.

Das erste funktionsfähige Hypertext-System

An der Brown University wurde 1968 von Andries Van Dam ein erstes funktionierendes Hypertext-System entwickelt. In den siebziger Jahren erfolgte die Entwicklung und Verbreitung der Mikrocomputer, und 1982 entstand unter den Namen 'Guide' das erste kommerzielle Hypertext-Autorensystem; Mitte der achtziger Jahre wurde es für den Apple Macintosh portiert.

Apple Macintosh und HyperCard

Im Sommer 1987 präsentierte Bill Atkin, einer der Architekten des Apple-Betriebssystems MacOS auf der Macworld Expo in Boston sein Programm 'HyperCard', das interaktiven Zugriff auf in sogenannten 'Stacks' organisierte Datenstrukturen ermöglichte. Jeder Nutzer konnten damit Stapel virtueller Karteikarten zu vielfältigen Informations-Strukturen verknüpfen.

Ein Jahr später begann am Genfer Kernforschungszentrum CERN die Entwicklung des WWW und damit der Basis der heutigen Informationsstrukturen.

2.2.3 Integration als Konzept

Hardware-Integration

Entwicklung von Multimedia findet auf verschiedenen Ebenen statt. Auf der Hardware-Seite bedeutet Multimedia die Erweiterung der herkömmlichen Personal Computer durch Baugruppen, die bisher in hochwertiger Unterhaltungselektronik zu finden waren: HiFi-Ton, Fernsehempfangsteil, CD-Laufwerk, Schnittstellen für Aufnahme und Wiedergabe von Ton und Bewegtbild.

Software-Integration

Auf der Software-Ebene steht Multimedia für die Integration verschiedener, bislang einzelner Anwendungen zu Multimedia-Paketen. Dazu gehört auch die Einbeziehung der Möglichkeiten der Vernetzung in die Programme. Zwar waren Computer von vornherein als universale Maschinen konzipiert und realisiert, aber die Software konnte diese Forderung nicht erfüllen und kann es bis heute nicht.

Integration der Märkte

Auf Markt- und Unternehmensebene erfolgt durch Multimedia das Zusammentreffen verschiedenster Branchen, die bislang oft nur wenig miteinander zu tun hatten. So begegnen sich bei der Erstellung und Produktion von CD-ROM's klassische Zeitschriften- und Buchverlage, Software-Häuser, Produzenten von Computerspielen und Fernsehsender sowie zahlreiche kleine Firmen, die sich mit eigenen Produktionen profilieren wollen. Von den Verlagen stammen die Texte, von den Spieleproduzenten die Erfahrung beim Screendesign, die Software-Firmen tragen ihr Know-how bei, das TV verfügt über einen mächtigen Fundus an Filmmaterial.

Integration und Transformation

Mit Hilfe der Digitaltechnik können Information, Verarbeitung und Distribution als ein Ganzes gesehen werden. Das entstehende Gesamtformat kann durch den Rechner beliebig transformiert werden. Digitalisierte Töne können graphisch dargestellt werden, per Software lassen sich Kompositionen aus Bildern erstellen, und mit Bildbearbeitungsprogrammen können Photographien in jede beliebige Form morphen. Die Wahrheit des Bildes und des gesprochenen Wortes, ihre Beweis- und Dokumentationskraft wird entsprechend geringer.

Medienintegration bedeutet keine grundsätzliche Neuerung für die Informations- und Kommunikationsbranche. Im Printmedium sind seit Jahrhunderten Bilder und Texte kombiniert, Fernsehen ist 'online' und bietet Bewegtbild, Graphik, Text und Ton.

In klassischen Medien ist allerdings oft eine Hierarchie der einzelnen Teilmedien zu erkennen. In Büchern dominieren meist die Texte über die Graphiken und Bilder, im TV beherrscht Bewegtbildinhalt und -schnitt den Ton. Rechnergestütztes Multimedia durchbricht diese Hierarchien durch gleichwertige Integration der unterschiedlichen Medientypen. Auf einem PC lassen sich Musik-CD's hören, gleichzeitig Texte erstellen oder Bilder bearbeiten. Diese parallele Medienwelt ist in der Fähigkeit des Computers begründet, die Wichtigkeit des jeweiligen Medientypus entsprechend den individuellen Anforderungen des Nutzers zu definieren.

Die Schwierigkeit besteht darin, die unterschiedlichen Teilmedien dynamisch zu integrieren und ihre eigenen Qualitäten zu wahren, ohne eine ungewollte Dominanz und Unterdrückung zuzulassen.

2.2.4   Interaktivität

Interaktivität, also direkter Nutzerzugriff auf Information und deren Darreichung, erfolgt auf den Ebenen Steuerung und Navigation, Funktionalität sowie Anpassungsfähigkeit.

Interaktivität tritt auf, wenn das System in der Lage ist, sich dem Anwender, der Situation und der Information kompromißlos anzupassen. Eine Basis liegt im herkömmlichen, linearen, hierarchischen Print-Format. Klassisch dafür ist das Inhaltsverzeichnis, von dem aus (Hypertext-) Verweise auf die verschiedenen Abschnitte oder Kapitel eines Dokuments führen. Obwohl es tatsächlich Hypertext-Verknüpfungen sind, werden sie auf lineare Weise verwendet. Es ist im Grunde lediglich eine Art elektronischer Blätterhilfe.

Merkmal eines linearen Mediums ist die Beschränkung der Informationen auf die beiden Teil-Medientypen Text und Bild. Für ein solches Dokument ist es unerheblich, in welcher Form die Publikation erfolgt, es unterscheidet sich kaum von der gedruckten Urform Print.

Die Grenzen des linearen Wahrnehmungsmodells

Das medienimmanente Potential einer Umsetzung durch Erweiterung der linearen Wahrnehmungsweise wird nicht voll genutzt. Für einige Kommunikationswissenschaftler ist das lineare Modell ohne Entwicklungschancen und wird daher als in seinem Wachstum begrenzt eingestuft.

Mit der zunehmenden Verfügbarkeit von Breitband-Netzen und der Entwicklung leistungsfähiger Kompressionsalgorithmen werden multimediale Aufbereitungen an Gewicht gewinnen. In Verbindung mit verstärkenden Eigenschaften wie Hypertext-Funktionalität und interaktivem Zustand entsteht daraus eine Informationsstruktur, die sich zur Handhabung von und Kommunikation in komplexer Information effektiv nutzen läßt. Wenn Multimedia sich am Print orientiert, läßt es sein eigentliches Potential ungenutzt.

2.3 Neue Medien und Kommunikation

Neue Medien als strategischer Marketingfaktor

In einem Wettbewerbsumfeld mit raschen Veränderungszyklen wird die Anwendung moderner Informations- und Kommunikationstechnik zum entscheidenden strategischen Wettbewerbsfaktor. Die Geschwindigkeit innerhalb der Planungs-, Fertigungs- und Distributionskette ist im übergreifenden logistischen Rahmen zunehmend entscheidend für den Erfolg am Markt. Fortschreitende unternehmensinterne Vernetzung sowie enge Anbindung von externen Dienstleistern erzeugen einen Informationsverbund aus Fertigungs-, Ressourcen-, Produktions- und Beschaffungsplanung, der einen kundenorientierten 'Just-in-time'-Geschäftsfluß neuer Qualität ermöglicht. Durch interaktive Kanäle bis zum Verbraucher entstehen neue Wege der Direktvermarktung und des Vertriebs, und es lassen sich neue Kundenkreise erschließen.

<table>
<tr><td>Vernetzte Arbeits-
welten als Grund-
lage optimaler Ab-
läufe</td><td>

Die grundlegende Innovation basiert auf der Vernetzung von Computern. Die singulären Arbeitsstationen gehen über in vernetzte Arbeitswelten. Viele der wichtigen Computeraufgaben dienen schon heute der Koordination, etwa in der Auftragsverwaltung, Lagerführung oder im Rechnungswesen. Je mehr Computer vernetzt werden, desto ausgefeilter wird man Arbeitsabläufe aufeinander abstimmen können und müssen.

Schlüsselmärkte wie Telekommunikation, Broadcasting, Software und Print orientieren sich immer stärker an örtlich und zeitlich unabhängiger Kommunikation, Information oder Unterhaltung. Lineare Produkte wie Tageszeitungen und Dienstleistungen herkömmlicher Art werden um multimediale Anwendungen erweitert. Der Multimedia-Markt ist kein eigener, sondern sozusagen ein 'Meta-Markt', eine Mischung unterschiedlicher, anwendungs orientierter Dienstleistungsbereiche, die zu interaktiven elektronischen Kommunikationssystemen führen.

</td></tr>
<tr><td>Markttendenzen:
Kooperationen und
Allianzen</td><td>

An zahlreichen Kooperationsbemühungen und Allianzen läßt sich ersehen, wie stark das Interesse der Unternehmen ist, technologische Brücken zwischen ursprünglich isolierten Märkten aufzubauen und sich in die Lage zu versetzen, neue Spielregeln und Standards zu setzen.

Bei dem Konzept der ganzheitlichen Kommunikation der achtziger Jahre ging man davon aus, daß vorhandene Medien getrennt voneinander eigene Märkte bilden. Die Neuen Medien erlauben es nun erstmals, die Ganzheit auf einer einzigen, universalen Plattform zu betreiben. Der Nutzer entscheidet, was er sich aussucht.

Paradoxerweise basiert die Vielfalt der Neuen Medien auf einer homogenen digitalen Basis.

</td></tr>
</table>

2.3.1	**Webvertising - Werbung und Neue Medien**
Integration des Werbeempfängers in die Werbebotschaft	Neue Medien erfordern eine stärkere Benutzersteuerung als die herkömmlichen Medien. Für Werbetreibende bedeutet dies eine stärkere Einbeziehung des Empfängers von Werbebotschaften in den Kommunikationsprozeß. Viele Werbeunternehmen und deren Auftraggeber versprechen sich von Werbung in oder mit

Hilfe von Neuen Medien eine intensivere Auseinandersetzung des Empfängers mit der Werbebotschaft.

Push- und Pull-Werbung

Da multimediale Werbung aufgesucht ('pulled') und nicht aufgedrängt ('pushed') wird, ist Marketing mit neuen Medien oft wirkungsvoller als in oder mit klassischen Medien. Auch als leistungsfähiges Mittel im 'Business-to-Business'-Marketing oder als Instrument der Verkaufsförderung in Gestalt von Infokiosken ('Point of Information', PoI) am Verkaufsplatz ('Point of Sale', PoS) gewinnen elektronische Anwendungen zunehmend an Bedeutung. Sind Bedienungskomfort und inhaltliche Gestaltung entsprechend gestaltet, schaffen PoI-/PoS-Systeme eine überdurchschnittliche Kontaktqualität. Darüber hinaus sparen sie Ausstellungsflächen, Lager- und Prospektdruckkosten. Protokollfunktionen informieren die Geschäftsleitung darüber, was die Kunden nachfragen. Außerdem werden Personalaufwände in Spitzenzeiten reduziert, da Teile der Kundenbetreuung auch elektronisch erfolgen können.

Das Problem der Reichweitenmessung

Problematisch erscheint dagegen die genaue Bestimmung von Reichweiten im Online-Bereich. Werbetreibende und Werbeindustrie fordern zu Recht neue Standards, um Vergleichbarkeit und valide Erfolgskontrolle garantieren zu können.

2.4 Wie definieren sich Neue Medien?

Ein erster Strukturierungsansatz

Ausgehend vom ursprünglichen Medium des Druckerzeugnisses (Printprodukt), das sich in die herkömmlichen Bereiche Buch, Katalog, Zeitschrift, Zeitung und Drucksachen differenziert, entwickelte sich die Medienbranche durch die immer raschere technische Weiterentwicklung zu einer nahezu unübersichtlichen Informationslandschaft.

Die Neuen elektronischen Medien schaffen hier eigene Segmente, beeinflussen aber auch die Herstellung und Anwendung der etablierten Bereiche.

Digital und interaktiv

Eine Abgrenzung zu den klassischen Medien läßt zwei Hauptcharakteristika zu, das

- digitale Datenformat und den
- interaktiven Zugriff.

Diese Kriterien erlauben eine Einteilung der Medienlandschaft in drei Bereiche, die sich auch bei Betrachtung der technischen Entwicklung in ähnlicher Form ergibt. Hiernach ist eine Differenzierung in

- Printmedien,
- nicht-interaktive elektronische Medien (z.B. Rundfunk) und
- neue Medien (digital, interaktiv)

möglich.

Die Medien im Überblick

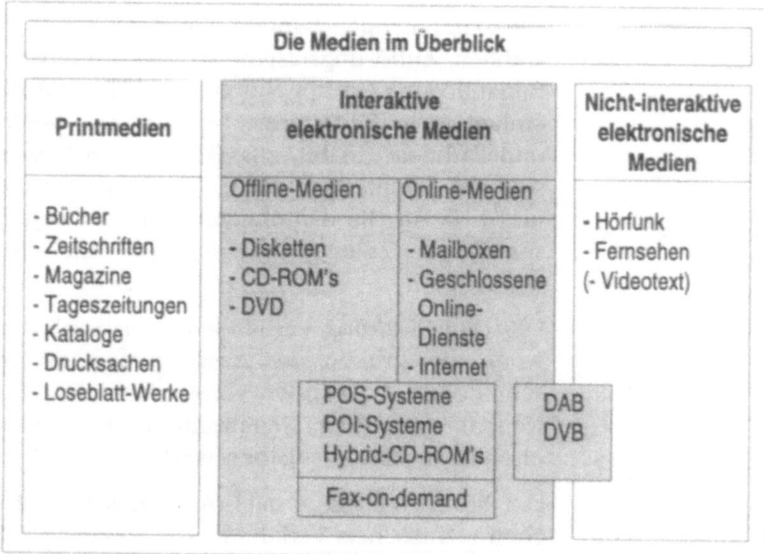

2.4.1   Digitale Datenbestände

Die Problematik der Altdatenbestände

Alle Neuen Medien nutzen, da sie stets auf computergesteuerter Verarbeitung basieren - in digitaler Form vorliegende Daten. Vorhandene analoge Datenbestände - z.B. ein Printprodukt oder eine analoge Tonaufzeichnung -, müssen entsprechend aufbereitet oder neu erfaßt werden.

Der Trend zur Digitalisierung ist in Telekommunikation und Unterhaltungselektronik unverkennbar. Beispiele für diese Entwicklung sind der Siegeszug der CD über die analoge Schallplatte, das GSM-System als digitales Mobilfunksystem oder die rasche Verbreitung von ISDN in Deutschland.

Digitalisierung analogen Materials

Beim Prozeß der Digitalisierung wird das Ausgangsmaterial abgetastet ('A/D' - analog-digital-Wandlung), die Abstufungen - also Farb-, Helligkeits-, Frequenz- oder Bewegungsstufen - werden in definierte Auflösungsraster gebracht ('gesampled') und als binäre Daten gespeichert.

Die Datenmengen hängen von der Art und der Feinheit des gewählten Auflösungsrasters ab. Bei visuellen Daten ist dies die Bildauflösung (in dpi = dots per inch = Bildpunkte pro Flächeneinheit inch; Bildschirme besitzen eine Auflösung von 72 dpi) und Farbtiefe (in bit, z.B. 8 bit = 256 Farben). Bei Audiodaten sind die Samplingauflösung und - rate (in bit für die Auflösung und kHz für die Samplingrate) entscheidend. Je höher die entsprechenden Werte, um so größer sind die entstehenden Datenmengen.

Die Digitalisierung vorhandenen Materials kann - insbesondere, wenn die Struktur des Ausgangsmaterials uneinheitlich ist mit sehr hohen Aufwänden verbunden sein, oft ist eine komplette Neuerfassung oder Neuerstellung die wirtschaftlich und technisch sinnvollere Vorgehensweise.

Der Prozeß erfolgt je nach Ausgangsmaterial nach unterschiedlichen technischen Verfahren. Die folgende Tabelle erlaubt einen Überblick über die möglichen Methoden.

Digitalisierungs-
methoden im
Überblick

Ausgangs-daten	Format	Methode der Digitalisierung	Entstehende Digitalformate
Text	Papier, Handschrift	Neuerfassung	Text, Text mit Formatierung (z.B. ASCII, .txt, .doc, ...)
	Papier, gedruckt oder in Schreibmaschine, Film	Neuerfassung Scannen + OCR	Text, Text mit Formatierung (z.B. ASCII, .txt, .doc)
Graphik	Papier, Film	Neuerstellung Scannen	Graphikformate (z.B. eps, gif, bmp, ...)
Ton	Analogband, Filmton	A/D-Wandlung (Sampling)	Digitale Audioformate (z.B. AIFF, .wav, ...), z.T. mit Datenkomprimierung
Video	Analoges Videoband, Kamerasignal	A/D-Wandlung	Digitale Videoformate (z.B. .mov, ...), Komprimierte Digitalformate (z.B. MPEG, ...)

Unter wirtschaftlichen Gesichtspunkten stellt sich diese Entscheidung als Wahl zwischen den hohen Einmalkosten einer DV-Lösung (Soft- und eventuell auch Hardwareentwicklung, Entwicklung eines Workflow) und erheblichen Aufwänden für den laufenden Betrieb im Falle der Neuerstellung dar.

Trotzdem erweist sich im Falle zeitkritischer Anwendung - um z.B. ein unter hohem Konkurrenzdruck stehendes Marktsegment rasch zu besetzen -, oder für Testzwecke eine manuelle Neuerstellung oft als sinnvoller Weg.

Eine detaillierte Beschreibung der technischen Hintergründe der unterschiedlichen Verfahren findet sich in den folgenden Kapiteln.

2.4.2   Interaktivität in der Anwendung

Interaktivität - der
Weg zur Information

Hauptkriterium der Neuen Medien neben der technischen Vorgabe, elektronische Ausgabegeräte nutzen zu müssen, ist der Grad der Interaktivität. Ein interaktives Medium erlaubt dem Nutzer, den Weg zu den Information selbst zu bestimmen. Innerhalb eines Lernprogrammes können beispielsweise die einzelnen Lernschritte beliebig wiederholt, entsprechende Hilfetexte abgerufen und Testergebnisse gespeichert werden. Der Nutzer des Programmes bestimmt (innerhalb der vom Autor vorgegebenen Grenzen) selbst, was er wie oft tun möchte. Interaktivität erlaubt es dem Anwender, in Datennetzen zu 'surfen', das heißt, beliebige miteinander verknüpfte Ziele je nach Interesse intuitiv aufzusuchen und im Wortsinne Kontinente zu überspringen.

Dialoge und
Hypertext

Interaktivität bedeutet für den Entwickler einer Anwendung den Einbau von Dialogroutinen oder - bei Online-Medien - Verknüpfungen zu weiteren Informationsquellen per Hypertext, also aktiven Textfeldern mit definierten Sprungadressen. Die elektronischen Medien Hörfunk und Fernsehen bieten keine Interaktivität in dieser Form (außer in sehr geringem Maße im Videotext-Dienst).

2.4.3   Interaktive Offline-Medien

Interaktive Daten-
träger

Unter interaktiven Offline-Medien sind Datenträger zu verstehen, die Inhalte wie Texte, Audiodaten, Bilder und Videosequenzen, auf einem Medium vereinen. Art und Umfang der implementierten Interaktivität wird in der Konzeption und bei der Programmierung in Autorensystem festgelegt. Die Graphik auf der folgenden Seite gibt einen Überblick über die interaktiven Offline-Medien.

Medium	Art der Speicherung	Kapazität	Inhalte/ Einsatzgebiete

<table>
<tr><td rowspan="2">Interaktive Offline-
Medien im Überblick</td><td>**Medium**</td><td>**Art der
Speicherung**</td><td>**Kapazität**</td><td>**Inhalte/
Einsatzgebiete**</td></tr>
<tr><td>**Diskette**</td><td>magnetisch,
beliebig oft
beschreib- und
lesbar</td><td>720 kB
1,4 MB
(derzeitiger
Standard)</td><td>Textbasierte Anwen-
dungen, Datenaus-
tausch, Software-
distribution, ...</td></tr>
<tr><td></td><td>**CD-ROM**</td><td>optisch,
nur lesbar</td><td>640 MB</td><td>Elektronische Bü-
cher, Musik, Lern-
programme, Spiele,
Datenbanken, Soft-
waredistribution, ...</td></tr>
<tr><td></td><td>**CD-I**</td><td>optisch,
nur lesbar</td><td>640 MB</td><td>Lernprogramme,
Datenbanken, Spiele,
Softwaredistribution,
...</td></tr>
<tr><td></td><td>**DVD**</td><td>optisch,
nur lesbar</td><td></td><td>Videofilme, Musik,
Lernprogramme,
Datenbanken, Soft-
waredistribution, ...</td></tr>
<tr><td></td><td>**Minidisc**</td><td>magneto-
optisch,
beliebig oft
beschreib- und
lesbar</td><td>128 MB</td><td>Datenaustausch,
Musik, ...</td></tr>
<tr><td></td><td>**CD-R**</td><td>schreiben: opto-
mechanisch,
einmal
lesen: optisch,
beliebig oft</td><td>640 MB</td><td>Prototyping,
Kleinserienpro-
duktion mit CD-
ROM-Inhalten,
Datenaustausch, ...</td></tr>
</table>

Kriterien für Offline-
Medien

Unterscheidungsmerkmale bilden die Art der Speicherung (magnetisch, optisch, magneto-optisch), die Kapazität, die - hier nicht aufgeführte - Zugriffsgeschwindigkeit und die Wiederbeschreibbarkeit. Einsatzgebiete von Offline-Medien sind Bereiche, in denen größere Datenmengen ohne Zwang zur stetigen Aktualisierung verfügbar gehalten werden müssen. Gegenüber Online-Medien bieten Datenträger hohe Zugriffsgeschwindigkeiten und Speicherkapazitäten (Ausnahme: Textdisketten), bei CD-ROM's große Datensicherheit, kompakte Größe, unkompliziertes Handling und geringe Fertigungskosten des einzelnen Datenträgers.

<table>
<tr><td>Hybride CD-ROM's
mit Internet-Link</td><td>

Ist eine Aktualisierung der Datenbestände nötig, lassen sich bei entsprechender Programmierung die auf dem Datenträger fixierten 'Stammdaten' per Online-Verbindung auf den neuesten Stand bringen. Ein Beispiel hierfür sind CD-ROM's im Touristikbereich, die umfangreiche Daten der jeweiligen Reiseziele beinhalten, denen per 'Internet-Link' die entsprechenden aktuellen Flugzeiten und Reisegebühren zugeordnet werden. Der Vorteil dieser 'Hybriden' Anwendungen liegt für den Nutzer in kurzen Ladezeiten, da die großen Datenquantitäten lokal von CD-ROM geladen werden, und gleichzeitig hoher Aktualität durch die direkte Verbindung zum Anbieter via Netzwerk.

</td></tr>
</table>

2.4.4   Interaktive Online-Medien

<table>
<tr><td>Entwicklung der
Netzwerke</td><td>

Interaktive Online-Medien werden aufgrund ihrer Nutzerstruktur unterschieden in Systeme mit geschlossenen Nutzergruppen ('proprietäre Systeme') wie T-Online, CompuServe, das Microsoft Network oder America online ('AOL') und das 'freie' Internet. Die kommerziell betriebenen proprietären Netze bieten ihren Kunden eigene Inhalte und redaktionell betreute Dienste, die sie gegen die Entrichtung einer Nutzungsgebühr (zu der sich die Telefongebühren addieren) in Anspruch nehmen können. Darüber hinaus haben sich alle geschlossenen Systeme zum freien Internet geöffnet und bieten einen Übergang zu den dort verfügbaren Services. Das Internet selbst ist ein nicht kommerzielles und nicht betreutes System mit höchsten Freiheitsgraden. Die Nutzung ist grundsätzlich (bis auf die Telekom-Gebühren) frei, allerdings wird von den Betreibern der Zugangsrechner meist eine Gebühr erhoben.

</td></tr>
<tr><td>Navigation mit
Suchmaschinen</td><td>

Die neue Attraktivität des Internet ließ eine neue Art von Dienstleistung entstehen: Sogenannte Suchmaschinen ('Searchengines') wie 'YAHOO!', die unablässig das Netz nach neuen Adressen absuchen, ihre Ergebnisse in Datenbanken festhalten und für die Netzsurfer als Navigatoren im Dickicht des WWW dienen. Die Finanzierung dieser Dienste erfolgte schon relativ früh über die Schaffung und den Verkauf von Werbeflächen, vorerst vor allem an Unternehmen der Computerindustrie.

</td></tr>
</table>

Programmierung mit Java

Durch Einsatz von Spezialsoftware ist seit 1995 die Einbindung von Audiodaten (z.B. über das 'Real-Audio'-System) oder kleinen Programm-'Applets' (Miniaturprogramme in der Internet-Programmiersprache 'Java' programmiert) möglich, per Download werden Videodateien angeboten.

Parallel zur Erweiterung der nutzbaren Bandbreiten (und damit der Übertragungsgeschwindigkeit) der Basisnetze und der Verfügbarkeit dieser Technologien erhöhte sich auch der Grad der Einbindung nichttextualer Daten mit weitaus größeren Datenquantitäten. Die Kunst bei der Entwicklung mediengerechter Internetpräsenzen liegt daher in der Realisierung einer ansprechenden Qualität bei sinnvollem Einsatz der verfügbaren Möglichkeiten (geringe Auflösungen und wenige Farben bei Bildern, Datenkompression bei Audio und Video), um übermäßig lange Ladezeiten zu vermeiden.

Nutzerzahlen im Internet

Das Internet hat in den vergangenen Jahren einen in der Industriegeschichte beispiellosen Aufschwung genommen, die Zahl der Nutzer hat (Ende 1996) 40 Millionen weltweit und 3 Millionen in Deutschland erreicht. Die Attraktivität des Internet ist dabei derart hoch, daß unter diesen Nutzern viele zu finden sind, die sich wie die etwa 1,2 Millionen T-Online-Kunden über andere Netze wie das Microsoft Network, AOL oder CompuServe via Gateway einbringen. Oft werden diese kommerziellen Dienste als Auffahrt zur eigentlich begehrten 'Datenautobahn' ('Information Highway') benutzt.

2.4.5   Nicht interaktive elektronische Medien

Hörfunk und Fernsehen - elektronisch aber nicht interaktiv

Zu den nicht-interaktiven elektronischen Medien zählen Hörfunk und Fernsehen. Hier werden die Inhalte zwar elektronisch erzeugt und übermittelt, die Verbreitung erfolgt jedoch stets von einem Sender zu vielen Empfängern ('one-to-many'), wobei die Richtung immer vom Sender ausgehend vorgegeben ist. Diese Medien erlauben die Verbreitung von Datenmengen zu geringen Kosten an eine große Anzahl von Rezipienten. Der Rundfunk als etabliertes Medium mit hoher Nutzerzahl ist einer strengen Gesetzgebung unterworfen, die Rahmenbedingungen sind im Rundfunkstaatsvertrag geregelt. Mit dem Zusammenwachsen der

Medien im digitalen Hörfunk und Fernsehen entstehen allerdings Mischformen, die derzeit noch nicht reguliert oder als Testphasen deklariert sind.

'Interaktivität' im Rundfunk

Die Interaktivität beschränkt sich für den Rundfunknutzer beim heutigen Stand der analogen Technik auf die Wahl des Senders und das zeitversetzte Aufnehmen und Abspielen der Programminhalte mittels Videorecorder. Die Digitalisierung und damit die Erweiterung der Übertragungskapazitäten wird auch hier den Anbietermarkt verändern. Abzusehen sind eine Vielzahl von Spartenkanälen für fest umrissene Themenbereiche (Musik, Kinderprogramme, Kultur, Dokumentation), zeitversetzte Ausstrahlung von individuell ausgewählten Programmen ('near-video-on-demand') und - mit hohem technischen Aufwand - echtes 'video-on-demand' mit individuellem Zugriff auf digital gespeicherte Programmbestände.

Digitaler Rundfunk - DAB und DVB

Gerade der Rundfunkbereich entwickelt sich mit fortschreitender Digitalisierung auf die interaktiven Online-Medien zu. Pilotprojekte mit digitalem Hörfunk ('Digital Audio Broadcasting', DAB) und digitalem Fernsehen ('Digital Video Broadcasting', DVB), die beide neben linearen Inhalten auch Zusatzinformationen als Texte oder in multimedialer Form bieten, weisen in diese Richtung.

Die Interaktivität erfolgt derzeit schmalbandig per Modem und Telefonleitung, also mit geringen Übertragungsraten, die Sendung hingegen nutzt breitbandige Netze. Diese erlauben Übertragungsraten, die das Bandbreitenproblem derzeitiger Online-dienste nachhaltig lösen könnten. Die für den Broadcasting-Bereich entwickelten Protokolle (und Prototypen der Endgeräte, also Decoder bzw. Set-Top-Boxen) nehmen daher bereits heute Rücksicht auf die Multimedia-Standards des Internet.

2.5 Ausblick - Die neuen Herausforderungen

Für das Neue Publizieren, also die Erstellung und Nutzung der Neuen Medien, ergeben sich für die Zukunft einige Herausforderungen, die teils auf technischer, teilweise aber auf organisatorischer Seite liegen.

Erhöhung der Bandbreiten	Zunächst ist für den Online-Bereich die Erweiterung der Bandbreite nötig, um das Medium für den Nutzer auch nach der ersten Euphorie attraktiv zu erhalten und die sinnvolle Übermittlung großer Datenbestände zu gewährleisten.
Verbesserung von Suche und Navigation	Da die für den einzelnen Rezipienten erreichbare Informationsquantität nahezu exponentiell wächst, ist die Verbesserung der Such- und Navigationsmechanismen aus Anwendersicht dringend erforderlich. Automatische Profilanwendungen ('robots', intelligente Agenten) erlauben bei entsprechender Verbreitung und leichter Bedienbarkeit die sinnvolle individuelle Nutzung der Information über alle erreichbaren Datenbasen hinweg.
Bezahlung von Online-Services	Für Unternehmen sind sichere, leistungsfähige Zahlungsmechanismen auch für kleine Beträge ('Micropayment') zu schaffen, dazu ist ein in die Unternehmensorganisation integriertes Management geschlossener Benutzergruppen und die Verwaltung von Zugriffsrechten ('access-controlling') nötig.
Schaffung von Rechtssicherheit	Für die Online-Transaktionen (wie zum Beispiel Warenvertrieb im Netz) und das Online-Payment (also den Zahlungsverkehr) ist die Schaffung rechtlicher Rahmenbedingungen erforderlich.
	Auch die Zweitverwertung vorhandener Inhalte erfolgt derzeit oft in einem rechtsfreien oder rechtsunsicheren Raum. Hier sind von staatlicher Seite die entsprechenden Rahmenbedingungen zu schaffen.
Reichweiten und Marketingmix	Für Werbung und Marketing sind die Parameter und Meßmethoden für Reichweitenmessung zu bestimmen, die Agenturlandschaft ist derzeit noch stark auf die 'klassischen' Werbemedien fixiert. Daher stellt der Geschäftsbereich der Neuen Medien für die Definition und Realisierung eines Marketing-Mix neuer Prägung eine große Chance dar.

3   Offline-Medien

Ein Überblick über
die Offline-Medien

Das folgende Kapitel beschreibt die einzelnen Offline-Medien von den magnetischen bis zu den optischen und magneto-optischen Datenträgern. Hier werden die technischen Grundlagen erläutert, die Einsatzmöglichkeiten der einzelnen Medien aufgeführt und die unterschiedlichen Standards erklärt. Auch Hybriden wie CD-ROM mit integriertem Internet-Link und das Zukunftsmedium DVD werden berücksichtigt.

Dieses Kapitel richtet sich an alle an Offline-Medien Interessierten vom Multimedia-Autoren, der seine Produkte auf CD-ROM publizieren möchte, bis zum Endverbraucher, der die technischen und organisatorischen Grundlagen und die Möglichkeiten dieses Mediums näher kennenlernen möchte.

3.1   Überblick

Offline-Medien -
Datenträger mit
interaktive Inhalten

Als Offline-Medien werden Datenträger bezeichnet, die interaktive Inhalte bereitstellen. Bereits im vorangegangenen Kapitel wurde ein tabellarischer Überblick über die entsprechenden Produkte gegeben. Die Offline-Medien bilden sowohl von der technischen Umsetzung als auch vom Markt eine eigenständige Gruppe, für die jedoch sowohl in den klassischen Printmedien (z.B. in Form von Textdisketten) als auch im Online-Bereich (z.B. CD-ROM's mit Internet-Zugang) her eine Affinität besteht.

3.1.1   Differenzierungskriterien

Offline-Medien lassen sich unterscheiden nach

- Art der Datenspeicherung

- Speicherkapazität

- Wiederbeschreibbarkeit

- Produktionsweise

- Produktionskosten

Die Datenspeicherung kann nach dem magnetischen, optischen oder magneto-optischen Prinzip erfolgen.

3.1.2   Magnetische Speicherung

Magnetische Speicherung - eine der ältesten Datensicherungsmethoden

Die Datensicherung auf magnetischen Medien zählt zu den ältesten Archivierungsformen der Datenverarbeitung überhaupt. Bereits in den fünfziger Jahren wurden die Daten aus den Kernspeichern der UNIVAC-Rechner auf Magnetbändern gesichert. Trotz der offensichtlichen Vorteile dieser Methode (hohe Speicherkapazität, geringer Platzbedarf) wurden bis in die achtziger Jahre in Großrechneranlagen Programme und Daten auf Lochkarten abgelegt.

Die physikalischen Grundlagen

Bei der magnetischen Speicherung werden mikroskopisch kleine magnetisierbare Partikel auf der Oberfläche des Datenträgers magnetisch ausgerichtet. Diese Ausrichtung bleibt aufgrund der Remanenz (Eigenschaft, eine magnetische Ausrichtung beizubehalten) auf dem Datenträger zurück. Die Codierungsfolge kann später von einem Lesekopf gelesen werden. Da die Magnetpartikel jederzeit erneut durch ein Magnetfeld beeinflußt werden können, sind diese Datenträger empfindlich gegenüber externen Magnetfeldern. Bauformen magnetischer Datenträger sind Magnetbänder (offene Spulen oder in Cassettenform, z.B. im DAT-Format), Disketten, Festplatten und Wechselplatten.

Die Speicherkapazität wird in Byte (1 Byte = 8 Bit, also 8 Magnetisierungszustände) und deren Vielfachem kB (Kilobyte, 1024 Byte), MB (Megabyte, 1024 kB), GB (Gigabyte, 1024 MB) und Terabyte (1024 GB) angegeben. Die Speicherung eines Zeichens benötigt 1 Byte Speicherplatz.

Speicherung auf Magnetband

Die Speicherung auf Magnetband erfolgt seriell, der Zugriff ist entsprechend langsam. Daher spielen Magnetbänder als interaktive Medien keine Rolle.

Disketten

Disketten bestehen aus einer magnetisierbaren Kunststoffscheibe, die von einer Schutzhülle umgeben ist. Moderne Bauformen haben einen Durchmesser von 3,5 Zoll und eine Speicherkapazität von 1,4 MB. Die Daten auf den beiden Seiten der Diskette sind in konzentrischen Spuren angeordnet, die in radiale Sektoren eingeteilt werden. Dadurch ergibt sich eine eindeutige Adressierung der Daten auf dem Datenträger.

Die Umdrehungsgeschwindigkeit beim Schreib- und Lesevorgang ist konstant (konstante Winkelgeschwindigkeit, 'constant angle velocity', CAV), die Schreib-/Leseköpfe berühren die Oberfläche der Kunststoffscheibe direkt. Der Inhalt der Diskette ist im Inhaltsverzeichnis auf den beiden äußeren Spuren gespeichert.

Einsatzbereiche für Disketten

Aufgrund der geringen Speicherkapazität und wegen der mechanischen Beanspruchung der Oberfläche nur geringen Zugriffsgeschwindigkeiten werden diese Medien zur Übertragung kleinerer Softwaremengen und als Textdisketten eingesetzt. Beispiele für den Einsatz sind Betriebssystemdisketten und Publikationen mit Gesetzestexten. Der Markt für diese Art interaktiver Medien ist begrenzt und verliert permanent an Bedeutung.

Festplatten als schnelle Datenträger für große Informationsmengen

Im Gegensatz zu Disketten verfügen Festplatten über weit höhere Speicherkapazitäten. Hier sind meist mehrere mit einer magnetisierbaren Oberfläche beschichtete Metallplatten in sogenannten Plattenstapeln übereinander angeordnet, so daß die verfügbare Oberfläche vergrößert wird. Die Platten befinden sich in einem hermetisch abgeschirmten Gehäuse, das mit Gas gefüllt ist. Die Schreib-/Leseköpfe liegen nicht direkt auf der Oberfläche der Platten auf, sondern werden durch ein Gaspolster, das sich aufgrund der hohen Umdrehungsgeschwindigkeit zwischen Kopf und Platte bildet, angehoben. Die Köpfe selbst sind in Form von Zugriffskämmen übereinander angeordnet.

Festplatten sind fix in den Rechnern installiert und dienen zur Speicherung der Arbeitsdaten und Programmen. Die Kapazitäten bewegen sich mittlerweile im Gigabyte-Bereich, der Zugriff ist sehr schnell.

Wechselplattenlaufwerke und Cartridges

Für die graphische Industrie besitzen Wechselplatten eine, allerdings abnehmende, Bedeutung als Übertragungsmedium für Satzdaten. Hierbei handelt es sich prinzipiell um die Plattenstapel einer Festplatte, die in einem Cassettengehäuse dem eigentlichen Laufwerk, welches die Schreib-/Leseköpfe enthält, entnommen werden können.

Wechselplatten (auch als 'Cartridges' bezeichnet) sind mit Kapazitäten von 44 MB, 88 MB, 128 MB, 200 MB, 270 MB und 1 GB erhältlich. Die Ausführungen mit geringerer Kapazität haben Durchmesser von 5,25 Zoll, die leistungsfähigeren (und auch neueren) messen 3,5 Zoll. Auch Wechselplatten spielen als Medien für den Endverbraucher keine Rolle, sind allerdings als Datenaustauschformat für die graphische und Multimedia-Industrie wichtig. Insbesondere das 1-GB-Medium im Format des Iomega Jaz-Laufwerks wird hier aufgrund seiner praxisgerechten Handhabung und des günstigen Preis-/Leistungsverhältnisses oft verwendet.

3.1.3   Optische Medien - Die Compact Disc

Optische Abtastung bei der Compact Disc

Bei optischen Medien erfolgt das Lesen der auf dem Datenträger gespeicherten Information mittels eines auf die Oberfläche fokussierten Laserstrahls. Die Drehzahl nimmt hierbei von innen nach außen ab, die Spuren sind - ähnlich wie bei einer analogen Langspielplatte- spiralförmig angeordnet ('Constant Linear Velocity', CLV-Verfahren). Hierbei werden Änderungen der Oberflächenstruktur erfaßt, die den eintreffenden Strahl in bestimmte Richtungen ablenken.

Standardisierung der CD in Rainbow Books

Die unterschiedlichen Arten der optischen Medien, also der Compact Discs oder kurz CD's werden in den sogenannten 'Rainbow Books' definiert. Diese werden ihren Farben entsprechend als Red Book, Yellow Book, Green Book, Orange Book und White Book bezeichnet. Die genauen Spezifikationen waren lange Zeit nur den Lizenzhaltern dieser Standards zugänglich, sind aber inzwischen weitgehend publiziert.

Codierung in Pits und Lands

Auf der Oberfläche einer Compact Disc sind Erhebungen (sogenannte 'Pits') und Vertiefungen ('Lands') vorhanden, in deren Abfolge codiert die Information vorliegt. Bei der Abtastung wird der Wechsel eines Zustandes berücksichtigt, nicht der Zustand selbst. Folgt auf ein Pit ein Pit oder auf ein Land ein Land, so ist keine Zustandsänderung erfolgt, es wird eine '0' codiert. Folgt auf ein Pit ein Land oder umgekehrt, so bedeutet dies die Codierung einer '1'.

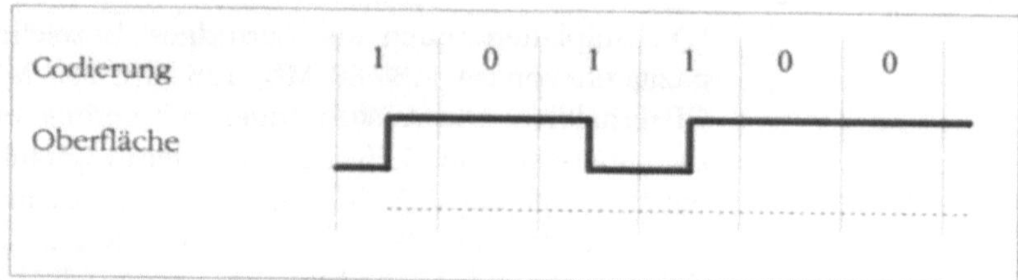

**Abbildung:
Codierung von Binärdaten auf der Oberfläche einer CD**

Aus technischen Gründen ist es notwendig, die Daten in bestimmter Weise zu transformieren, um der Leseoptik die Unterscheidung zwischen aufeinander folgenden gleichen Zeichen zu ermöglichen. Dazu sind zwischen zwei aufeinander folgenden '1'-Codierungen jeweils mindestens zwei '0'-Codierungen nötig.

Fehlerkorrekturverfahren der CD

Das System generiert seine Taktrate direkt aus dem gelesenen Datenstrom, es handelt sich um ein selbsttaktendes System, wobei nicht mehr als elf '0'-Zustände aufeinander folgen dürfen. Das zwingend nötige Fehlerkorrektursystem basiert auf 8-Bit-Zeichen, die originalen Datenbytes dürfen nicht gesplittet werden.

Fehlerkorrektur mit EFM-Transformation

Um diese Anforderungen zu erfüllen, wurde ein auf 14 Bits basierender Transformationsalgorithmus entwickelt, der als EFM-Transformation ('Eight-to-Fourteen') die 8-Bit-Originaldaten in 14-Bit-Pakete codiert und auf der CD abspeichert. Auf Hardwareseite ist dazu eine entsprechende Korrelationstabelle implementiert.

Zwischen zwei EFM-transformierten Symbolen werden drei zusätzliche 'Merging-Bits' eingefügt, um Fehler zwischen den einzelnen 14-Bit-Blöcken zu vermeiden. Ein Original-Datenpaket mit der Länge von 8 Bit erhält nach der Transformation und Addition der Merging-Bits eine Gesamtlänge von 17 Bit.

Datenstruktur auf der CD

Die Basisgröße einer CD ist der Frame. Er besteht aus 24 Datenbytes, beinhaltet aber aufgrund der EFM- und Merging-Bits sowie Synchronisations-, Steuerungs- und Zusatzdaten statt 192 insgesamt 588 Bits. 98 Frames bilden einen Sektor, die kleinste adressierbare Einheit einer CD. Im Red Book, in dem die Spezifikationen für Audio-CD's festgeschrieben sind, wird ein Sektor mit

1/75 Sekunden Länge ausgewiesen. Die unterschiedlichen Standards für CD's sind in der folgenden Übersicht dargestellt:

Abbildung:
Übersicht über die
CD-Standards

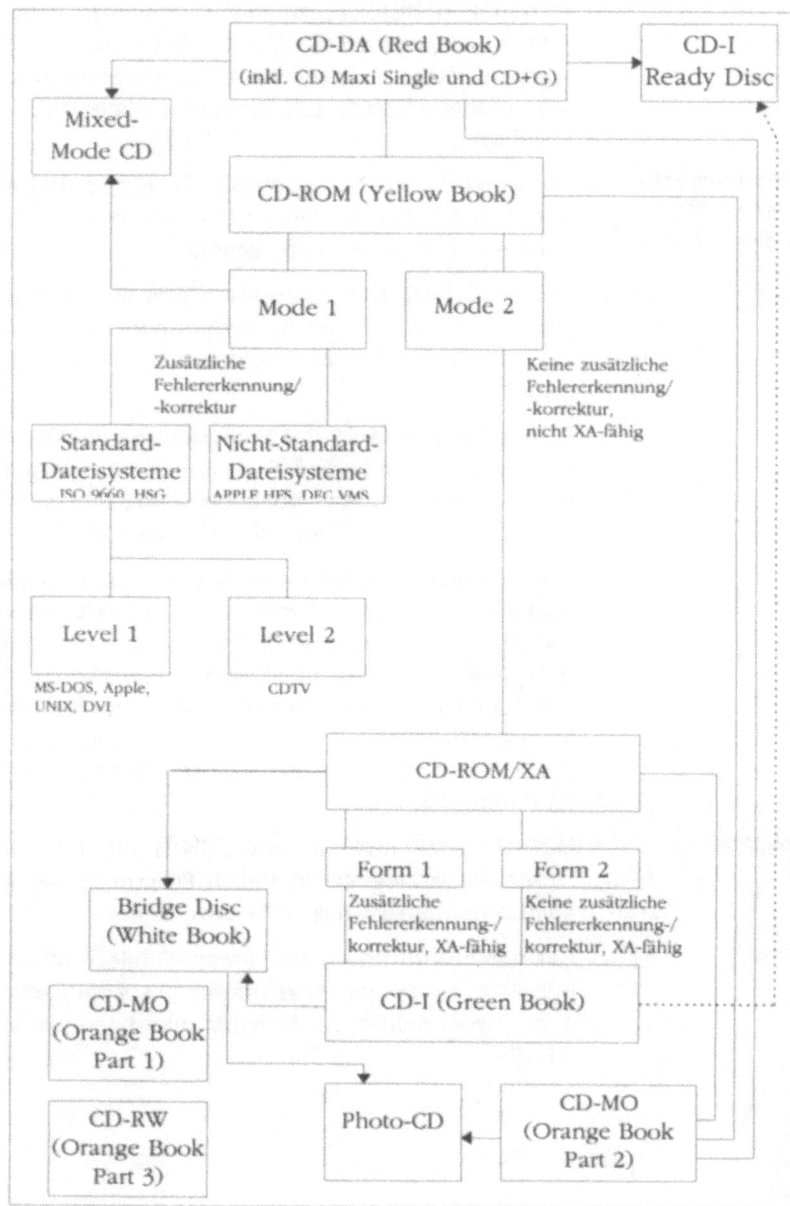

3.1.3.1   Die Audio-CD (CD-DA)

Die CD-DA ('Compact Disc - Digital Audio') ist im 1982 publizierten Red Book spezifiziert und wurde gemeinsam von Sony und Philips entwickelt. Die CD-DA - auch Audio-CD genannt - wird im Zuge einer einzigen Aufnahmesitzung ('Singlesession') von einem Masterband, einer Festplatte oder einer Master-CD erstellt.

Speicherkapazität und technische Daten der Audio-CD

Die Spieldauer einer Audio-CD beträgt zwischen 60 und 74 Minuten. Bei Einführung der CD-Audio wurde eine Spieldauer von maximal 60 Minuten vorgesehen.

Die verfügbaren Fertigungstechnologien konnten eine exakte Fertigung der äußeren Spurwindungen nicht gewährleisten. Daher führten längere Spieldauern zu untragbar hohen Ausschußquoten.

Durch Verbesserung der Fertigungsqualität konnten nach außen hin weitere 5 mm der Disc fehlerfrei beschrieben werden, so daß man zu der heute üblichen Spielzeit von 74 Minuten gelangte. Dies entspricht einer Datenmenge von etwa 640 MB.

Die Lesegeschwindigkeit ist konstant und beträgt zwischen 1,2 und 1,4 Meter pro Sekunde. Die Drehzahl der CD-Audio variiert zwischen 530 und 200 Umdrehungen pro Minute, von innen nach außen abnehmend. Der Durchmesser der Disc liegt bei 120 mm, der Durchmesser des Innenlochs bei 15 mm. Die Spurbreite, also die Breite eines Pit's ist 0,6 µm, seine Länge zwischen 0,833 und 3,56 und der Spurabstand (also das Maß von Pitmitte zu Pitmitte) 1,6 µm.

Maxi-CD's

Die CD-Maxi-Single ist ebenfalls im Red Book spezifiziert, ihr Durchmesser liegt bei lediglich 80 mm, daher können nur etwa 20 Minuten Musik gespeichert werden.

Bei der Einführung der CD-Maxi-Single mußten die Datenträger per Adapter an die vorhandenen Abspielgeräte angepaßt werden, die aktuellen Modelle erlauben jedoch eine direkte Nutzung.

Eine CD-DA ist nach folgendem Schema aufgebaut:

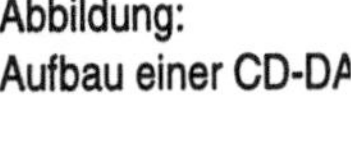

Abbildung:
Aufbau einer CD-DA

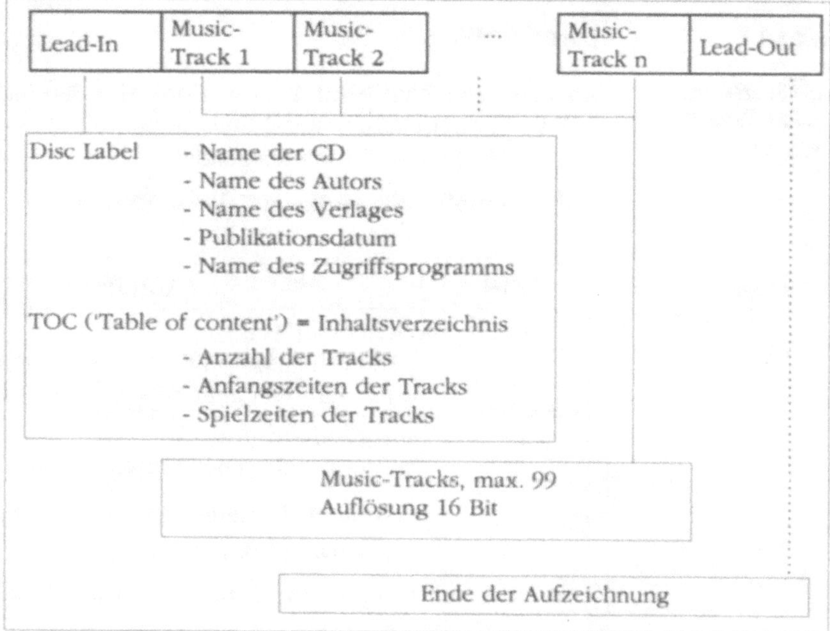

Die CD mit Graphik:
CD+G

Die CD-DA besitzt normalerweise mit Nullinformationen gefüllte Subcode-Channels, die bei der ebenfalls Red-Book-konformen CD+G ('CD plus Graphics') zur Speicherung von Zusatzinformationen genutzt werden. Hierbei lassen sich sowohl vom Anwender definierbare Formate als auch Graphikformate oder MIDI-Daten dem Audioteil hinzufügen. Die Darstellung erfolgt am Fernsehschirm, die CD+G erfordert spezielle Wiedergabegeräte wie CD-I-Player, CDTV-Abspieler oder bestimmte Graphics-Systeme wie das NEC Turbo-Graphics plus CD-Accessory Kit.

Problematisch ist die geringe Kapazität und die über die gesamte CD verstreute ('fragmentierte') Speicherung der Zusatzdaten-daten. Es kann bis zu sieben Sekunden dauern, bis aus den verstreuten Daten ein Bild aufgebaut ist. Pro Sekunde können lediglich 3.600 Bytes übertragen werden, das entspricht einer

Übertragungsrate von 12 MB pro Stunde. Aus diesem Grund erlangte das CD+G-Format zu keinem Zeitpunkt Bedeutung am Markt.

3.1.3.2   Die CD-ROM

Die Spezifikation
der CD-ROM: Das
Yellow-Book

Im Mai 1985 wurde im Yellow Book der Standard für die CD-ROM ('Compact Disc - Read Only Memory') ebenso wie die CD-DA von Philips und Sony festgelegt.

Das Yellow Book ist in zwei Teile gegliedert:

Abbildung:
Aufbau des Red
Book

Teil	Inhalt
1	Allgemeiner Teil: - Grundsätzliche physikalische Eigenschaften (entspricht weitgehend dem Red Book)

2	Spezifischer Teil:
	- Struktur (Block- und Datenstruktur)
	
	- Erweiterte Fehlererkennung und -korrektur
	
	- Datenstruktur auf der Disc
	
	- Definition des EFM-Transformationsalgorithmus
	
	- Definition der Mechanismen zur gleichzeitigen
	  Speicherung von Audio- und Datenteilen auf
	  einer CD

Insgesamt wurden für den Aufbau einer CD-ROM drei unterschiedliche Modi definiert: Mode 0, Mode 1 und Mode 2.

Mode 0 ist für die Produktion von CD-ROM's ohne Bedeutung und wird für die Beschreibung von Leerbereichen auf dem Datenträger verwendet.

Die Modi 1 und 2 besitzen die im folgenden beschriebenen Leistungsdaten:

Abbildung:
Übersicht über die
CD-ROM Mode 1
und 2

Kriterium	Mode 1	Mode 2
Art der typischer- weise gespeicherten Daten	Computerdaten	Komprimierte Au- dio- und Video- daten
Nutzbares Datenvo- lumen pro CD-ROM, bezogen auf eine Spieldauer von 74 Minuten	ca. 650 MB	ca. 742 MB
Datentransferrate	1,17 MB/Sekunde	1,34 MB/Sekunde

Für die Praxis ist lediglich Mode 1 relevant, da er im Gegensatz zu Mode 2 über einen zusätzlichen EDC/ECCLayer - ('Error De- tection Code/Error Correction Code', Fehlererkennungs- und Korrekturmechanismus) verfügt und daher erheblich geeigneter für Speicherung sensibler Computerdaten ist. Im Vergleich zur Audio-CD, in der kurze Abtastfehler per Interpolation überbrückt werden können, kann ein einziges fehlerhaftes Byte eine kom- plette Computerapplikation unbrauchbar machen.

Inkompatibiliäten bei CD-ROM's

Das Yellow Book beschreibt nicht die interne Dateistruktur für Daten-CD-ROM's. Daher entwickelten die Produzenten eigene proprietäre Dateisysteme, was zu inkompatiblen CD-ROM's und Laufwerken führte. Da die Blockebene genormt ist, kann grund- sätzlich jedes Gerät jede CD-ROM lesen. Die Zusammenfügung der Blöcke zu einem Dokument erfolgt auf Dateisystemebene und ist daher vom verwendeten File-System abhängig. Bei- spielsweise waren CD-ROM's, die mit MS-DOS erstellt waren, nicht mit Geräten, die das Apple HFS ('Hierarchical File System') einsetzten, benutzbar.

Die erste strukturel- le Standardisierung: High Sierra Group

Die Hard- und Softwareindustrie war sehr daran interessiert, die- se Unzulänglichkeit zu beheben und einen Standard auch für das Dateisystem und die Volume-Struktur festzulegen. 1985 wur- de daher von Vertretern unterschiedlicher Unternehmen als High-Sierra-Group (HSG) - benannt nach dem Tagungsort - ein Standard erarbeitet, der die Kompatiblität der unterschiedlichen

Betriebssysteme mit den auf CD-ROM verfügbaren Daten sicherstellen sollte.

Die Festlegung von Sektoren, Blöcken, Dateien, Verzeichnissen und Volumes wurde getroffen; der vollständige Definitionstext findet sich in Julie B. Schwerins Veröffentlichung 'CD-ROM Standards: The Book', erschienen bei Learned information (Europe) Ltd., Oxford, England, 1986, ISBN 0-904933-54-77.

Vorteile des HSG-Vorschlags

High-Sierra-kompatible Datenträger ermöglichen durch die Standardisierung u.a. von Dateisuchalgorithmen den Einsatz von Retrieval-Programmen über mehrere Datenbanken hinweg, da die CD-ROM's eine einheitliche Struktur aufweisen und die Gerätetreiber vereinheitlicht werden konnten.

Der HSG-Vorschlag sieht drei Kompatibilitäts-Level vor.

**Abbildung:
Übersicht über die Kompatibilitäts-ebenen gemäß dem HSG-Vorschlag**

Kompatibilitäts-ebene	Inhalt
Level 1	Unterste Ebene Jedes CD-ROM-Laufwerk ist nutzbar Nur Volume-Sets aus einer Disc möglich
Level 2	Längere Datei- und Verzeichnisnamen Spezielle Dateistrukturen, insbesondere für CD-I
Level 3	Erfüllung aller HSG-Spezifikationen

Der endgültige Standard: ISO 9660

Die Standardisierungsorganisation ISO ('International Standards Organisation') übernahm viele der von der HSG erarbeiteten Vorschläge und veröffentlichte 1988 den Standard ISO 9660, in dem die Spezifikationen für die CD-ROM verbindlich festgelegt wurden. Die Definitionen umfassen eine Dateistrukturierung, die plattformübergreifend genutzt werden kann und in einigen Punkten vom HSG-Proposal abweicht.

Die Norm ISO 9660 erlangte als offizieller Standard eine erheblich höhere Bedeutung als der HSG-Vorschlag und setzte sich dem gegenüber als verbindlich durch. Ähnlich dem HSG-Proposal finden sich (allerdings in diesem Falle nur zwei) Kompatibilitätsebenen, wobei der Level 2 weitgehend CDTV beschreibt und daher von untergeordneter Bedeutung ist.

ISO 9660-konforme CD-ROM's können standardgemäß Programme für MS-DOS-, Apple Macintosh- und Unix-Rechner sowie Daten enthalten.

Typischerweise befindet sich auf einer CD-ROM ein Treiber für jedes gewünschte Zielformat und ein Datenbestand, der vom jeweiligen Treiber unter dessen Betriebssystem genutzt werden kann.

Bedeutung und Einsatz von ISO 9660 *(marginal)*

3.1.3.3   Die Mixed Mode-CD

Eine Mixed Mode-CD enthält sowohl Audiodateien (wie eine CD-DA) als auch Daten (wie eine CD-ROM). Die Datentracks werden meist als Track 1 gespeichert, danach folgen die Audiodaten. Wird eine solche CD in einen Audio-CD-Player eingelegt, so versucht dieser, die Daten des ersten Tracks als Titel 1 zu wandeln. Die Wandler des Players setzen dabei die Computerdaten in hörbare Signale um, deren Frequenzen sowohl äußerst unangenehm klingen als auch das angeschlossene Audiosystem zerstören können.

Audio-CD-Player neuerer Bauart haben daher eine 'Mute'-Schaltung integriert, die eingehende Datentracks stummschaltet. Musikdaten und Computerdaten lassen sich nicht gleichzeitig verwenden. Allerdings ist ein alternierender Betrieb möglich, bei dem Teile der Mode 1-Anwendung in den Arbeitsspeicher oder auf die Festplatte ausgelagert werden.

Problematisch ist hier die Größe des Arbeitsspeichers und die Wiedergabeunterbrechung im Falle des Nachladens bestimmter Daten.

Beispiele für Mixed Mode-CD-ROM's sind CD's, die Musikzeitschriften beigelegt werden und die neben Musikcomputerpro-

Computer- und Audiodaten auf einem Datenträger *(marginal)* grammen auch Klangbeispiele von in der jeweiligen Ausgabe getesteten Instrumenten beinhalten.

3.1.3.4   Die CD-ROM/XA

Erweiterung vor-
handener Standards

Das auch als 'Extended Yellow Book' bezeichnete Format CD-ROM/XA ('Extended Architecture') wird häufig als 'Multimediaformat' genannt. Als Basis dienen die bereits fixierten CD-Modi, denen ein weiterer hinzugefügt wird, der sowohl die Speicherung von (komprimierten) Audio- und Videodaten als auch die von (unkomprimierten) Anwendungen ermöglicht.

Durch den Vorgang des 'Interleaving' kann innerhalb einer Sekunde 75 mal zwischen beiden Datentypen gewechselt werden. Diese Frequenz erlaubt es, quasi in Echtzeit zu arbeiten. Dadurch werden an die verwendete Hardware und das Betriebssysteme besondere Anforderungen ('XA-Fähigkeit') gestellt.

Ebenso wie bei der CD-ROM wird bei der CD-ROM/XA zwischen zwei Formen unterschieden, wobei die Form 1 analog zur CD-ROM Mode 1 für Computerdaten, die Form 2 ähnlich dem Mode 2 für komprimierte Audio- und Videodaten vorgesehen ist.

Sonderfunktionen
bedingen spezielle
Hard- und Software

Die Anwendungsentwicklung erfordert spezielle Hard- und Softwareausstattung, um das Dateninterleaving vornehmen und die Ton- und Videokompression ermöglichen zu können. Für die Audiokompression wird das ADPCM- ('Adaptive Differential Pulse Code Modulation'-) Verfahren eingesetzt, das lediglich die Unterschiede zwischen aufeinanderfolgenden Audioabtastwerten festhält, nicht mehr die kompletten Werte. Da nur noch der Unterschied der Abtastwerte gespeichert werden muß, wird erheblich weniger Speicherplatz benötigt. Auf einer CD mit üblicherweise 75 Minuten Spielzeit können mit dem beschriebenen Verfahren etwa 10 Stunden komprimierten Materials (Level B, mono) abgelegt werden.

Auf einer CD-ROM/XA lassen sich die im folgenden beschriebenen Sektorenformate kombinieren:

	Kombinierbare Formate für CD-ROM/XA
1	CD-DA, Audiodaten
2	CD-ROM Mode 1, Computerdaten
3	CD-ROM Mode 2, komprimierte Audio-/Videodaten
4	CD-ROM/XA Mode 2, Form 1, Computerdaten
5	CD-ROM/XA Mode 2, Form 1, ADPCM-Audio- und Videodaten

3.1.3.5

Spezialformate für
proprietäre Systeme

CD-I, CD-I-Ready und Bridge-CD

Die CD-I ('Compact Disc Interactive') wird durch das 1987 erstellte Green Book definiert. CD-I schreibt die verwendete Hardware und das eingesetzte Betriebssystem fest vor und bildet damit ein in sich geschlossenes, proprietäres System. CD-I-Rechner benutzen als Prozessoren Motorola-Entwicklungen der Serie 68.xxx, wie sie auch in älteren Apple Macintosh-Rechnern, im Commodore Amiga und in den ATARI-PC's eingesetzt sind. Das Betriebssystem CD-RTOS wurde von Microware speziell entwickelt.

CD-I-Player werden an ein Fernsehgerät angeschlossen und liefern ein moduliertes TV-Signal. Zielgruppe für dieses Systems ist der Home-/Consumer-Bereich. Bei CD-I ist das von der CD-ROM/XA bekannte Interleaving möglich, auch der Aufbau der Sektoren ist identisch, ebenso Audio-, Video- und die binären Datenstrukturen.

Die auf einem CD-I-Player nutzbaren Formate sind CD-DA, CD+G, CD-I-Ready, Bridge Disc und Photo-CD. CD-I-Discs lassen sich mittels einer speziellen Steckkarte auf einem Windows-PC abspielen.

Ähnlich des CD-ROM/XA-Standards sind für CD-I zwei Sektorenformate definiert. CD-I Form 1 entspricht dabei CD-ROM/XA Mode 2, Form 1, CD-I Form 2 dem Format CD-ROM/XA Mode 2, Form 2.

Bei der CD-I-Ready Disc handelt es sich prinzipiell um eine Audio-CD mit durch einen CD-I-Player nutzbaren Zusatzfunktionen.

Die Pregap als Datenspeicher

Hierbei wird die Pregap genutzt, ein Bereich zwischen dem Beginn des Tracks und dem Start des Audiosignals. Dieser beträgt im Regelfall 2-3 Sekunden und ermöglicht dem Anwender das Setzen von Indexpunkten. Diese Pregap wird hier auf minimal 182 Sekunden verlängert und mit Zusatzdaten wie Graphiken, Texten etc. gefüllt, die vom CD-I-Player gelesen werden können. Ein Audio-CD-Player überspringt die Pregap automatisch und ignoriert daher die dort enthaltenen Daten. Ein CD-I-Player registriert, ob die Pregap länger als 30 Sekunden ist. Ist dies nicht der Fall, geht die Steuerlogik des Systems von einer üblichen CD-DA aus.

Die Bridge-Disk als Format für Photo- und Video-CD's

Die Bridge Disc, spezifiziert im White Book, benötigt entweder einen speziellen Player, kann aber auch mit einem CD-I-Player oder einem XA-fähigen CD-ROM-Laufwerk mit spezieller Software abgespielt werden.

Beispiele für den Einsatz von Bridge-CD sind die Kodak Photo CD, die Karaoke-CD von Philips und JVC sowie die Video-CD, die unter Verwendung des Kompressionsverfahrens MPEG-1 die bildschirmfüllende Videowiedergabe mit einer Bildwiederholfrequenz von 25 Bildern pro Sekunde bietet.

Die Bridge-CD verwendet die gleichen Sektorenformate wie die CD-I.

3.1.4   Die CD-Recordable

Einmal zu beschreibende CD's

Das Orange Book Teil 2 beschreibt die CD-R ('Recordable'), auch CD-WO ('Write Once', einmal beschreibbar), die ein einmaliges Aufnehmen von Daten ermöglicht. Die Aufzeichnung erfolgt in Form des sogenannten 'Brennens' eines CD-Rohlings.

Dieser Rohling besteht aus einem Träger aus Polycarbonat und einer Oberfläche, die aus einem organischen Farbstoff, dem sogenannten 'Dye' aufgebaut ist. Durch die Einwirkung eines leistungsstarken Schreiblasers werden die Reflexionseigenschaften der Oberfläche verändert.

Als weitere Schicht ist eine mit Schutzlack versehene goldene Verspiegelung, aufgebracht, auf der das Label aufgedruckt wird.

Eine 0,7 Mikrometer dünne Spur wird als Art von 'Vorformatierung' beim Spritzen des Trägers aufgebracht, außerdem muß für die Ermittlung der korrekten Umdrehungsgeschwindigkeit auf der Leerspur eine Referenzmodulation aufgebracht sein, die die Positionierung des Laserkopfes und Zeitinformationen liefert.

Für die Feinjustage des Lasers wird vor dem ersten Lead-In die sogenannte PCA ('Power Calibration Area') und die PMA ('Program Memory Area') aufgebracht werden.

Einbrennen der Informationsspur mittels Laser

Hierbei wird durch einen leistungsstarken Laser das Bit-Muster 'eingebrannt', das später allerdings nicht noch einmal überschrieben werden kann.

Im Orange Book werden zwei Aufzeichnungsarten festgelegt, der Single- oder Multisession-Modus.

Single- und Multisession-CD's

Bei der Singlesession- oder regulären CD-R wird nach einer Aufzeichnungssitzung ein Inhaltsverzeichnis ('Table of Content', TOC) aufgezeichnet. Eine Singlesession-CD-R ist zu allen bisher angeführten Formaten kompatibel, kann also von Audio-CD-Playern, CD-ROM-, CD-ROM/XA- und CD-I-Laufwerken gelesen werden.

Die Multisession- oder hybride CD-R erlaubt mehrere Aufnahmesitzungen, wobei jede einzelne Session eine eigene Lead-In (und damit eine eigene TOC) sowie eine Lead-Out erzeugt.

Abbildung: Struktur einer Multsession-CD-R

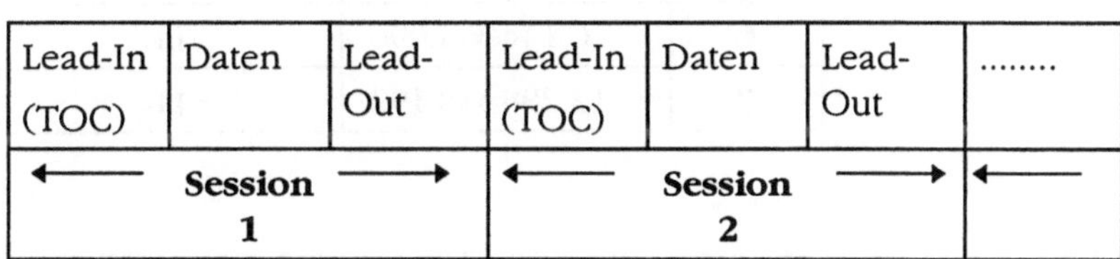

Lead-In (TOC)	Daten	Lead-Out	Lead-In (TOC)	Daten	Lead-Out	....
← Session 1 →			← Session 2 →			←

Ein Singlesession-CD-ROM-Laufwerk erkennt hier nur die erste Session; spezielle Multisession-Laufwerke ermöglichen in Verbindung mit dem entsprechenden Gerätetreiber die Nutzung aller auf einer CD vorhandenen Sessions.

3.1.4.1

Ein universelles
Speichermedium für
Photos

Die Kodak Photo CD

Im Jahre 1990 präsentierten Kodak und Philips anläßlich der Düsseldorfer Photokina die Photo CD als universelles Speichermedium für Photografien. Die Photo CD ist eine hybride, also multisessionfähige CD-R und gleichzeitig eine Bridge Disc (= CD-ROM/XA- und CD-I-fähig).

Die Bilddaten werden digitalisiert und in komprimierter Form abgespeichert. Als Wiedergabegeräte kommen Fernseher oder Computer in Frage. Ein Bild kann in unterschiedlichen Auflösungen auf der Photo CD gesichert werden. Die interne Struktur wird als 'ImagePac' bezeichnet. Die Anzahl der auf einer der Photo CD gespeicherten Bilder hängt von der Auflösung und dem Format der Photos ab. Das Bildverhältnis beträgt immer 3:2 für die horizontale und vertikale Größe.

Kleinformatige Bilder werden unkomprimiert gespeichert.

Abbildung:
Bildformate der
Photo-CD

	Auflösung (Pixel)	**Komprimierung**	**Basis**
1	192 x 128	Nein	1/16
2	384 x 256	Nein	1/4
3	768 x 512	Nein	1/1
4	1.536 x 1.024	Ja	4/1
5	3.072 x 2.048	Ja	16/1
6	6.144 x 4.096	Ja	64/1
7	12.288 x 8.192	Ja	256/1

3.1.5

Magneto-optische Speicherung (CD-MO und MiniDisc)

Die bisher angeführten CD's waren sogenannte ROM-Speichermedien ('Read-only-memory', Nur-Lese-Speicher). Diese CD's lassen sich nach dem Mastering-Vorgang schnell und preisgünstig in hohen Stückzahlen herstellen. Außerdem ist der Inhalt gegen Manipulation geschützt.

Allerdings wurde schon früh daran gearbeitet, optische Speicher zu entwickeln, die einmal oder mehrfach zu beschreiben sind.

Merhmals be-schreibbare Medien

Mehrmals beschreibbare Discs werden ähnlich konventionellen Festplatten als Massenspeicher für Computersysteme eingesetzt. Gegenüber diesen besitzen sie eine kompakte Form und sind, da sie in Form von Cartridges durch Kunststoffhüllen geschützt werden, leicht und sicher transportabel. Für beschreibbare Discs wird ein magneto-optisches Verfahren eingesetzt. Die Datenträger besitzen einen mehrschichtigen Aufbau aus magnetisierbaren Metallen (meist aus Terbium, Eisen und Kobalt). Beim Lesen der Daten werden die unterschiedlichen optischen Eigenschaften dieser Schichten ausgenutzt.

Physikalische Grundlagen der magnetooptischen Spelcherung

Die Beschichtung wird beim Beschreiben punktuell auf über 200 Grad erhitzt, wobei die erhitzte Fläche schmilzt. Ein unter der Disc angebrachter Magnet richtet die flüssigen magnetisierbaren Teilchen der Beschichtung entsprechend seines Magnetfeldes aus. Dic Ausrichtung bleibt nach der Abkühlung fixiert. Beim Lesevorgang werden die optischen Unterschiede aufgrund der unterschiedlichen Ausrichtung der verschiedenen Bereiche als Bitmuster abgetastet und decodiert.

Magneto-optische Discs sind in Form von 5,25 Zoll durchmessenden Cartridges und als MiniDisc erhältlich. Die 5,25 Zoll-MO-Discs erlauben eine Speicherung von bis zu 4 GB pro Medium, die Cartridges lassen sich von beiden Seiten bespielen. Die Zugriffsraten liegen unter vergleichbaren Werten der konventionellen Festplatten, allerdings sind für spezielle Anwendungen (Aufzeichnung von Audio-Signalen in Echtzeit, 'Harddisk-Recording') leistungsfähige, auf dem magneto-optischen Prinzip basierende Geräte entwickelt worden.

Die MiniDisc

Die MiniDisc ähnelt aufgrund ihrer Größe von 3,5 Zoll einer herkömmlichen Computerdiskette und erlaubt die Speicherung eines Datenbestandes von 128 MB. Die eigentliche Disk ist auch hier von einer Schutzhülle umgeben. Die MiniDisc wurde in erster Linie zur Aufzeichnung von Audiodaten als Ersatz der analogen Compact Cassette entwickelt und arbeitet mit dem Audio-

Kompressionsverfahren ATRAC ('Adaptive Transform Acoustic Coding').

3.1.6   **Die CD-RW**

Wiederbeschreib-bare CD's als Festplattenersatz

Fünf führende Unternehmen im Bereich der Datenspeicherung legten im April 1995 den Standard für eine wiederbeschreibbare CD, die CD-RW ('Rewritable') als Orange Book Teil III fest. Ihr Format gibt eine Speicherkapazität von 680 MB vor. Die Zugriffszeit liegt bei 300 Millisekunden. Die Datenträger benötigen spezielle Laufwerke, herkömmliche Player können nicht eingesetzt werden.

Die CD-RW läßt sich wie eine herkömmliche Festplatte als Startlaufwerk eines Rechners einsetzen und bei Bedarf defragmentieren.

Abgrenzung zur MO

Die ersten vorgestellten Laufwerke erreichen doppelte Schreib- und sechsfache Lesegeschwindigkeit. Das Dateisystem ist entsprechend ISO 9660 aufgebaut. Ähnlich der auf dem Kerr-Effekt basierenden magneto-optischen ('MO')-Technologie arbeitet die CD-WR mit einem kristallinen Material, dessen optische Eigenschaften sich im Schreibvorgang fixieren und beliebig oft wieder ändern lassen.

Statt der bei der MO verwendeten Terbium-Eisen-Kobalt-Kombination nutzt die CD-WR eine Tellurium-Beschichtung. Diese erlaubt allerdings nur erhebliche geringere Polarisationsunterschiede als die in den anderen CD-Standards geforderten. Daher ist eine empfindlichere Leseoptik notwendig, die darüber hinaus mit einem automatischen Regelkreis ('Automatic-Gain-Control', AGC) stabilisiert werden muß. Hierin liegt auch die Inkompatibilität zu den übrigen CD-Formaten begründet.

Sogenannte 'Multi-Read'-Laufwerke sollen in der Zukunft alle vorhandenen Standards lesen können. Bisher wurde jedoch kein Gerät dieser Art vorgestellt.

3.1.7   **DVD**

Das DVD-Format ('Digital Versatile Disc', gelegentlich auch 'Digital Video Disc' genannt) basiert auf einem optischen Datenträger vom Durchmesser einer CD (120 mm). Im Dezember 1995 wurden die Spezifikationen für das DVD-Format veröffentlicht, die von Expertengruppen aus der Informationsindustrie erarbeitet wurden.

Abbildung:
Eigenschaften des
DVD-Formats

	Kriterium	**Spezifikation**
Physikalische Daten	Durchmesser	120 mm
	Dicke	1,2 mm (zwei je 0,6 mm dicke Platten)
Leistungs-parameter	Speicherkapazität	4,7 GB pro Seite (Single-Layer-DVD) 8,54 GB pro Seite (Dual-Layer-DVD)
	Datentransfer-Rate	Ø 4,69 MB/s
	Komprimierung	MPEG-2 (Bild) Dolby AC-3 (Audio)/ MPEG-2-Audio
	Anzahl der Kanäle	8 Audiokanäle 32 Subtitle Kanäle
	Laufzeit	133 min. pro Seite für Audio und Video, 3 Audiokanäle, 4 Subtitle Kanäle
Organisation	Dateisystem	ISO 9660 und UDF

Aufbau und
Leistungsdaten der
DVD

Eine DVD besteht aus zwei miteinander verbundenen Einzelplatten, die jeweils zwei Informationsebenen besitzen können. Unterschiedliche Fokussierungen der Leseköpfe lassen das Lesen der beiden Schichten zu. DVD's werden als Single-Layer-DVD (eine Informationsebene) und als Dual-Layer-Discs (zwei Informationsebenen) die Nachfolge der herkömmlichen CD-Formate antreten.

Jede Seite einer Single-Layer-DVD besitzt eine Kapazität von 4,7 MB. Das ergibt eine Gesamtkapazität von 9,4 GB. Dual-Layer-Discs sind aus Gründen der Datensicherheit nicht so dicht gepackt wie Single-Layer-DVD's. Dadurch ergibt sich für Dual-Layer-Discs eine Speicherkapazität von 8,54 GByte pro Seite, bei beidseitiger Nutzung 17,08 GByte.

Hohe Kapazität durch Datenkomprimierung

Durch den Einsatz eines Bilddaten-Komprimierungsverfahrens MPEG-2 faßt jede Disc damit etwa 133 Minuten hochwertigen Videomaterials mit einer horizontalen Auflösung von ca. 500 Zeilen. Diese Qualität wird von den verbreiteten Aufnahmemedien VHS (240 Zeilen) oder S-VHS (400 Zeilen) bei weitem nicht erreicht. Das DVD-Format umfaßt mehrere Anwendungen wie z.B. DVD-Video, DVD-ROM (für Computer) und DVD-Audio zur Musikwiedergabe.

Die Informationen werden physikalisch dichter geschrieben, die Mindestlänge der Aufzeichnungs-Pits verringert, ein anderes Modulationsverfahren gewählt, die Fehlerkorrektur optimiert, schließlich werden Redundanzen beim Aufbau der Sektoren beseitigt. Alles in allem ergibt sich mit 4,7 GByte für die DVD eine Kapazität, die gegenüber der Audio-CD (780 Mbyte) um den Faktor 6,03 erhöht ist, gegenüber der CD-ROM (650 MByte) um den Faktor 7,4. Jede Disc besteht aus zwei 0,6 mm dünnen Halblingen, die Rücken an Rücken miteinander verbunden ('bonded') werden.

Die Informationsschicht der Disc ist nur noch 0,6 mm von der Oberfläche entfernt. Dies ermöglicht zusammen mit einer Verringerung der Wellenlänge des Laserlichts (635 - 650 nm im Vergleich zu 780 nm der CD-ROM) eine feinere Fokussierung des Laserstrahls und damit ein Auslesen dichter geschriebener Informationen.

Durch die 0,6-mm-Halbdiscs, den kurzwelligeren Laser und die Verbesserung der optischen Eigenschaften des Gesamtsystems wird eine dichtere Packung der Windungen auf der DVD erzielt und die minimale Pitlänge reduziert.

Dateistruktur der DVD

Als Dateisystem wurde das 'Universal Disc Format' (UDF) festgelegt, eine Entwicklung der OSTA ('Optical Storage Technical Association'), die als ein zukünftiges, plattformübergreifendes Dateisystem etabliert werden soll. Dem DVD Data Track folgen bei der DVD-Video Tracks mit MPEG-2-Daten, bei der DVD-ROM der Datenbereich.

Die beiden Schichten einer DVD bestehen aus unterschiedlichen Materialien. Zunächst wird die Pitstruktur auf eine Halbdisc gepreßt, mit einer semireflektiven Schicht, vorzugsweise mit Gold, beschichtet, dann wird ein Kunststoff aufgetragen und mittels UV-Licht ausgehärtet. Dieser Kunststoff erhält die Pitstruktur für die zweite Leseebene. Zuletzt wird eine vollreflektive Aluminium-Schicht aufgetragen.

Für die Zukunft ist die Entwicklung von DVD's angedacht, die gepreßte und beschreibbare Ebenen kombinieren. Damit könnten Stammdaten im ROM-Bereich liegen, Bewegungsdaten auf der beschreibbaren Ebene abgelegt werden.

Komprimierung mit AC-3 und MPEG-2

Der Ton für die auf der DVD gespeicherten Videos wird auf zwei unterschiedliche Arten komprimiert. Im US-amerikanischen Bereich erfolgt die Codierung gemäß des Dolby AC-3-Verfahrens, optional kann auch MPEG-2-Audio genutzt werden. Videodaten nach PAL-Norm werden üblicherweise mit MPEG-2-Audio versehen, hier kann optional das Dolby-AC-3-System eingesetzt werden. Dieser verwirrende Zustand und die Tatsache, daß auch die Wiedergabe von DVD-Audio-Discs auf DVD-Video-Playern noch nicht endgültig festgelegt ist, erzeugt bei der Industrie eine gewisse Zurückhaltung bei der Einführung von DVD-Hardware.

Eine Hybrid-DVD soll das Abspielen von Audiodaten auf einem Video-DVD-Spieler ermöglichen. Dabei werden die beiden vorhandenen halbreflektiven auf eine dritte, 1,2 mm tiefe vollreflektive Schicht aufgebracht. Ein Red Book-kompatibler DVD-Audio-CD-Spieler erfaßt lediglich die vollreflektierende unterste Schicht und die darauf gespeicherten Audioinformationen. Die Qualität des DVD-Audiosignals ist erheblich höher als die der herkömmlichen CD-DA. Aufgrund der hohen Speicherkapazität lassen sich Auflösungen bis 24 Bit (im Vergleich zu den 16 Bit bei CD-DA) und Samplingfrequenzen bis 96 kHz (bisher 44,1 kHz) realisieren. Insbesondere im kritischen leisen Bereich profitiert die Klangqualität deutlich von den besseren technischen Möglichkeiten.

Sonderformen der DVD

Über weitere Derivate der DVD-Technologie wie DVD-R bzw. DVD-M (einmal beschreibbare DVD's) oder DVD-RAM (wiederbeschreibbare DVD) lassen sich derzeit keine konkreten Aussagen treffen.

Zehn Elektronik-Unternehmen aus Japan, Europa und den USA haben sich Anfang April 1997 auf gemeinsame Standards bei der DVD verständigt. Die als 'DVD-Forum' bekannte Gruppe, in der unter anderem Philips, Sony, Matsushita und Time Warner vertreten sind, einigte sich auf technische Standards für die DVD-RAM sowie die DVD-M. Die DVD-RAM soll bis zu 2,6 Gigabyte Kapazität aufweisen. Damit läßt sich ein Kinofilm von einer Stunde Länge speichern; die einmal beschreibbaren DVD-M-Medien sollen 3,95 Gigabyte speichern können und sind vor allem für die Datenarchivierung vorgesehen. Einzelheiten der jetzt vereinbarten Standards sollen bei einer Reihe von Folgekonferenzen festgelegt werden.

Prognose: DVD als das Format der Zukunft

Prognosen der Firma Sony zu Beginn des Jahres 1997 zufolge wird die weltweite Nachfrage nach DVD-Videoabspielgeräten im Jahr 2000 bei etwa 10 Millionen Stück liegen, wobei die weltweite Nachfrage nach DVD-ROM-Laufwerken etwa 30 Millionen Stück erreicht (30% der im Jahre 2000 verkauften 100 Millionen Computer werden mit DVD-ROM-Laufwerken ausgestattet sein).

3.1.8 Kompatibilität der einzelnen CD-Formate

Die Kompatibilität der einzelnen CD-Formate und Abspielgeräte (ohne CD-R und CD-RW, da hier die verwendete Erstellungssoftware Auswirkungen auf die endgültige Kompatibilität hat) ist aus der folgenden Tabelle ersichtlich.

Abbildung:
Kompatibilitäts-
tabelle für CD-ROM

	Audio-CD Player	CD-ROM-Lauf-werk	CD-I-Player	Photo-CD-Player	CDTV-Player
CD-DA	+	+	+	+	+
CD-ROM Mode 1	–	+	–	–	–
CD-ROM Mode 2	–	+	–	–	–
CD-ROM/ XA	–	+	–	–	–
Bridge Disc	–	+	+	–	–
CD-I	–	–	+	–	–
CD-I-Ready	Audio–Tracks	Audio–Tracks	+	Audio–Tracks	Audio–Tracks
Photo CD	–	+	+	+	–
CDTV	–	–	–	–	+

+ = kompatibel
– = nicht kompatibel

4   Die Herstellung von Offline-Medien

4.1   Projektplanung

Bei der Entscheidung für ein Medium sollten die Vor- und Nachteile, die Anwendungsmöglichkeiten und die Kosten für das jeweilige Speichermedium und dessen Herstellung berücksichtigt werden.

Eine klare Definition des Projektziels ist ebenso wichtig wie die Festlegung des geeigneten Publikationsmediums. Eine erste Zieldefinition kann anhand des folgenden groben Fragegerüsts erfolgen:

Abbildung:
Fragestellungen zur
Zieldefinition für
CD-ROM's

	Fragestellung	**Beispiele**
1	Welche Datentypen sollen auf der CD-ROM verfügbar sein?	Programme, Texte, Bilder, Audio, Animation und Video
2	Welchen Verwendungszweck haben potentielle Käufer für die CD-ROM, und welche Tools stehen ihnen beim Einsatz zur Verfügung?	- Übernahme von Charts für Präsentationszwecke - Übernahme der Daten in eine Tabellenkalkulation - Portierbarkeit auf unterschiedliche Plattformen
3	Welchen Informationszugang soll die CD-ROM-Anwendung bieten?	Effiziente und intuitive Erschließung komplexer Sachverhalte unter Einsatz aller verfügbaren Medientypen
4	Welcher und wieviel Mehrwert soll dem Nutzer geboten werden?	- Schneller Zugriff auf große Datenbestände - Datensicherheit - Geringe Kosten

Datenformate für CD-ROM

Grundsätzlich können als Datentypen alle digitalen Datenformen wie Programme, Texte, Bilder, Audio, Animation und Video verwendet werden. Ist aus dem Nutzungsprofil einer Anwendergruppe bekannt, daß es hier vorteilhaft wäre, Daten von der CD-ROM in eine Präsentationsgraphik zu übernehmen, so können diese Daten auf CD-ROM sowohl als Bitmap-Graphik als auch im Format einer Tabellenkalkulation (beispielsweise Microsoft Excel) verfügbar gemacht werden. Mit dieser - eigentlich redundanten - Speicherung wird dem Anwender die Konvertierung in ein für sein System nutzbares Format abgenommen. Die eingesetzten Formate sollten sich nach der Verbreitung der entsprechenden Anwendungssoftware in der Zielgruppe richten.

Vorteile einer redundanten Spoiohorung

Die auf einer CD-ROM verfügbare Datenmenge erlaubt als weitere Möglichkeit einer redundanten Speicherung die Integration von Bildern in unterschiedlichen Auflösungen und Farbtiefen. Die eigentliche Anwendung kann so den aktuellen Videomodus des Systems und die Gesamtperformanz durch die Zuordnung des entsprechenden Bildformates optimal ausnutzen.

Hybrid-CD-ROM's

Hybride CD-ROM's enthalten die Anwendungsprogramme in auf mehreren Plattformen lauffähigen Versionen. Hierbei ist darauf zu achten, daß die benutzten Daten von beiden Versionen gleichermaßen genutzt werden können. Dies kann in der Herstellungsphase zu erhöhten Aufwänden führen. Daten müssen beim Einhalten der ISO 9660-Norm und der entsprechenden plattformübergreifenden Formate allerdings grundsätzlich nur einmal vorhanden sein.

Wenn in bestimmten Zielgruppen (z. B. im graphischen Gewerbe) mehrere Plattformen wie Apple Macintosh und Windows-PC im Einsatz sind, ist es vorteilhaft, wenn nicht die gesamte Anwendung hybrid vorliegt, entsprechende Konvertierungsmodule auf der CD-ROM vorzusehen.

Erschließung, Zugriff und Strukturierung

Der Informationszugang für den Nutzer sollte eine effiziente und intuitive Erschließung des Inhalts ermöglichen. Der Zugriff und die Strukturierung des Datenbestandes (Volltext, relationale Datenbank usw.) sowie die Gestaltung der Benutzerschnittstelle sollten auf den Charakter und die Form der Nutzung der Daten abgestimmt sein und im Idealfall eine harmonische Einheit bilden.

Eine CD-ROM, die eine Unternehmenspräsentation enthält, sollte beispielsweise die entsprechenden Adressen in der Form enthalten, daß sie in gängige Textverarbeitungsprogramme und Datenbanken leicht zu integrieren sind.

Auf einer CD-ROM mit dem Jahresinhalt einer Tageszeitung sollten die einzelnen Zeitschriftenartikel hingegen als Volltext enthalten sein, um eine entsprechende Suchfunktionalität zu ermöglichen.

Interaktivität und Hyperlinking

Auch der durch die Interaktivität und Hyperlinkfähigkeit gegebene Zusatznutzen sollte schon zu Beginn einer Produktion stark berücksichtigt werden. Eine CD-ROM mit Beschreibung einer Stadt kann neben dem Stadtplan auch eine Liste der Hotels und Restaurants, der längerfristig bekannten Events oder Ausflugsziele beinhalten. Darüber hinaus ist es möglich, die öffentlichen Verkehrsmittel einzubeziehen und kombinierte Routen zu bestimmten Zielen anzubieten. Für die Reservierung sind die Möglichkeit des Ausdrucks von Reservierungsscheinen oder sogar ein Online-Link zu einem entsprechenden Reservierungssystem möglich.

Brainstorming und Visionen

Gerade in der ersten Planungsphase sind Visionen durchaus erwünscht. Entsprechende Brainstormingrunden führen oft zu sehr positiven Ergebnissen.

Bewertung der Ideen

Allerdings ist zu beachten, daß, je umfangreicher die Anwendung gestaltet ist und je größer die genutzten Datenbestände sind, auch die Leistungsanforderungen an die Such- und Navigationsanwendungen proportional steigen. Die Ideen aus den Brainstormingrunden sind daher vor der tatsächlichen Realisierung nicht nur auf die technische Umsetzungsmöglichkeit, sondern insbesondere unter wirtschaftlichen Gesichtspunkten zu prüfen.

Die Planung, Realisierung und Herstellung einer CD-ROM erfolgt in folgenden Phasen:

- Phase 1:   Analyse
- Phase 2:   Konzeption
- Phase 3:   Produktion
- Phase 4:   Premastering und Pressung
- Phase 5:   Konfektionierung, Vertrieb, Marketing
- Phase 6:   Projektanalyse und Controlling

Abbildung:
Projektphasen einer
CD-ROM-
Produktion

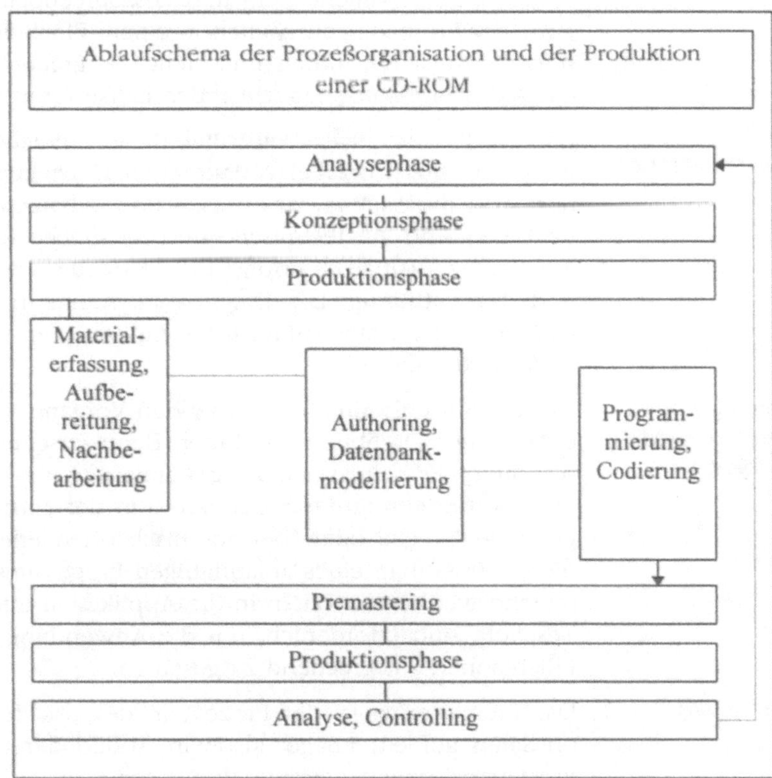

Die Analysephase

In der Analysephase werden Markt, Zielgruppen, technischer Entwicklungsstand, vorhandene Ressourcen im Unternehmen und vorhandene Dienstleister betrachtet. Hier werden - oft in Brainstormingrunden - die Produktidee geboren, grobe Planungsunterlagen gefaßt und ein Autor sowie der Projektleiter definiert. Diese Phase ist für das Gelingen des Gesamtprojektes von ausschlaggebender Bedeutung. Am Ende der Analysephase sollte eine Machbarkeitsstudie stehen, die die groben Eckwerte für die weiteren Phasen beinhaltet.

Die Konzeptionsphase

Das Projekt wird in der Konzeptionsphase weiter ausgearbeitet, entsprechende Dienstleister werden einbezogen. Die Konzeption umfaßt eine detaillierte Zeit- und Ressourcenplanung, die Festlegung der Produkteigenschaften in einem Pflichtenheft, eine Wirtschaftlichkeitsbetrachtung und stellt die Ergebnisse oft in Form eines Beschlußantrages für die Geschäftsführung dar.

Die Produktionsphase

Die Produktionsphase beinhaltet die eigentliche Produktion in Form von meist parallel verlaufenden Herstellungsschritten. Zunächst ist das Material zu erfassen und aufzubereiten; vorhandene Daten sind auf technische und inhaltliche Relevanz zu prüfen. Nahezu zeitgleich erfolgen die Modellierung der Datenbank und das Authoring. Die Datenbankmodellierung beinhaltet die Definition der Datenstruktur, des Aufbaus der einzelnen Datenfelder und Zugriffsart.

Authoring, Programmierung und Codierung

Der Begriff Authoring bezeichnet den Vorgang der Erstellung des detaillierten Drehbuchs und der Benutzerschnittstelle der Anwendung. Es folgen die Programmierung des Programmlaufes und die Codierung des Programmes in der entsprechenden Programmiersprache oder (bei graphisch orientierten Autorensystemen) der Aufbau eines ablauffähigen Programmschemas. Darauf folgend werden die Daten in die Applikation integriert. Ständige Testläufe sind erforderlich, um die Anwendung stabil und dem Pflichtenheft entsprechend zu gestalten.

Premastering

Das Premastering ist der Prozeß, in dem die fertigen Produktionsdaten auf ein Image, also ein Abbild der endgültigen CD-ROM transformiert werden. Von diesem Image wird später das Master (also die Produktionsvorlage) der CD-ROM erstellt. Das Premastering stellt für das Unternehmen meist den letzten Herstellungsschritt dar, da die Pressung (zumindest ab einer Auflagenhöhe von etwa 40 Stück) in speziellen Preßwerken erfolgt. Die Images müssen nochmals intensiv getestet werden, da hier vorhandene Fehler später nicht mehr korrigiert werden können.

CD-Pressung

Sind die CD-ROM's gepreßt, werden diese entweder vom Preßwerk direkt oder im Unternehmen konfektioniert, gelagert und vertrieben. Um eine sichere Markteinführung zu gewährleisten, sind entsprechende Marketingmaßnahmen schon ab der Entscheidung für die Durchführung des Projekts seitens der Geschäftsführung vorzusehen.

Am Ende des Projektes ist eine Analyse des Projektlaufes nötig, um für spätere Neuentwicklung oder Weiterentwicklungen entsprechende Erfahrungswerte zu besitzen.

4.2   Die Konzeptionsphase

In der Konzeptionsphase werden die benötigten Ressourcen definiert, geeignete Technologien betrachtet und das Projektteam zusammengestellt.

Aufbauorganisation der Konzeptionsphase

Der Projektmanager ist verantwortlich für die Projektleitung, die Koordination der einzelnen Bereiche, die Aufstellung und Einhaltung des Zeitplanes und des Budgets.

Der Bereich Produktionsvorbereitung und -durchführung verantwortet die Bereitstellung der Daten, ein Verantwortlicher für den Inhalt ist für den redaktionellen Aufbau des Produktes zuständig. Designer entwerfen und realisieren die Benutzerschnittstelle und die graphische Gestaltung, Programmierer entwickeln die Such- und Navigationsfunktionalitäten, den Programmlauf und codieren diesen mit Hilfe eines entsprechenden Autorensystems.

Klärung der Rechte

Von besonderer Bedeutung ist die Klärung der Rechte an den verwendeten Inhalten. Sollten die Inhalte nicht im Unternehmen vorliegen oder innerhalb des Projektes erstellt werden, bleibt die Möglichkeit, über Lizenzverträge in den Besitz von Inhalten zu kommen. Der Erwerb der Rechte kann einen nicht unwesentlichen Teil der Herstellungskosten ausmachen. Bestimmte Daten sind vollkommen frei nutzbar (z.B. Public Domain-Software), jedoch ist es dringend anzuraten, vor Aufnahme der Produktion eine mögliche Übernahme oder Nutzung rechtlich zu klären.

Einbeziehung externer Dienstleister

Meist ist die Realisierung eines kompletten Herstellungsablaufs innerhalb eines Unternehmens nicht möglich. Die Einbeziehung externer Dienstleister in Form von Dienstleistungsaufträgen oder Kooperationen stellt eine in der Praxis übliche Vorgehensweise dar. Das Maß, in dem externe Kapazitäten genutzt werden, hängt weitgehend vom einzelnen Produkt und den unternehmensinternen Ressourcen ab.

Outsourcing definierter Produktionsstufen

Datenerfassung, -konvertierung und -aufbereitung, Premastering, Fertigung, Packaging und Versand sind hierfür besonders geeignet. Im Dienstleistungsbereich haben sich viele unterschiedliche Unternehmen etabliert, die Teilschritte, aber auch die komplette Herstellung einer CD-ROM anbieten. In der Konzeptionsphase ist die Auswahl entsprechender Dienstleister oft ein aufwendiger Vorgang, da sich die Qualität der Dienstleistung oft als entscheidend für das gesamte Projekt darstellt und sich die Angebote teilweise stark ähneln. Eine typische Struktur bei der Realisierung eines CD-ROM-Projektes sieht folgende Projektbeteiligte vor:

Abbildung: Projektbeteiligte einer CD-ROM-Produktion

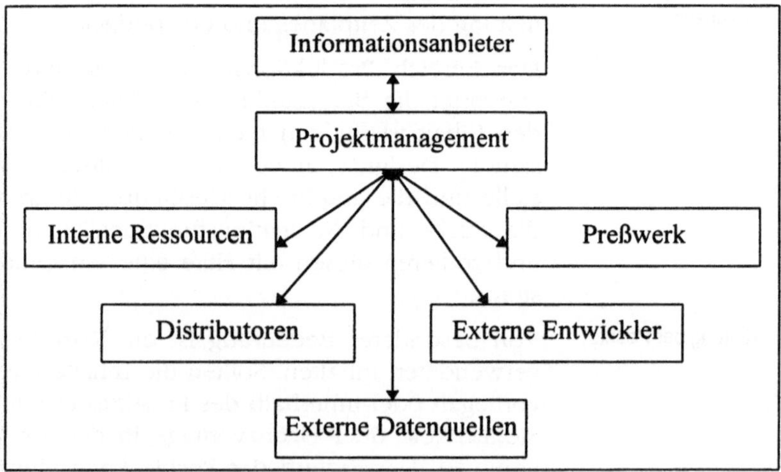

Sollen die Grunddaten unternehmensintern erstellt werden, sind entsprechende Technologien im Haus zu installieren. Für die einzelnen Bereiche sind dies:

Abbildung: Produktionsschritte und Produktionsmittel einer CD-ROM-Produktion

	Produktionsschritt	Produktionsmittel	Beispiel
1	**Textneuerstellung**	Eingabegeräte	PC mit Textverarbeitungssoftware
2	**Texterfassung**	Scanner und OCR-Software	Scanner mit Caere Omnipage
3	**Graphikerstellung**	Scanner, Graphiktablett, Graphiksoftware	Adobe Illustrator, Macromedia FreeHand, Corel Draw!
4	**Bilderstellung und -bearbeitung**	Scanner, Digitale Kamera, Bildbearbeitungssoftware	Adobe Photo-Shop
5	**Audioproduktion**	Aufnahmegerät, Audiobearbeitungssoftware	PC mit Soundkarte, Macromedia SoundEdit Pro
6	**Videoproduktion**	Kamera, Videotauglicher PC, Videobearbeitungssoftware	PC mit Videokarte und Adobe Premiere
7	**Animation**	Leistungsfähiger Rechner, Animationssoftware	Silicon Graphics Rechner mit SoftImage
8	**Authoring**	Autorensysteme	Macromedia Director, Asymetrix Toolbook
9	**Prototyping**	CD-Brenner, CD-Erstellungssoftware	Astarte Toast Pro

Technische Voraussetzungen und Personal

Wichtig ist neben den gewählten technischen Voraussetzungen die Verfügbarkeit geschulten Personals. Vor dem Aufbau einer internen Organisation und den entsprechenden Produktionsumgebungen ist zu prüfen, ob eine Koordinationsstelle und der Aufbau eines Netzes externer Dienstleister sinnvoller ist.

Zeitverhalten der einzelnen Produktionsschritte

Bei der Zeitplanung eines Projektes ist zu berücksichtigen, daß jeder weiterführende Produktionsschritt weniger Zeit als der vorherige beansprucht. Die Analyse- und Konzeptionsphasen können Monate dauern, bei Premastering und Pressung lassen sich Tagesschritte realisieren.

4.3   Medienbereitstellung

Die Bereitstellung der für die Produktion benötigten Daten ist die nach der Konzeption aufwendigste Produktionsphase.

Abbildung: Datenbereitstellung für eine CD-ROM-Produktion

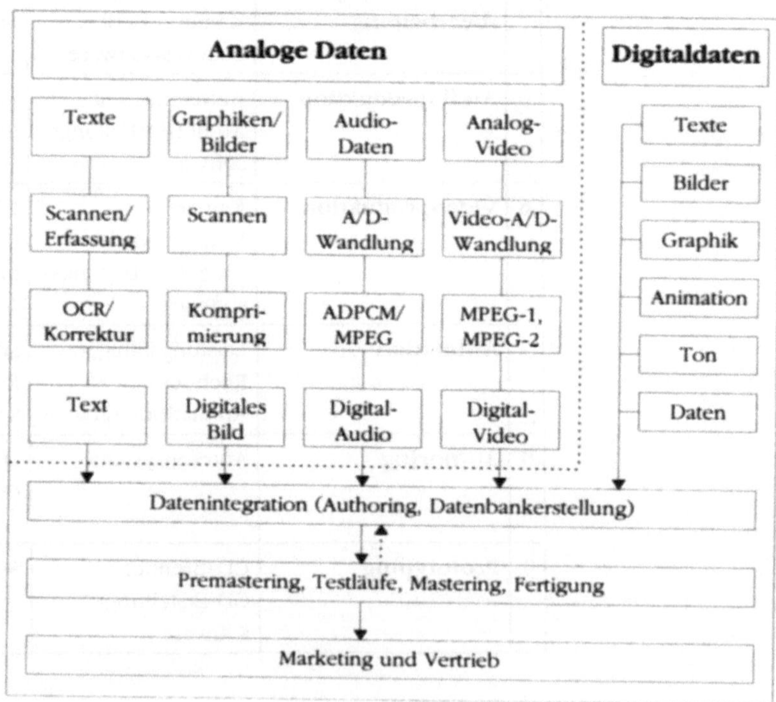

Die notwendigen Daten müssen sogar teilweise neu erstellt werden. Die auf CD-ROM zu veröffentlichenden Daten sind hierbei entweder neu zu erstellen oder in eine geeignete Form zu bringen.

4.3.1   Grundlagen der Datenbereitstellung

Analoge Darstellung von Information

Analoge elektrische Signale können kontinuierliche Prozesse getreu abbilden. Ein wachsender oder abnehmender Schalldruck kann beispielsweise durch eine wachsende oder abnehmende Spannung dargestellt werden oder, wie bei der Schallplatte, durch eine wachsende oder abnehmende Rillenauslenkung. Daher repräsentiert eine analoge Darstellung die (möglichst) getreue 'Abbildung' eines kontinuierlichen, sich in steter Veränderung befindlichen Prozesses.

Digitale Abbildung analoger Informationen

Einen entscheidenden Einfluß auf die Qualität einer digitalen Abbildung analoger Signale besitzen die verwendeten Wandlertechniken. Fehler, die einmal entstanden sind, können kaum korrigiert werden, so daß das Signal nach jeder Bearbeitung schlechter wird. Bilder, die mit zu geringer Auflösung gescannt wurden, lassen in der Nachbearbeitung keine Detailverbesserung zu. Will man die Fehler, die bei der analogen Verarbeitung, Übertragung und Aufzeichnung entstehen, möglichst gering halten (ganz ausschalten lassen sie sich nicht), so sind recht aufwendige technische Aufwände erforderlich, die entsprechende Kosten verursachen.

Digitale Technik geht einen anderen Weg. Digitale Darstellungen geben nicht einen kontinuierlichen, stufenlosen Ablauf getreu wieder, sondern halten Meßwerte zu bestimmten, aufeinanderfolgenden Zeitpunkten fest.

Reproduzierbarkeit digitaler Daten

Da diese Meßwerte als Zahlen vorliegen, sind sie jederzeit exakt reproduzierbar, sie stellen also nicht einen Prozeß dar, sondern beschreiben diesen zu bestimmten, aufeinanderfolgenden Zeitpunkten durch eine Folge von Zahlen. Diese Augenblickszustände werden 'Samples' genannt. Je geringer das Intervall dieser Meßzeitpunkte ist, desto genauer läßt sich der Vorgang beschreiben und später reproduzieren. Die Quellsignale (Töne, Bilder, Temperaturen etc.) sind allerdings immer analog.

Einfluß der Qualität des Quellsignals

Das analoge Eingangssignal bestimmt die Qualität des digital verarbeiteten Signals. Das analoge Signal wird durch einen Analog/Digital-Wandler (A/D-Wandler; Analog/Digital-Converter) digitalisiert. Bei der Digitalisierung wird das Eingangssignal abgetastet, quantisiert (dabei werden die gemessenen Werte einer diskreten Werteskala zugewiesen) und in binären Code umgesetzt. Die Häufigkeit, mit der das analoge Signal abgetastet wird, wird Abtastfrequenz genannt. Je höher die Abtastfrequenz ist, desto exakter kann die Beschreibung ausfallen.

Prinzip der Analog/Digital-Wandlung

Ein A/D-Wandler vergleicht zur Quantisierung die abgetasteten Werte mit einer vorgegebenen Wertetabelle und weist die auf der Skala vorhandenen Werte dem Abtastwert zu. Wenn die Skala der vorhandenen Werte sehr grob ist, beispielsweise von 1 bis 16 reicht, werden große Abtastfehler (Quantisierungsfehler und Verzerrung) erzeugt. Die Auflösung einer A/D-Wandlung läßt sich durch den Exponenten der Binärzahl der Quantisierungsgenauigkeit ausdrücken. Eine 8-Bit-Auflösung besitzt daher $2^8 = 256$ Abstufungen, die Auflösung einer Audio-CD liegt bei 16 Bit $= 2^{16}$, also etwa 65.536 Abtastwerte ('Samples') pro Sekunde. Im Bildbearbeitungsbereich bedeutet eine Farbtiefe von 8 Bit, daß eine Farbskala mit $2^8 = 256$ unterschiedlichen Farben zur Verfügung steht.

Verlustfreie Übertragung und Kopierung von Digitalsignalen

Ist das Eingangssignal erst einmal digitalisiert, liegt es als eine Folge von Zahlen vor, die das Signal beschreiben. Diese Folge von Zahlen kann übertragen, bearbeitet und aufgezeichnet werden - verlustfrei und mit relativ geringem technischen Aufwand, weil das digitale Signal nicht wie das analoge mit einer unendlichen Anzahl von möglichen Werten arbeitet, sondern nur nach zwei möglichen Werten unterscheidet, die durch 0 und 1 repräsentiert werden. Eine digitale Kopie kann bei relativ geringem technischem Aufwand völlig identisch sein mit dem digitalen Original.

Die Digital-/Analog-Wandlung

Das digitale Signal muß zur Wiedergabe wieder in ein analoges Signal gewandelt werden. Die Wandlung geschieht durch einen Digital/Analog-Wandler (D/A-Wandler, auch Digital/Analog-Converter, kurz DAC). Die digitale Technik sorgt dafür, daß das erfaßte Signal während der Verarbeitung, Übertragung und Speicherung keinen Qualitätsverlust erfährt.

Die Grenzen der Digitaltechnik

Die digitale Technik in den meisten, jedoch nicht allen Punkten die analoge Technik. Bei sehr geringen Vergleichsstufen ist die Quantisierung noch grob gestaffelt und leise Audiopassagen oder geringe Farbwertveränderungen werden nur relativ grob in gestuften Spannungssprüngen abgebildet. Ein Rauschen kann auftauchen. Dieser sogenannte Granulateffekt ('Granulation Noise') tritt beispielsweise bei der Videodigitalisierung auf.

4.3.2 Textdaten

Analoge Textdatenbestände

Textdaten liegen aufgrund der in den letzten Jahrzehnten ständig weiterentwickelten elektronischen Erfassungs- und Satztechnik in vielen Fällen bereits in digitaler Form vor. Ist ein maschinenlesbarer Datenbestand vorhanden, so entfällt die sehr zeit- und kostenaufwendige Transformation von auf Papier oder Film verfügbaren Daten in ein maschinell lesbares Format. In vielen Verlagen findet sich ein umfangreiches Archiv, in dem die Verlagsprodukte meist in körperlicher Form aufbewahrt werden. Oft liegen die Daten in gedruckter Form, als Filme oder Manuskripte vor. Für die Verwendung in elektronischen Medien müssen diese Daten digitalisiert werden. Dies kann in zwei unterschiedlichen Prozessen erfolgen.

Graphikorientierte Digitalisierung

In der graphikorientierten Erfassung wird die gesamte Seite als aus einzelnen Bildpunkten (Pixeln) aufgebaute Graphik mittels eines Scanners eingelesen. Diese Graphik kann dann gespeichert, mit anderen Graphiken verbunden und ausgegeben werden. Eine Suche nach einem bestimmten Zeichen oder einer Zeichenkombination ist nicht möglich. Die beschränkten Suchmöglichkeiten vermindern die Anwendungsmöglichkeiten der graphikorientierten Repräsentationsform erheblich. Sie wird vorwiegend in Fällen eingesetzt, in denen eine Seite immer einer Darstellungseinheit entspricht (z.B. Kataloge, Formulare usw.). Eine Technologie, die diese seitenorientierte Vorgehensweise nutzt, ist Adobe Acrobat. Hierbei werden Postscriptvorlagen verwendet so daß die Inhalte verfügbar bleiben.

Keyboarding

Die zeichenorientierte Erfassung geht von einer manuellen Erfassung ('Keyboarding') oder Erkennung einzelner Zeichen aus. Bei dieser Art der Digitalisierung wird ausschließlich der Inhalt erfaßt, das Layout wird vernachlässigt und muß später neu hinzugefügt werden.

Outsourcing von Texterfassung

Einige Datenformate wie z.B. handschriftliche Quelltexte entziehen sich weitgehend der Digitalisierung. Hier bleibt meist nur das Keyboarding. Texte werden von Hand abgetippt und danach Korrektur gelesen. Der Zeitaufwand hierfür ist u. U. sehr hoch. Einige Dienstleistungsunternehmen haben sich auf diese Tätigkeit spezialisiert und bieten einen Full-Service um die manuelle Erfassung. Die Kosten für die Erfassung einer Seite variieren je nach Zeitvorgabe und Textmenge. Aufgrund der niedrigen Lohnkosten wird das Keyboarding verstärkt in Ländern der dritten Welt praktiziert, wobei der Datentransfer von und zu diesen 'Capture Companies' mit Hilfe von Online-Systemen geschieht.

Fehlerraten bei manueller Erfassung

Die manuelle Erfassung ist - wie jeder Abschreibvorgang - fehlerträchtig, entsprechend sind mehrstufige Korrekturläufe vorzusehen. Nur 1 Fehler in 100.000 Zeichen bedeutet etwa 5.500 Fehler auf einer textbasierten CD-ROM.

Besondere Schwierigkeiten stellen kombinierte Datenformen wie mit Bildern oder Graphiken versehene Layouts dar. Hier ist zwischen der Entwicklung aufwendiger DV-gestützter Prozesse oder Neuerfassung zu entscheiden.

Abbildung: Methoden zur Digitalisierung von Textdaten

Methode	**Vorteile**	**Nachteile**
DV-basierte Lösung	+ geringe laufende Kosten + geeignet für wiederkehrende Prozesse	- hohe Investitionen - hoher Anpassungsaufwand
Neuerstellung	+ geringe Investitionen + geeignet für Einmalprozesse	- hohe laufende Kosten

Zeichenerkennung mit OCR

Die DV-basierte, zeichenorientierte Lösung wird durch den Einsatz von Scannern und Texterkennungssoftware ('OCR' = Optical Character Recognition) realisiert. Der Ursprungstext wird hierbei durch den Scanner abgetastet und das Muster anhand von Erkennungsalgorithmen der OCR-Software bearbeitet. Ein lernfähiger Zeichenerkennungsalgorithmus identifiziert die in der eingescannten Graphik vorkommenden Zeichen aufgrund von Vergleichen mit Musterzeichen. Die erkannten Zeichen werden von der Software zu Wörtern zusammengesetzt; die so konstruierten Wörter werden dann mit in einer Datenbank gespeicherten Musterwörtern verglichen und akzeptiert oder korrigiert. Danach wird der Text in Form einer Textdatei abgelegt.

Digitalisierung durch Scannen

Als OCR-Erfassungsgeräte kommen meist Flachbettscanner zum Einsatz, eine Auflösung von 600 dpi ermöglicht ausreichende Ergebnisse. Trotzdem bleiben typische Fehler, beispielsweise bei kritischen Buchstabenkombinationen wie 'fft', bei Umlauten oder Unterstreichungen. Vielen OCR-Programmen sind Rechtschreibprüfungen beigefügt. Bei großen Datenmengen ist der Einsatz von Einzugsscannern möglich, die Stapel einzelner Seiten nacheinander einziehen können.

Optimierung des Scan-Vorganges

Um Fehler beim OCR-Vorgang zu vermindern, sind folgende Punkte zu beachten:

1. Die Helligkeit sollte so exakt wie möglich eingestellt werden, um den größtmöglichen Kontrast zwischen Buchstaben und Hintergrund zu erreichen.

2. Die Grundlinien der Vorlage sollten parallel zur Scanneroptik ausgerichtet sein.

3. Für das Scannen von Texten auf gerasterten Hintergründen sollte die Helligkeit so hoch wie möglich eingestellt werden.

4. Spezielle Rechtschreibprüfprogramme sind zu empfehlen, da sie oft erhebliche bessere Resultate als die in den OCR-Anwendungen integrierten Lösungen ermöglichen. Auch die in Standard-Textverarbeitungsprogrammen vorhandenen Prüfungen sind oft leistungsfähiger und daher entsprechend zu prüfen.

Handschrift-
erkennung

Der Einsatz von OCR wird inzwischen auch bei der Erkennung von Handschriften versucht. Dabei wandelt eine Software handschriftlich verfaßte Aufzeichnungen in digitale Form um. Zusätzlich zu den Anforderungen von OCR an die Konvertierungssoftware sind bei dieser Methode die individuellen Unterschiede der menschlichen Handschrift zu berücksichtigen. Daher sind hier umfangreiche Lernmodule integriert, die darauf zielen, die Fehlerquantitäten herabzusetzen. Trotz dieser Tools ist die Fehlerhäufigkeit für einen wirtschaftlich sinnvollen Einsatz noch bei weitem zu hoch.

Spracheingabe von
Texten

Ähnliches gilt auch für die Spracheingabe von Texten per Mikrophon. Hier werden die Texte in den Rechner diktiert, von der Software digitalisiert und per Mustervergleich in Zeichen umgewandelt. Die Programme sind noch sehr fehlerträchtig. Sie müssen auf den einzelnen Sprecher trainiert werden und erweisen sich zudem als empfindlich gegenüber Störgeräuschen.

4.3.3   Graphiken

Digitale Graphik-
erstellung

Wie bei Texten so ist auch bei Graphiken zwischen Neuerstellung und Nutzung vorhandenen Materials zu unterscheiden. Die Erstellung einer Graphik erfolgt in einem Graphik- oder Zeichenprogramm. Sonderfälle sind hier Konstruktionsprogramme wie AUTOCAD oder Anwendungen, die die Erstellung isometrischer Graphiken ermöglichen (z.B. Itedo IsoDraw). Entsprechende Programme sind für alle Systemwelten erhältlich und unterscheiden sich vor allem in ihren Funktionsumfängen, den möglichen Import- und Exportformaten und Spezialfunktionen für bestimmte Anwendungsbereiche. Die Verwendung eines Graphikprogrammes hängt, da es sich um kreative Werkzeuge handelt, in hohem Maße von den individuellen Vorlieben des jeweiligen Nutzers ab. Während einige Anwender die Arbeit mit der Maus bevorzugen, tendieren andere zu Trackball oder dem Graphiktablett.

Digitalisierung ana-
loger Graphiken

Vorhandene Graphiken können eingescannt und dann weiterverarbeitet werden. Anders als bei der Vorgehensweise des Scannens und OCR-Lesens von Texten spielt hier die Qualität des verwendeten Scanners eine große Bedeutung. Die Verwendbarkeit der Scans hängt unmittelbar von der durch den Scanner erzielbaren Auflösung und Farbtiefe ab.

Die Wahl der geeigneten Auflösung

Die mit Flachbettscannern erreichbare Auflösung bewegt sich von 72 bis über 1.000 dpi. Die üblichen Farbtiefen reichen von 8 Bit (2^8 = 256 Farben) bis 24 Bit (entspricht Millionen von Farben). Bildschirme erlauben eine Auflösung von 72 dpi und eine Farbtiefe bis zu 24 Bit. Üblicherweise wird bei CD-ROM-Produktionen aus Kapazitäts- und Performancegründen mit 256 Farben gearbeitet.

Um über einen sicheren Qualitätsspielraum bei der Einbindung von Graphiken auf eine CD-ROM zu verfügen, sollte beim Scannen eine höhere Auflösung und Farbtiefe, als für das spätere Produkt nötig, gewählt werden. Eine nachträgliche Herabsetzung der entsprechenden Parameter ist leicht, eine Verbesserung im nachhinein bei zu geringer Qualität jedoch nicht möglich.

Qualität versus Speicherbedarf

Graphiken hoher Qualität erfordern jedoch große Speicherkapazitäten; sollten entsprechende Anforderungen bestehen, ist der Einsatz von Datenkomprimierungsverfahren wie JPEG notwendig.

4.3.4   Digitale Tonaufzeichnung

Die Qualität einer digitalen Tonaufzeichnung hängt im wesentlichen von zwei Faktoren ab, zum einen von der Abtastfrequenz, zum anderen von der Auflösung.

Abtastfrequenzen und Aliasing

Für die Abtastfrequenz gilt das sogenannte De-Shannonsche Abtasttheorem ('Sampling Theorem'): sie muß für ein Audiosignal mindestens doppelt so hoch sein wie die zu messende Frequenz, sonst kommt es zum sogenannten 'Aliasing', d.h., es entstehen Differenztonverzerrungen, also Töne, die im Original nicht enthalten sind.

Pulse Code Modulation

Durch Analog-Digital-Wandlung wird bei der Audio-Digitalisierung das analoge Eingangssignal in eine Folge von Impulsen und einen digitalen Datenstrom umgewandelt. Dieser Vorgang wird als PCM ('Pulse Code Modulation') bezeichnet.

Die Wahl der geeig-
neten Auflösung

Bei der Audio-CD erfolgt die Aufzeichnung mit einer Auflösung von 16 Bit, d. h. es steht eine Skala mit 2^{16} (also mit 65536) Werten zur Verfügung. Mit der hohen Abtastfrequenz von 44,1 kHz und einer 16-Bit-Auflösung lassen sich sehr gute Ergebnisse erzielen.

Bei einer Auflösung von 8 Bit (wie sie im Multimedia-Bereich aus Kapazitätsgründen oft genutzt wird) stehen nur 2^8, also 256 Skalenwerte zur Verfügung, um das gemessene Signal zu beschreiben, so daß stärkere Abweichungen in Kauf genommen werden müssen. Wenn zusätzlich eine geringe Sampling-Frequenz - 22.05 kHz und darunter - benutzt wird, ist die zu erwartende Qualität im Bereich eines Mittelwellenradios.

Auflösung für
Multimedia-
Produktionen

Allerdings ist es nicht immer nötig, eine maximale Klangqualität zu verwenden - für sprachliche Erläuterungen reichen oft geringere Qualitäten. Der Vorteil bei niedrigeren Abtastraten und niedrigerer Auflösung ist natürlich eine Verminderung der Datenmenge zur Speicherung und Übertragung. Wenn ein gesprochener Kommentar zur Erläuterung von Animationen oder hochauflösenden Bildern dient, ist eine verringerte Dateigröße anzustreben, um den benötigten Speicherplatz gering zu halten und um das Zeitverhalten der Applikation zu verbessern.

Vier Datenaustauschformate für digitales Audio wurden durch die IMA ('Interactive Media Association'), eine Organisation für die Normung interaktiver Medien, festgelegt:

Abbildung:
Audio-Austausch-
formate für CD-
ROM-Produktionen

	Abtastfrequenz	**Auflösung**
1	8,0 kHz	8 Bit mono
2	11,025 kHz	8 bit mono und stereo (MAC und PC-Standard)
3	22,05 kHz	8 bit mono und stereo (MAC und PC-Standard)
4	44,10 kHz	16 Bit linear (Audio-CD-Format)

Optimierung des Rauschverhaltens

Beim linearen Format ist eine hohe Auflösung erforderlich, konkret bedeutet das: es kostet sehr viele Bits, damit auch bei leisen Passagen der Rauschabstand hoch ist. Für Datenübertragungen müssen möglichst viele Bits eingespart werden, dennoch soll aber die Übertragungsqualität möglichst gut sein. Ein Lösungsweg ist, nicht die Quantisierungsschritte gleich zu halten, sondern den Rauschabstand, so daß dieser unabhängig vom Eingangswert ist. Dies kann im analogen Bereich durch den Einsatz von Signalverdichtern wie Kompressoren oder Limitern erfolgen. Diese verringern das Ausgangssignal in seiner Dynamik und versorgen damit die Wertetabelle mit dichteren Datenmengen.

Komprimierung von Audiosignalen

Da Audiodaten zeitbasierte Daten sind, müssen sie in Echtzeit abgearbeitet werden. Ist es nicht möglich, den Datenstrom konstant zu halten, kann der Ton ausbleiben oder die Synchronisation mit gekoppelten Bildfolgen verloren gehen. Eine Verwendung von komprimierten Audiodaten würde bei der Aufnahme und Wiedergabe einen Komprimierungs- bzw. Dekomprimierungsvorgang in Echtzeit und damit zusätzliche Rechenleistung erfordern. Bei vielen Geräten wäre die Leistungsgrenze der Hardware erreicht.

Datenkomprimierung mit MPEG, PASC und ATRAC

Digitale Kompressionsalgorithmen stellen einen Lösungsansatz auf digitaler Ebene dar. MPEG-Audio (eine Entwicklung, genormt durch die amerikanische 'Motion Picture Experts', der Fachvereinigung der US-Filmtechniker) ist ähnlich aufgebaut wie der PASC ('Precision Adaptive Subband Coding')-Algorithmus von Philips, der für die digitale Compact-Cassette ('DCC') genutzt wird oder das bereits erwähnte ATRAC-Verfahren bei der Mini-Disc. Ausgangspunkt der Komprimierung ist ein psychoakustisches Modell.

Verlustbehaftete Verfahren

Bei allen Komprimierungsalgorithmen, die mit Verlusten arbeiten, werden die Unzulänglichkeiten des menschlichen Wahrnehmungsvermögens genutzt. Es werden nicht nur redundante Informationen beseitigt, sondern auch Frequenzen unterdrückt, die nicht wahrgenommen werden können.

Mit 32 Filtern wird das Audio-Frequenzspektrum in den Subbands analysiert. Signale, die jenseits der menschlichen Hörschwelle liegen, werden nicht berücksichtigt; dabei wird der

Verdeckungseffekt genutzt: lautere Signale übertönen benachbarte leisere, so daß die leiseren verdeckt werden und nicht aufgezeichnet werden müssen. Die Qualität reicht subjektiv durchaus an die von Audio-CD's heran - und dies bei der sehr viel geringeren Bitrate von 256 KBit/s für die Stereowiedergabe (zum Vergleich: die Bitrate bei CD-Audio liegt bei etwa 1,4 Mbit/s). Es stehen dabei drei sogenannte 'MPEG-Audio-Layer' mit unterschiedlicher Intensität und Leistung zur Verfügung.

4.3.5   MIDI

1982 wurde MIDI ('Musical Instruments Digital Interface') als Kommunikationsschnittstelle für elektronische Instrumente definiert. MIDI stellt einen Standard für digitale Musik dar, überwacht von der amerikanischen International MIDI Association.

Datenaustausch
zwischen
Audiogeräten

Zum einen spezifiziert MIDI die Verkabelung und die Hardware, um elektronische Musikinstrumente unterschiedlicher Anbieter miteinander zu verbinden, zum anderen stellt MIDI ein Kommunikationsprotokoll für den Datenaustausch elektronischer Instrumente untereinander dar.

Mit entsprechenden Prozessoren, die die MIDI-Meldungen interpretieren, und einer MIDI-Schnittstelle kann fast jede Art von Musikinstrument MIDI-fähig werden. MIDI-Meldungen sind im Prinzip digitale Beschreibungen von Partituren, angefangen bei den Noten und den Zeitangaben bis zum Portamento und zur Tonhöhenbeugung nebst den Zuweisungen der Instrumente ('Patches') in den 'Standard MIDI Patch Assignments', die auf der MIDI-Spezifikation der MIDI Manufacturers Association ('MMA') basieren. Für die Abspeicherung von MIDI-Informationen gibt es ein bestimmtes Dateiformat, das Standard MIDI File Format ('SMF'). MIDI-Geräte kommunizieren miteinander in einer festgesetzten Weise, sie verfügen über definierte Schnittstellen.

Synthetische
Klangerzeugung

Ein Synthesizer ist ein elektronisches Gerät zur Erzeugung von Musik und Geräuschen, das mit einem Digital Signal Processor ('DSP') arbeitet. Der DSP erzeugt und modifiziert Wellenformen und sendet sie zum Soundgenerator und zu den Lautsprechern. Die Qualität des Synthesizers kann sehr unterschiedlich sein. Der Synthesizer kann das Timbre, die Klangfarbe bestimmter Instrumente, durch die Kombination verschiedener Frequenzen erzeugen; die Wiedergabequalität kann bei unterschiedlichen Synthesizern erheblich schwanken.

Einige Synthesizer generieren den Klang, der das Timbre des simulierten Instrumentes ausmacht, durch eine Anzahl von Parametern für das jeweilige Instrument. Andere wiederum arbeiten mit digital aufgenommenen Samples von Originalinstrumenten und verändern in einem Arbeitsspeicher diese Klänge in der Lautstärke, Tonhöhe, Akzentuierung etc. MIDI ermöglicht nicht nur die simultane Wiedergabe, sondern auch die parallele Aufzeichnung der Parts von verschiedenen Instrumenten auf einem Sequenzer.

Musikproduktion mit Sequenzern

Ein Sequenzer ist ein Computerprogramm, das die Aufzeichnung, die Wiedergabe und das Editieren von MIDI Sequenzen in entsprechenden Dateien auf der Festplatte oder einem anderen digitalen Speichermedium erlaubt - er stellt quasi eine Mehrspuraufzeichnungsmaschine für MIDI-Spielinformationen dar.

Integration von Audiodaten

Fortgeschrittene Sequenzerprogramme erlauben die simultane Einbindung von digitalisierten Tondaten, so daß eine komplette Tonproduktion auf einem Gerät, einer Digital Audio Workstation ('DAW'), erfolgen kann. Die Digitalisierung der Audiodaten wird entweder über Soundkarten oder wie im Apple Macintosh über eingebaute A/D-D/A-Wandler erfolgen.

Für viele Musiker oder Komponisten hat sich die Anschaffung einer DAW als Geschäftsmodell zum Aufbau eines kleinen Unternehmens bewährt, da hier alle Prozesse der Audioproduktion von der Filmmusik bis zur Reportage oder Multimediaerstellung integriert werden können.

4.3.6   Computergraphik und Animation

Realistische Darstellung virtueller Welten

'Virtual Reality' (Künstliche Welten im Rechner), 'Motion Capture' (Bewegungen, die in den Computer übertragen werden) und 'Metawelten' (Orte ohne Bezug zur Realität) sind Schlagwörter der Computergraphik. Kein anderer Bereich im Umfeld von Multimedia besitzt eine ähnlich hohe Attraktivität wie die Erschaffung künstlicher Welten. Die realistische Darstellung natürlicher

Abläufe und die Animation künstlicher Objekte sind inzwischen integrale Bestandteile multimedialer Produktionen geworden. Eine rasche Abfolge einer Serie von computererzeugten Bildern verschafft den Eindruck von Bewegung.

Die dafür erforderlichen Animationsprogramme gliedern sich in einfache Bildbearbeitungsprogramme, mit denen serielle Folgen von Bildern erzeugt werden können, 2D-Animationsprogramme, deren Präsentation auf der Bildschirmebene stattfindet, und 3D-Animationsanwendungen, die die räumliche Tiefe erschließen. Die Anwendungsgebiete von Computeranimationen reichen von animierten Firmenlogos bis zu computergenerierten Spielfilmen in der Art von 'Toy Story'.

Produktionsschritte für Computergraphik

Eine Computergraphikproduktion erfolgt in verschiedenen Schritten. Nach der Erstellung des Drehbuchs ('Storyboard') wird in einem ersten Schritt ein dreidimensionales Modell - meist in Form eines Drahtgittermodells - erzeugt. Diese Phase wird als Modellierung oder Modelling bezeichnet. Für diese Aufgabe werden CAD- oder spezielle Modellierungsprogramme benutzt. Für jeden Bildpunkt des Modells müssen die x-, y- und z-Koordinaten festgelegt werden; bei komplexen Modellen sind hier extreme Rechenleistungen nötig. Die spezialisierten Modelling-Programme stellen für diese Tätigkeit leistungsfähige Hilfsmittel in Form von Bibliotheken zur Verfügung oder unterstützen den Computergraphiker mit der teilweisen Automatisierung von Abläufen.

Erstellung animierter 3D-Graphiken

Insbesondere für die Erstellung von Anwendungen im Bereich Virtueller Realität, in der Bewegungen in Echtzeit möglich sein müssen, ist die Anzahl der Polygone, also der kleinsten Konstruktionseinheiten eines Modells, entscheidend für einen flüssigen Ablauf. Je höher die Anzahl der Polygone, um so größer ist die benötigte Rechenleistung.

Ist das Modelling beendet, so liegt ein in alle Raumrichtungen drehbares Modell vor, für das der Rechner alle dreidimensionalen Daten für unterschiedlichste Kamerapositionen und Blickrichtungen gespeichert hält.

Der Rendering-Vorgang

Rendering-Tools versehen die Gittermodelle mit Oberflächen, die aus umfangreichen Bibliotheken ausgewählt oder vollkommen frei definiert werden können. Die einfachste Art der Darstellung ist das Drahtmodell, bei dem nur die Kanten der einzelnen Objekte angezeigt werden. Ein solches Drahtmodell kann in der Glaskörperdarstellung, d.h. ohne das Entfernen verdeckter Kanten, von vielen 3D-Workstations in Echtzeit berechnet werden. Die Drahtmodelldarstellung wirkt jedoch sehr unrealistisch, da nur Linien und keine Flächen dargestellt werden können.

Für eine realistisch erscheinende Darstellung des rechnerinternen Modells müssen Flächen dargestellt werden können. Man spricht von einem Flächenmodell, wenn die Form der Objekte durch eine große Anzahl kleinerer Flächen (Polygone) näherungsweise dargestellt wird. Der Grad der Annäherung an die eigentliche Form einer Objektoberfläche hängt dabei von der Anzahl der Polygonflächen ab, in die die gekrümmte Oberfläche zerlegt wurde und kann im Grunde beliebig groß sein. Dabei eignet sich die Annäherung durch ebene Polygonflächen für Darstellungen, die in Echtzeit erfolgen müssen, besser als die durch gekrümmte Polygonflächen, da geometrische Operationen mit ebenen Flächen leichter zu berechnen sind.

Erstellung der Oberfläche

Die Objektoberflächen können durch einfache Farbgebungsalgorithmen verschiedenfarbig dargestellt werden. Allerdings erkennt man bei einer einheitlichen Einfärbung einzelner Polygonflächen eines Objektes nur dessen Umrißformen, sofern sich die Einfärbungen farblich vom Hintergrund abhebt. Erst durch Verläufe von Farben und Helligkeitswerten erhalten Objekte eine räumliche Wirkung. Diese Gestaltung von Farb- bzw. Helligkeitsverläufen wird als Shading oder Schattierung bezeichnet. Eine realistisch erscheinende Schattierung der Objektoberflächen simuliert eine Beleuchtung der Objekte und berechnet den Grad der Reflexion zum Betrachter hin.

Die verschiedenen Beleuchtungsmodelle

Die Wahl des Beleuchtungsmodells ist ein Hauptkriterium für die Dauer einer Bildberechnung. Die ersten Beleuchtungsmodelle zur Schattierung von Objektoberflächen wurden zu Beginn der siebziger Jahre entwickelt. Sie werden aufgrund ihrer einfachen Berechenbarkeit auch heute noch häufig für Echtzeitmodelle verwendet. Eine realistische Darstellung wird durch die Verwendung von Texturen erhöht. Je realitätsnäher die Darstellung sein soll, desto größer ist auch der Rechenaufwand.

Das Flat-Shading-Verfahren

Das 'Flat-Shading'-Verfahren wurde 1967 von Romney, Warnock und Watkins eingeführt. Es ist die einfachste und zugleich schnellste Schattierungsmethode. Hierbei wird für jedes Polygon die Flächennormale zur Bestimmung der Leuchtdichte herangezogen und damit für jedes Polygon nur ein Farbwert berechnet. Dem Beobachter erscheint diese Fläche, die in der Beleuchtungstechnik als Lambert-Strahler bezeichnet wird, aus allen Richtungen gleich hell. Für jede Polygonfläche wird ein Leuchtdichtewert ermittelt. Dieser Wert ändert sich häufig erheblich von Polygon zu Polygon, wodurch die Facettierung einer Objektoberfläche sehr deutlich hervortritt.

Phong-Shading

1971 wurde von Henri Gouraud eine Verbesserung des Flat-Shadings vorgestellt, mit der gekrümmte Oberflächen in besserer Qualität dargestellt werden. Im Beleuchtungsmodell von Phong Bui-Tuong aus dem Jahre 1975 werden im Unterschied zum Gouraud Shading nicht die Leuchtdichten zwischen den Polygoneckpunkten interpoliert, sondern die Normalen, anhand derer für jeden Bildpunkt die Leuchtdichte berechnet wird. Das Phong Shading ist für Darstellungen in Echtzeit weniger geeignet.

Texture Mapping

Die drei bis hier angeführten Beleuchtungsmodelle berücksichtigen nicht die indirekte Beleuchtung durch die Reflexion des Lichtes an anderen Objektflächen. Das 'Texture Mapping' wurde 1975 von Ed Catmull eingeführt. Hier können Objekte mit sehr komplexen, nur schwer modellierbaren Strukturen versehen werden. Die Strukturen (Texturen) werden in den meisten Fällen durch die Projektion eines zweidimensionalen Pixelbildes auf die Objektoberflächen aufgebracht.

Das Raytracing-Verfahren

Die Methode der Strahlverfolgung ('Raytracing') greift auf das Modell der geradlinigen Ausbreitung des Lichtes zurück. Eine Lichtquelle sendet Lichtstrahlen aus, die von den Objekten reflektiert, absorbiert oder transmittiert werden und bei der Transmission durch Brechung ihre Richtung ändern. Nur wenige Lichtstrahlen gelangen am Ende in das Auge des Betrachters. Um den Rechenaufwand gering zu halten, werden von einem Raytracing-Programm nur diejenigen Lichtstrahlen beachtet, die tatsächlich zur Bildentstehung beitragen. Die Stärken des Raytracings liegen in der Darstellung der gerichteten Reflexion.

Animation mit Graphik-Sequenzern

In Sequencing-Programmen oder sogenannten 'Animatoren' werden die Einzelbilder auf einer Zeitbasis zu einem Ablauf zusammengefügt. Die Ausgabe erfolgt bei PC-basierten Systemen als Einzelbilddatei in einem Standard-PC-Format (z.B. PICT bei Macintosh bzw. BMP bei Windows-PC). Im PC-Bereich sind als Standards für Videowiedergabe 'Video for Windows' bzw. bei Apple-Systemen 'QuickTime' etabliert.

Die mit einem Standard-PC-Videosystem erreichbaren Bildwiederholraten liegen bei durchschnittlich 15 Einzelbildern ('Frames') pro Sekunde bei einer Bildgröße von 160 x 120 Pixels. Ein vergleichbares TV-Bild wird mit einer Bildwiederholrate von 25 und einer Auflösung von 768 x 576 Pixeln gesendet. Die mit einem PC erreichbaren Qualitäten befriedigen daher in diesem Format nur minimale Ansprüche.

Leistungssteigerung durch Spezialhardware

Verbessert werden können diese Leistungen durch spezielle Videokarten, die die Signale komprimiert abspeichern und wiedergeben können. Für Multimedia-Produktionen sollten die üblichen QuickTime bzw. Video for Windows-Standards eingehalten werden. Spezielle Graphiksysteme wie die Workstations der Firma Silicon Graphics geben die Bilder als Einzelbilder auf studiotaugliches Betacam SP Videoband aus, wobei hier Broadcast-Sendequalität erreicht wird.

Für die Produktion von CD-ROM's ist zu berücksichtigen, daß die für Videodaten benötigten Speicherkapazitäten sowohl Anzahl als auch Länge der genutzten Videofiles begrenzen. Ein Video im QuickTime-Format von etwa 3 Minuten Länge im Format 240 x 180 Pixel beansprucht bis zu 60 MB Speicherplatz.

Da entsprechende Abspielsoftware auf dem Rechner des Anwenders nicht vorausgesetzt werden kann, muß bei der Realisierung einer mit Videosequenzen angereicherten CD-ROM beachtet werden, entsprechende Software auf dem Datenträger mitzuliefern. Diese wird beim Installationsvorgang auf dem Rechner des Anwenders installiert.

4.3.7   Digitales Video

**Analoge
Datenquellen:
Film und Videoband**

Die Grunddaten für digitales Video liegen in der Regel auf analogen Videobändern im Format PAL, SECAM oder (bei US-Videomaterial) in NTSC-Norm vor. Daneben existieren noch Bestände auf analogem Film. Die unterschiedlichen Verfahren arbeiten mit verschiedenen Bildwiederholfrequenzen, welche einen flüssigen Bewegungsablauf bei der Wiedergabe ermöglichen.

Bildwiederholraten

Ab einer Frequenz von etwa 20 Bildern pro Sekunde ist die Bewegung für das Auge ruckfrei. Analoger Kinofilm arbeitet mit 24 Bildern pro Sekunde. Bei dieser Wiederholrate tritt - insbesondere bei großen hellen Flächen - ein Flimmern auf, daher wird jedes Bild zweimal auf die Leinwand projiziert. Die effektive Bildwiederholungsrate beträgt dadurch etwa 50 Bilder pro Sekunde.

**Die Videoformate
PAL, SECAM und
NTSC**

Die unterschiedlichen Fernsehsysteme nutzen eine höhere Anzahl von Bildern, beim deutschen PAL- und dem französischen SECAM-System liegt die Frequenz bei 25, bei NTSC bei 30. Um auch hier das Flimmern zu verhindern, werden beim Bildschirmaufbau eines Fernsehbildes keine vollständigen Bilder aufgebaut, vielmehr wird nur jede zweite Zeile geschrieben, alternierend die geradzahligen und ungeradzahligen Zeilen. Dadurch ergeben sich für das PAL- und SECAM-System 50 und für NTSC 60 Bildwechsel pro Sekunde. Diese Technik wird als Zeilensprungverfahren oder 'interlaced' bezeichnet.

**Zeilenabtastung und
Austastlücke**

Nachdem der Elektronenstrahl der Bildröhre die letzte Zeile geschrieben hat, muß er an die obere linke Bildschirmkante rückgesetzt werden. Ebenso ist nach dem Schreiben einer jeden Zeile ein Rücksetzen auf den Anfang der nächsten Zeile nötig. Dazu muß der Elektronenstrahl dunkelgeschaltet werden, diese Dunkelsteuerung wird 'Austastung', der Zeitabschnitt der Austastung 'Austastlücke' genannt.

**Aufbau analoger
Videosignale**

Für den Aufbau eines Schwarz/Weiß-Fernsehbildes werden drei Informationen benötigt. Das Videosignal beschreibt den Inhalt des Bildes, daneben werden das Austastsignal zur Dunkelschaltung des Elektronenstrahls, die Zeilensynchronimpulse für den

Zeilenrücklauf des Strahls und die vertikalen Synchronimpulse für den zeitrichtigen Beginn des nächsten Halbbildes benötigt.

Ein solches Signal wird als BAS-Signal (Bild-Austast-Synchron-Signal) bezeichnet. Von den 625 Zeilen des PAL-Fernsehbildes erscheinen 587 auf dem Bildschirm, die restlichen sind für vertikale Synchronimpulse, Prüf- und Leerzeilen reserviert. Die vertikale Austastlücke enthält auch die Signale der Videotextdienste in digital verschlüsselter Form, die nach der Decodierung auf entsprechenden TV-Geräten wiedergegeben werden können.

Aufnahmeverfahren

Die Aufnahme des Videosignals erfolgt durch Kameras, die mittels Aufnahmeröhren oder lichtempfindlicher IC's (CCD-Technik) das Bild zeilenweise erfassen und die Impulse als analoge Modulation eines Trägersignals auf Videobänder aufzeichnen. Die Aufzeichnung erfolgt aufgrund der hohen anfallenden Datenmengen im Schrägspurverfahren. Hierbei schreibt eine rotierende Kopftrommel mit mehreren Schreibköpfen die Signale in schrägen Spuren parallel nebeneinander auf das Band. Die effektive Bandgeschwindigkeit wird durch diese Technik erhöht. Das analoge Tonsignal wird gleichzeitig von einem fixen Tonkopf auf das Band geschrieben.

Die Videoformate VHS, S-VHS, U-matic und Betacam

Im Consumer-Bereich hat sich das Format VHS ('Video Home System') gegenüber den Formaten Beta und Video 2000 durchgesetzt. Die erzielbare Qualität ist allerdings nicht sehr hoch; das System wurde zu S-VHS (Super-VHS) weiterentwickelt, das semiprofessionelles Arbeiten ermöglicht. Im professionellen Bereich wurde mittlerweile der dort verbreitete U-Matic-Standard durch Beta SP verdrängt.

Analoges Video ist zu einer sehr ausgereiften Technologie geworden, hat allerdings die physikalischen Grenzen erreicht. Insbesondere Kopiervorgänge (wichtig bei der Nachbearbeitung des Materials) sind im analogen Bereich stets verlustbehaftet, und jede Kopiergeneration verschlechtert das Ergebnis erheblich.

Digitale Videoaufzeichnung

Seit Anfang der neunziger Jahre wurde die Entwicklung der digitalen Videoaufzeichnungstechnik vorangetrieben. Die prinzipiellen Vorteile liegen in der einfachen Kopiermöglichkeit der digitalen Zahlenfolgen (es werden lediglich Abweichungen von einem Schwellenwert berücksichtigt), in beliebig vielen Generationen, der leichteren Korrekturmöglichkeit von 'Dropouts', also fehlerhaften Bandstellen, und der problemlosen Nachbearbeitung mittels digitaler Bildbearbeitung und -filterung.

Der Einsatz von vertontem Video stellt für den Produzenten einer CD-ROM (und mehr noch im Online-Bereich) in vielerlei Hinsicht eine Herausforderung dar. Alle Lösungsansätze versuchen, die zwei größten Probleme in der einen oder anderen Art zu lösen: Die zu übertragende Datenmenge ist sehr groß und der in üblichen Endgeräten mögliche Datendurchsatz sehr gering.

Speicherbedarf unkomprimierter Videodaten

Eine Sekunde unkomprimierter Videodaten im Format FMFSV ('Full Motion Full Screen Video', bewegtes und bildschirmfüllendes Video) benötigt etwa 25 MB Speicherplatz. Entsprechend ist eine Übertragungsrate von etwa 25 MB pro Sekunde notwendig. Auf einer CD-ROM mit 640 MB Speicherkapazität stehen daher nicht einmal 30 Sekunden Video zur Verfügung.

Selbst wenn diese Menge ausreichend wäre, würde aufgrund des geringen Datendurchsatzes die Übertragung der für diese knapp 30 Sekunden bei der Verwendung eines Quadrospeed-CD-ROM-Laufwerkes (typischerweise etwa 0,6 MB/s) etwa 18 Minuten dauern.

Die Lösung dieser Probleme kann durch mehrere Maßnahmen erfolgen. Der Verzicht auf ein großes Format und hohe Bildwiederholungsraten verringert grundsätzlich die benötigten Datenquantitäten, der Einsatz von Kompressionsverfahren verbessert darüber hinaus das Zeitverhalten des Videos.

Digitalisierung analoger Videodaten

Bei der Digitalisierung analogen Videomaterials müssen der Anfang des einzelnen Bildes und die Zeilenlängen bekannt sein, die übrigen Informationen, die in den Austastlücken gespeichert sind, können unberücksichtigt gelassen werden. Die Rot-, Grün- und Blauwerte eines Signals werden bei der Digitalisierung von einem Analog/Digital-Konverter erfaßt und zu Pixelgruppen eines digitalen Datenstromes zusammengefaßt. Das Zeilensprungverfahren wird insofern berücksichtigt, daß die Zeilenlänge für das erste Halbbild in doppelter Länge definiert wird, deren zweite Hälften durch die Daten der Zeilen des zweiten Halbbildes aufgefüllt werden.

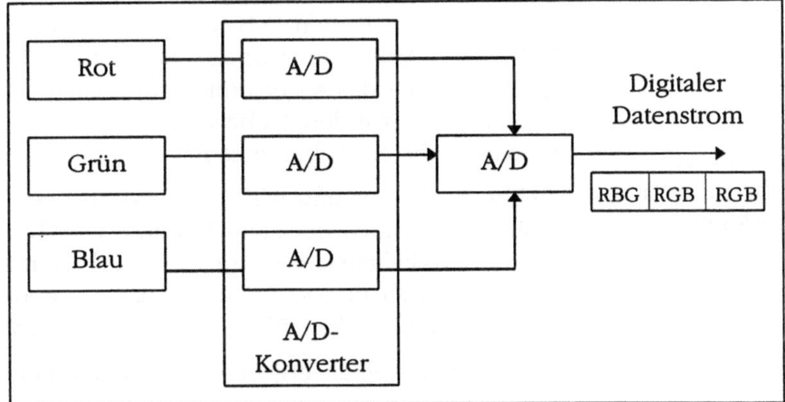

**Abbildung:
Prinzip der Digitalisierung eines Videosignals**

Nebeneffekte der Digitalisierung

Ebenso wie im Audiobereich ist die Videodigitalisierung wesentlich von der A/D-Wandlung abhängig. Auch hier entscheiden die Abtastfrequenz (Sampling Rate) und die Quantisierung, also die Abstufung der Wertetabelle über die Qualität des Endproduktes. Samplingrate (Abtastfrequenz) und der Quantisierung abhängig ist. Nebeneffekte wie Pixelisierung (auch 'Pixellation' genannt) und Aliasing treten bei zu geringer Sampling-Rate auf. Eine niedrige Quantisierung bewirkt aufgrund der wenigen darstellbaren Graustufen bzw. Farbabstufungen unerwünschte Konturen.

Farbtiefen bei Digitalvideo

Um ein Graustufenbild in nutzbarer Qualität zu erzeugen, ist eine Bildtiefe von 8 Bit, also 2^8, Graustufenwerte erforderlich. Bei Farbwiedergabe mit einer Farbtiefe von 8 Bit pro Grundfarbe ergeben sich 2^8 x 2^8 x 2^8 = 2^{24} gleich 16,7 Millionen darstellbare Farben. Man spricht hier von 'TrueColor'. Um Speicherplatz zu sparen, ist es in vielen Fällen sinnvoll, lediglich mit einer Bildtiefe von 5 Bit pro Farbe (2^5 x 2^5 x 2^5 = 2^{15} Bit) zu arbeiten. Hierbei ist ein Spektrum von 32.768 Farben darstellbar. Dieses Verfahren wird als RGB 555 bezeichnet, hier ist den 2^{15} Bit ein weiteres sogenanntes Signalbit zugefügt, man spricht daher von 16-Bit-Farbdarstellung.

Eine weitere Möglichkeit, gute Qualität bei gleichzeitig geringem Speicherplatzbedarf zu erhalten, ist der Einsatz von Farbtabellen

('Color Lookup Tables', CLUT's), die nur die für das jeweilige Bild wichtigen Farben (z.B. 256) aus einem großen Farbbestand (z.B. 16,7 Millionen Farben) beinhalten. Daneben kann die Qualität durch das sogenannte 'Dithering'-Verfahren erhöht werden. Hierbei werden Farbzwischenwerte durch Punktraster der beiden nächsten Farben erzeugt.

Composing von Videosignalen

Neben TrueColor und RGB 555 wird, insbesondere bei der Bildbearbeitung, auch mit einer Bildtiefe von 32 Bit gearbeitet, wobei die zusätzlichen 8 Bit für den Alpha-Kanal genutzt werden. Dieser ermöglicht beispielsweise das 'Composing' (also die Zusammenfügung) eines RBG-Bildes mit einem Videosignal.

Pixelisierung

Pixelisierungsfehler ergeben sich aus einer zu geringen Abtastfrequenz. Hier lassen sich feine Auflösungen nicht mehr wiedergeben, so daß grobe Klotzstrukturen im Bild entstehen. Die Anzahl der horizontalen und vertikalen Pixel definiert hierbei dessen Auflösung.

Pixelisierung macht sich beim Betrachten von Bewegtbildern in Form von Unschärfe bemerkbar, wobei die durch zu geringe Farbtiefe entstehenden Konturierungseffekte als erheblich störender empfunden werden. Schon eine Auflösung von 320 x 240 Pixeln läßt bei entsprechender Farbtiefe eine der VHS-Wiedergabe ähnliche Qualität zu.

Aliasing

Der Aliasing-Effekt zeigt sich meist in Form von zackigen Abstufungen bei der Darstellung von Schrägen oder Rundungen. Das dargestellte Bild enthält Elemente, die eigentlich eine höhere Wiedergabefrequenz benötigen würden; diese können nicht entsprechend reproduziert werden und bilden künstliche Verfremdungen, sogenannte Artefakte. Spezielle 'Anti-Aliasing'-Funktionen ermöglichen es in einigen Anwendungen, diese Nebeneffekte durch Interpolation und Glättung zu mildern.

Standards für Digitalvideo

Ein Standard für digitales Video ist QuickTime der Firma Apple. QuickTime war zunächst eine Erweiterung des Betriebssystems MacOS für den Apple Macintosh. Es vereint auf dieser Plattform die MacOS-Systemsoftware, das definierte Dateiformat MOV, Algorithmen zur Datenkompression (z.B. 'Roadpizza') und eine standardisierte Oberfläche. QuickTime ist erweiterbar und inzwischen auch für Windows-PC verfügbar.

Ursprünglich arbeitete QuickTime mit 160 x 120 Pixeln Auflösung und 15 Frames pro Sekunde. Die Wiedergabe dieser kleinformatigen, flimmernden Videos war für längere Zeit Stand der Technik. QuickTime läßt sich problemlos in die üblichen Autorensysteme (Macromedia Director oder Asymetrix Toolbook) einfügen, mittlerweile werden QuickTime-Videos auch in größeren Formaten erstellt, da die Entwicklung der Endgeräte (Power-PC bzw. mit Pentium-Prozessoren ausgestattete PC's) entsprechende Systemressourcen zur Verfügung stellt.

4.3.8   Datenkomprimierung

Komprimierung ist unumgänglich.

Digitale Daten überfordern in unkomprimierter Form die heute möglichen Ressourcen. Daher ist eine Komprimierung der Datenbestände unumgänglich. Im Gegensatz zum einfachen Aufbau von Textformaten verbergen sich hinter den Dateiformaten zur Graphik-, Audio- und Videoabspeicherung nicht nur Speicherungsstrukturen, sondern auch Techniken, die die Inhalte codieren, komprimieren und beim Aufruf wiederherstellen.

Abbildung: Speicherbedarf unterschiedlicher Datenformate

	Medium	**Speicherbedarf**
1	1 Seite DIN-A4 ASCII-Text	2 kB
2	1 Seite Graphik in 24 Bit	50 kB
3	1 Minute Audio (stereo, 16 Bit)	8,8 MB
4	Video-Standbild	920 kB
5	1 Sekunde Video-Bewegtbild bei 25 Frames pro Sekunde	200 MB
6	Spielfilm (Farbe)	5 Terabyte

4.3.8.1   Komprimierung von Bilddaten

Verringerung von Redundanz

Die verwendeten Algorithmen sind zum Teil äußerst komplex, ermöglichen jedoch hohe Kompressionsraten bei guter Qualität. Das Grundprinzip aller Kompressionsverfahren liegt in der Reduzierung redundanter Informationsteile. Der Begriff der Redundanz beschreibt das mehrmalige Vorkommen gleicher Information. Redundanz liegt bei Bildern oder Videos in Form von sich wiederholenden Mustern (räumliche Redundanz), Farben (spektrale Redundanz) und Abläufen (zeitliche Redundanz bei Videomaterial) vor. Die Kompressionsalgorithmen suchen nach Redundanzen und entfernen sie, wobei keine Beeinträchtigung der Bild- oder Videowiedergabe sichtbar sein soll.

Verlustfreie und verlustbehaftete Verfahren

Bei einigen Bildformaten wie PCX und TIFF erfolgt die Komprimierung ohne Qualitätsverlust, beim GIF-Format ist lediglich die Darstellung mit 256 Farben möglich, im übrigen arbeitet auch dieses Verfahren verlustfrei. Die Kompressionsrate, die das Verhältnis der ursprünglichen Bildgröße zur komprimierten ausdrückt, liegt bei diesen Algorithmen prinzipbedingt nicht sehr hoch, da jedes Bit des Ursprungszustandes wiederhergestellt werden muß.

Bei Verfahren mit höheren Kompressionsraten sind in jedem Fall Informationsverluste in Kauf zu nehmen. Je höher die Kompressionsrate, desto stärker treten Artefakte innerhalb des Bildes oder Videos in Erscheinung. Meist ist die Kompressionsrate entsprechend der gewünschten Wiedergabequalität variabel einzustellen. Auch die benötigten Rechenzeiten für Kompression und Dekompression stellen im Hinblick auf die verfügbaren Leitungskapazitäten und bei großen Bildmengen ein entscheidendes Kriterium dar.

Blocking- und globale Verfahren

Die sogenannten 'Blocking'-Verfahren teilen das Originalbild in kleinere Strukturen und komprimieren diese nacheinander. Globale Verfahren hingegen bearbeiten das Bild als Ganzes. Ebenso sind Methoden, die mathematische Filter benutzen (z.B. JPEG oder Wavelet) von solchen ohne diese Möglichkeit zu unterscheiden.

Welches Verfahren wann eingesetzt wird, hängt zum großen Teil vom zu bearbeitenden Bildtyp ab. JPEG ist aufgrund der Integration von CMY-Farben sehr gut für photographische Motive im PrePress-Bereich einsetzbar. Es liefert aufgrund der bei harten Kanten auftretenden Störungen bei Strichzeichnungen oder Cartoons weniger befriedigende Ergebnisse.

GIF und JPEG

Das GIF-Format erlaubt lediglich die Darstellung von 256 Farben, entsprechend entstehen bei der Konvertierung von TrueColor-Bildern Farbverluste, die erheblich störender wirken als die Kantenungenauigkeiten bei JPEG. Der JPEG-Standard beschreibt die Methode der Datenkompression, weniger das eigentliche Datenformat. Grundsätzlich wird eine optimierte Version der DCT ('Discrete Cosinus-Transformation'), FDCT ('FastDCT') eingesetzt.

Die beiden Chrominanzkomponenten werden hierbei zusammengefaßt und deren Mittelwert errechnet. Die Luminanzkomponente, welche die Helligkeit definiert, bleibt unangetastet, allein durch die Bearbeitung der Chrominanzanteile läßt sich die Datenmenge nahezu halbieren. Da JPEG zu den Blocking-Verfahren zählt, werden Blöcke zu je 8 x 8 Pixeln gebildet und mittels FDCT bearbeitet.

Die einzelnen Kompressionsparameter lassen sich mit den Bilddaten abspeichern, der Decoder kann den Kompressionsprozeß entsprechend umkehren. Bei der Decodierung werden die einzelnen Kompressionsschritte in umgekehrter Reihenfolge wiederholt, wobei auftretende Rundungsfehler mit speziellen Glättungsfunktionen ausgeglichen werden können.

Erweiterungen des JPEG-Standards

Zusätzlich zum JPEG-Basisstandard wurden Erweiterungen definiert. Der ' Progressive Mode' erlaubt eine Decodierung in Echtzeit. Hierbei wird das Bild zunächst in einer groben Darstellung gezeigt, deren Qualität mit jedem Bearbeitungsschritt zunimmt. Da bei einer Übertragung das grobe Bild bereits zu Anfang gezeigt wird, ist dieses Format im WWW oft zu finden. JPEG ist mittlerweile etablierter Standard, bei niedrigen Kompressionsraten bis etwa 25:1 ist JPEG den später beschriebenen, mit fraktaler Kompression arbeitenden Methoden überlegen.

Daneben wurde der 'Hierarchical Mode' etabliert, der eine Speicherung in unterschiedlichen Auflösungen ermöglicht, wobei lediglich die Differenzen abgespeichert werden. Dadurch wird bei einer derartigen Anwendung der benötigte Speicherplatz erheblich minimiert.

Fraktale Bildkompression

Ein weiteres verlustbehaftetes Kompressionsverfahren ist die auf der fraktalen Geometrie basierende fraktale Bildkompression. Bei diesem Blocking-Verfahren wird versucht, ähnliche Muster innerhalb von digitalen Bildern durch Vergleiche großer ('Domain Blocks') Bildbereiche mit kleinen ('Range Blocks') zu ermitteln. Die Range Blocks teilen das Bild regelmässig auf, während die Domain Blocks sich sowohl überlappen als auch Bildgrenzen überdecken können.

Durch die Größe der Domain Blocks wird die Kompressionsrate bestimmt. Oft zeigt sich Ähnlichkeit zwischen großen und kleinen Teilbereichen erst nach der Anwendung geometrischer Operationen wie Spiegelung oder Rotation, von denen insgesamt acht vorgesehen sind.

Als Ergebnis der Fraktalen Kompression liegt, ähnlich wie bei der reinen Computergraphik, eine Anzahl mathematischer Gleichungen vor, die das Bild beschreiben

Das Wavelet-Verfahren

Analog zu JPEG wird bei der global wirkenden Wavelet-Methode Redundanz aus dem Bild herausgefiltert. Das Bild wird nicht in einem Zuge, sondern es werden zunächst feine Strukturen, dann immer gröbere bearbeitet, wobei in der Wavelet-Transformation verkleinerte Kopien des Bildes, sogenannte 'Wavelet-Koeffizienten', das Ausgangsbild beschreiben. Unwichtige Bilddetails werden in einem sogenannten Quantisierungsschritt zusammengefaßt oder ganz verworfen. Bei der Decodierung erfolgt der gleiche Vorgang in umgekehrter Folge.

Ähnlich wie bei der Fourier-Synthese in der Musik, die versucht, alle Töne und Teiltöne eines Klanges aus Sinuswellen aufzubauen, erfolgt die Codierung von Bildinhalten bei der Fourier-Transformation durch Sinus- und Cosinuswellen. Die Wavelet-Transformation verwendet demgegenüber verschiedene maßgeschneiderte Wellenformen, die Wavelets.

Die Wavelet-Kompression zeigt im Vergleich die besten Ergebnisse mit der niedrigsten Fehlerrate bei größtmöglicher Kompression eines natürlichen Bildes. Es gibt eine Vielzahl von Basisfunktionen, die für verschiedene Bildtypen unterschiedlich gut geeignet sind.

Wavelet und JPEG

Wavelets arbeiten bei hohen Kompressionsraten bedeutend besser als JPEG-Verfahren, zum Teil sind sie auch fraktalen Kompressoren überlegen. Abstrakte Bilder sind weder für fraktale Kompression noch für JPEG besonders geeignet, auch hier schneiden die Wavelet-Verfahren besser ab. Sie sind schnell und komprimieren hervorragend. Außerdem kommen sie mit beliebigem Bildmaterial gut zurecht. Ihre Stärke liegt in der Vielzahl der verwendeten Basisfunktionen.

GIF ('Graphics Interchange Format') arbeitet mit maximal 256 Farben bzw. Graustufen und basiert auf einem LZW-Codierer (nach den Entwicklern Lempel, Ziv und Welch). Dieser vergleicht wiederkehrende Symbolfolgen und damit eine verlustfreie Kompression von etwa 5:1. Der Onlinedienst CompuServe nutzt eine ähnliche, ebenfalls auf LZW basierende Entwicklung: das CompuServe-GIF-Format.

Das PNG-Format

Das PNG-Format ('Portable Network Graphics Format') nutzt neben anderen Farbmodellen ebenfalls die 256 Farben der GIF-Palette und sieht zusätzlich einen Alphakanal vor.

Das JBIG-Format

JBIG (nach der 'Joint Bi-level Image Experts Group') komprimiert verlustfrei Schwarzweißbilder durch Vergleich benachbarter Pixel und Ermittlung sowie der folgenden Eliminierung gefundener entsprechender Redundanzen. Haupteinsatzgebiet ist die Komprimierung bei Telefax-Geräten.

4.3.8.2   Komprimierung von Videodaten

Die MPEG-Standards

MPEG ('Moving Picture Experts Group', ein Gremium mit ähnlicher Besetzung wie JPEG) stellt eine Gruppe von Standards dar. Diese kombinieren Verfahren zur Eliminierung zeitlicher Redundanz, die sich durch die Ermittlung der Unterschiede aufeinanderfolgender Einzelbilder ergibt. Das hierbei verwendete DCT-Verfahren arbeitet ähnlich JPEG und verringert die räumliche und spektrale Redundanz. Auch der Begleitton des Videos wird einer Kompression unterzogen.

MPEG-1

MPEG-1 sieht für Bewegtbilder mit Audio Übertragungsraten von 1,5 Mbit/s vor und ist als ISO-Standard 11172-1 bis 3 (für die Teile System, Video und Audio) festgelegt. Die maximale Auflösung für MPEG-1 liegt bei 352 x 288 Pixel, also etwa im Bereich von VHS.

MPEG-2

Der Standard MPEG-2 beschreibt eine noch weitergehende Kompression mit Bitraten von 5 bis 10 Mbit/s.

Interessant für den Multimedia-Bereich ist MPEG-1, das eine Komprimierung von Einzelbildern vorsieht, die durch ihre schnelle Abfolge eine Bewegung vorgeben. Da Bewegtbilder flüchtiger als Standbilder wahrgenommen werden, sind Kompressionsraten bis 50:1 möglich. Eine weitere Steigerung ist durch die Einbeziehung der zeitlichen Redundanz möglich, so daß sich effektive Kompressionsraten von etwa 150:1 bis 200:1 ergeben.

Merkmale von MPEG

MPEG-Videos besitzen als weitere Leistungsmerkmale wahlfreien Zugriff auf jede Stelle des Videos, geringe Codier- und Decodierzeiten, Synchronität von Ton- und Videosignalen und eine beliebige Suchrichtung innerhalb des Videos. Das Bildformat ist variabel, und es sind Verfahren zur Fehlererkennung und -beseitigung vorhanden.

Diese Eigenschaften machen MPEG-Codierung zu einem sehr komplexen Vorgang, der im Vergleich zur Decodierung einen etwa 20mal höheren Rechenaufwand verlangt. Meist sind spezielle Hardwarebauteile (Digitale Signalprozessoren, DSP's) in Form von Steckkarten im Einsatz, die den Rechnern die hohen Beanspruchungen abnehmen.

Systemanforderungen von MPEG-2

MPEG-2 stellt eine Steigerung der System-Anforderungen dar, hier ist eine Qualität entsprechend der Fernsehnorm CCIR ('Comité Consultatif International des Radiocommunications'), also NTSC, PAL oder SECAM, möglich. Außerdem ist das Ergebnis skalierbar und die Dekodierverzögerung wird auf maximal 150 ms reduziert.

	Auflösung (Pixel)	**Kompressionsrate**	**Übertragungs-rate (Mbit/s)**
MPEG-1	bis 352 x 288	bis 200:1	bis 3
MPEG-2	bis 720 x 576	bis über 200:1	bis 10

Abbildung: Kompressions- und Übertragungsraten der MPEG-Verfahren

4.3.8.3   Komprimierung von Audiodaten

MPEG-Audio

Der in MPEG vorgesehene Audioteil bietet unterschiedliche Qualitätsstufen bis zur CD-Qualität (16 Bit, 44,1 kHz). Die Bitraten liegen üblicherweise zwischen 64 kBit/s für mittelmäßige Qualität und 256 kBit/s für CD-Ton (die Bitrate bei CD-Audio liegt bei etwa 1,4 Mbit/s). Es wird ein Gesamtbereich von 32 kBit/s (nur in mono) bis 448 kBit/s unterstützt.

Die integrierten leistungsfähigen Kompressionsverfahren arbeiten auf drei Ebenen (Layer I, II und III) und benutzen sowohl verschiedene digitale Filteralgorithmen als auch psychoakustische Modelle.

Das psychoakustische Modell

Basis der verlustbehafteten MPEG-Audio-Komprimierung bildet ein psychoakustisches Modell. Mit 32 Bandpaßfiltern wird das Audio-Frequenzspektrum analysiert, und es werden entsprechende Subband-Darstellungen erstellt. Frequenzen außerhalb des Hörvermögens sowie durch laute Töne verdeckte leise werden eliminiert.

Die drei MPEG-Layer

Die drei MPEG-Audio-Layer arbeiten mit unterschiedlicher Intensität und Leistung. Layer I und II erzeugen die 32 Subband-Darstellungen, die quantisiert und codiert werden. Layer II setzt hier auf und ermöglicht aufgrund präziserer Quantisierung eine höhere Kompression.

In Layer III analysiert die Subbands zusätzlich und erreicht durch Kombination mit weiteren komplexen Komprimierungsalgorithmen eine noch weitgehendere Datenreduktion. Die unterschiedlichen Methoden sind abwärtskompatibel, ein Decoder nach

Layer III kann auch Layer II und I decodieren, während ein Layer-I-Decodierer nur Layer-I-Dateien bearbeiten kann.

ADPCM

Eine weitere Audio-Komprimierung ist ADPCM ('Adaptive Different Pulse Code Modulation'). Hier werden für CD-ROM/XA zwei Qualitätsstufen mit unterschiedlicher Kompressionsrate, Level B und Level C angeboten. Level B kann mit einer Samplingfrequenz von 37,8 kHz Frequenzen bis zu 17 kHz wiedergeben, Level C mit einer Abtastrate von 18,9 kHz Frequenzen bis zu 8,5 kHz. Die Kompressionsraten betragen für Level B 4:1, für Level C 8:1. Für CD-I wird ein eigenes ADPCM-Format-Level A (CD-I-Audio) mit einer Samplingrate von 37,8 kHz und 8-Bit-Auflösung genutzt, das Kompressionsraten von 2:1 ermöglicht.

Das MACE-Verfahren

Apple entwickelte das dem ADPCM ähnliche Verfahren MACE ('Macintosh Audio Compression and Expansion'), mit Kompressionsraten von 3:1 bis 6:1.

Abbildung:
Übersicht über die
Audio-Kompressionsverfahren

	Abtast-rate (kHz)	Modus	Auf-lösung (Bit)	Kom-pressions-rate	Stereo/ Mono
CD-Audio	44,1	PCM	16	-	S
MPEG Layer I	32/ 44,1/ 48	MPEG	-	1:3 - 1:30	M (32 kHz), M/S
Layer II	32/ 44,1/ 48	MPEG	-	1:3 - 1:30	M (32 kHz), M/S
Layer III	32/ 44,1/ 48	MPEG	-	1:3 - 1:30	M (32 kHz), M/S
ADPCM Level A	37,8	ADPCM	8	2:1	S/M
Level B	37,8	ADPCM	4	4:1	S/M
Level C	18,9	ADPCM	4	8:1	S/M
MACE	22, 44,1	MACE	8	3:1 - 6:1	S/M

4.3.9   Medienneutrale Datenstrukturierung

Codierung von Textinformation

Sind Datenbestände in digitaler Form vorhanden, müssen sie in für die spätere Verwendung sinnvollen Formaten gespeichert werden. Für Textdaten sind Speicherungsformate mit und ohne Layoutinformation standardisiert. Das Grundformat stellt heute ASCII dar, eine Speicherung von Zeichen ohne weitere Zusatzinformationen. Ältere EDV-Systeme nutzen die EBCDI-Codierung, die mit einem reduzierten Zeichensatz aus 128 Zeichen (z. B. ohne Umlaute) arbeitet.

SGML

Von besonderer Bedeutung für die medienneutrale Datenhaltung ist die wachsende Verbreitung der Dokumentbeschreibungssprache SGML. SGML stellt einen von der ISO (ISO 8879) genormten Standard dar, der neben dem Format einer Datei auch deren Strukturbeschreibung ermöglicht.

SGML beschreibt die Syntax (sprachlicher Aufbau) nicht die Semantik (inhaltlicher Aufbau) eines Dokumentes. Textformatierungen sowie Referenzen auf weitere Elemente wie Graphiken und Bilder werden in Form von 'Tags' im SGML-Dokument eingebettet.

Beschreibung der logischen Struktur

Die Tags beschreiben die logische Struktur, weniger den äußeren Aufbau eines Dokumentes. Das SGML-Dokument selbst beinhaltet lediglich Zeichen im ASCII-Format. Die mit den Auszeichnungen versehene Datei ist medienneutral, sie kann in unterschiedlichen Betriebssystemen gleichermaßen verwendet werden.

Die Umsetzung beispielsweise in ein Druckdokument erfolgt von Anwendungen aus, die in den jeweiligen Systemen nutzbar sind. Die Bedeutung von SGML basiert auf der Forderung US-amerikanischer Behörden (insbesondere der Ministerien für Verteidigung und Luftfahrt), das Ausschreibungwesen komplett in diesem Standard zu veröffentlichen und Angebote ausschließlich in SGML codiert zu akzeptieren.

Relationalität von SGML-Daten

Ein weiterer Vorteil von SGML ist die Relationalität der Daten. Auf eine zentrale Datenbank ('Repository') können mehrere Anwendungsprogramme zugreifen. Erfolgt eine Aktualisierung im Repository, werden die darauf Bezug nehmenden Referenzen automatisch angepaßt. Dies ermöglicht unter anderem die Generierung einer Dokumentation in Echtzeit.

Struktur eines SGML-Dokumentes

Ein SGML-Dokument besteht grundsätzlich aus drei Teilen. Die 'Declaration' ist ein Header mit systemspezifischen Informationen. In ihm werden beispielsweise Ersatzformulierungen für nicht erlaubte Tastaturkombinationen festgelegt. Die 'Document Type Definition' (DTD) legt die Beziehungen der Elemente untereinander und die Reihenfolge ihres Auftretens fest. Außerdem werden der Typ und Einsatz nichttextualer und externer Daten definiert. Die 'Document Instance' ist der eigentliche Text und die ihn gemäß der DTD begleitenden Referenzen.

Jeder Teil eines SGML-Dokuments wird durch einen Start-Tag z.B. <title> und einen End-Tag z.B. </title> beschrieben.

Der Auszeichnungsprozeß in SGML

Die vier Kategorien von Auszeichnungen ('Markups') sind 'Descriptive Markups', 'Entity References', 'Markup Declarations' und 'Processing Instructions'. Descriptive Markups, die Tags im eigentlichen Sinne, beschreiben die Struktur des Dokumentes. Sie treten immer paarweise als Start- und End-Tag auf. Die Entity References erlauben Zugriff auf andere Dokumentteile oder Dokumente. Markup Declarations dienen zur Steuerung der Interpretation des Markup, z.B. Verweis auf die Basis der Entity References. Processing Instructions sind beigefügte Anweisungen für die Verarbeitung des Dokumentes; sie werden allerdings seltener benutzt, da Processing Instructions den neutralen Grundaufbau von SGML verletzen.

Erstellung von SGML-Dokumenten

Die Erstellung von SGML-Dokumenten erfolgt durch Editoren, die Verarbeitung durch sogenannte 'Parser' (Übersetzungsprogramme), die den Inhalt und die Auszeichnungen trennen, die Entities ersetzen, die Markup Declarations interpretieren und das Dokument in eine vom Formatierungsprogramm erkennbare Form bringen. Graphiken können als Computer Graphics Metafile ('CGM') integriert werden, außerdem können Bilder und Graphikdaten außerhalb (z.B. als binär-logisches Objekt, 'BLOB') gespeichert und als non-SGML-Data ('ndata') Entity-mäßig eingebunden werden.

SGML und HTML

Die rasante Entwicklung des WWW, dessen Basiscodierung HTML eine DTD von SGML darstellt, unterstreicht die Bedeutung der Datenstrukturierung für das elektronische Publizieren.

ODA

Ein anderer Ansatz als bei SGML wird bei der nach ISO 8613 definierten 'Office Data Architecture' (ODA) verfolgt. In ODA wird neben der logischen Grundstruktur des Dokuments auch die Layoutstruktur beschrieben. Dadurch ist die Dokumentdefinition weitaus umfassender als bei SGML. ODA erreichte nie die Bedeutung von SGML, ist allerdings in bestimmten Bereichen insbesondere in den USA verbreitet.

ODA und SGML

Das ODA-Austauschformat ist maschinenorientiert und nicht durch den Benutzer lesbar. Eine Übertragung von ODA nach SGML ist möglich, eine SGML zu ODA-Übertragung dagegen nicht ohne weiteres, da SGML keine Semantikanteile beinhaltet.

Die Verarbeitung von ODA-Dokumenten erfolgt in drei Prozessen. Der erste Schritt ist der 'Layout process' mit dem oben beschriebenen 'Document layout process' und dem 'Content layout process'. Darauf folgt der 'Editing process' mit der Erzeugung der generischen und spezifischen Strukturen. Im 'Imaging process' werden aus dem ODA-Code klarschriftlesbare Dokumente auf Bildschirm und Drucker erzeugt.

Die Editierung erfolgt meist mittels WYSIWYG-Tools, die Verarbeitungsschritte laufen dabei nicht streng getrennt, sondern ineinander verzahnt.

4.3.10   Adobe Acrobat

Acrobat und PDF

Besondere Bedeutung kommt bei der Betrachtung der Online- und Offline-Medien der Entwicklung Acrobat der Firma Adobe zu. Die Produktfamilie Adobe Acrobat vereint auf der Basis des plattformneutralen Dateiformates PDF ('Portable Document Format') unterschiedliche Werkzeuge zur Medienerstellung. Sowohl Druckvorstufe als auch Druck, die Herstellung von CD-ROM's und die Verwendung in Online-Diensten sind hier möglich.

Das Format PDF basiert auf dem Industriestandard Postscript, der eine Seite und deren Elemente beschreibt und für die Druckausgabe seit vielen Jahren genutzt wird. PostScript erlaubt zwar eine hochwertige Druckausgabe auf Druckern und Belichtungseinheiten, ist jedoch für Bildschirmausgabe nur schlecht einsetzbar. Acrobat setzt an diesem Punkt an und ist in der Lage, das Originaldokument 1:1 auf dem Bildschirm wiederzugeben - unabhängig vom eingesetzten Betriebssystem.

Kompression in Acrobat

Auch große Dokumente lassen sich mittels interner Kompressionsalgorithmen leicht bearbeiten und - beispielsweise zur Druckfreigabe - entsprechend rasch elektronisch übertragen. Innerhalb einer PDF-Datei lassen sich Hyperlinks aufbauen, die neben internen Verknüpfungen auch Funktionsaufrufe wie das Öffnen von Dateien oder den Aufruf von Internet-Adressen erlauben.

Erstellung von PDF-Dateien

Die Erstellung einer PDF-Datei erfolgt aus beliebigen Anwendungen heraus entweder direkt mittels eines speziellen Druckertreiberprogrammes, des PDF-Writers, der anstelle des angeschlossenen Druckers genutzt wird, oder mittels des Destillers. Der PDF-Writer eignet sich für einfache Dokumente ohne Freisteller und Hintergrundschriften.

Acrobat Destiller

Der Acrobat Destiller erlaubt es, eine Postscript-Datei direkt in eine PDF-Datei zu transformieren. Der Destiller vermag komplexere Strukturen zu bearbeiten und eine bessere Qualität als der PDF-Writer zu erzeugen. Die bei Acrobat verwendete Komprimierung wandelt Bilder in JPEG-Format und Texte in das bei Telefaxgeräten verwendete Format um.

Die Komprimierung (insbesondere der Bilddaten) läßt sich für den Destillierungsvorgang einstellen, ein Dokument von 8 MB Originalumfang an Texten und Bildern läßt sich auf 450 kB herunterrechnen. Da bei den PDF-Dateien bestimmte Zusatzinformationen nicht komprimiert werden können, ist der Komprimierungfaktor bei kleineren Dateien weniger hoch. Wichtig für den korrekten Destillierungsvorgang ist das Vorhandensein der verwendeten Postscript-Schriften und die Angabe des korrekten Seitenformats.

Abbildung:
Datenfluß im
Acrobat-System

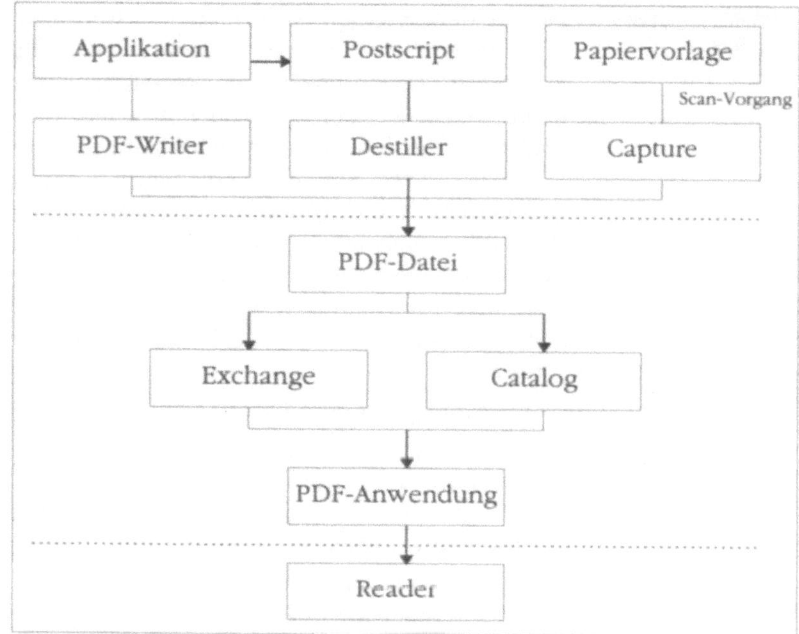

Acrobat Exchange

Zur Bearbeitung der PDF-Dateien wird die Applikation 'Exchange' verwendet, in der die Hyperlinks und externen Zugriffe festgelegt werden. Der Nutzer kann PDF-Dateien mit Hilfe des 'Reader' einsehen, aber nicht selbst verändern.

Acrobat Capture
und Catalog

Die Erstellung multimedialer Produkte wird durch die Volltext-Indizierungssoftware 'Catalog' ermöglicht, ein weiteres Produkt, 'Capture', dient zur Erfassung vorhandener Papiervorlagen über einen Scanner. Die Graphiken werden als Bitmap erkannt und abgespeichert, die Textdaten per OCR gelesen, wobei allerdings bisher nur Adobe-eigene Schriften genutzt werden können. Außerdem liegt das Programm derzeit nur in englischer Version vor, wodurch dieses Produkt - insbesondere die OCR-Funktion - für deutschsprachige Vorlagen ungeeignet ist.

Erweiterungen von Acrobat

Neben den Hauptfunktionalitäten lassen sich Zusatzfunktionen über kleine Softwaretools, 'Plug-In's', hinzufügen. Im Gegensatz zu Postscript lassen sich PDF-Dateien ab Version 1.2 seitenweise laden, daher können ausgesuchte Seiten, das Inhaltsverzeichnis und Schriften einzeln und mit erheblich geringeren Ladezeiten aus dem Netz 'downloaded' werden. Speziell für Internet-Anwendung wurde auch ein weiteres Kompressionsverfahren, das ZIP-Dateien erzeugt, integriert. Der Nutzer hat die Möglichkeit, das 'Downsampling', also die Auflösung und Komprimierungstiefe und damit die Qualität seines PDF, individuell einzustellen . Hiermit lassen sich die zu übertragenen Datenvolumina weiter verringern.

Farbkorrektur in Acrobat

PDF erlaubt zur farbgetreuen Darstellung die Nutzung der Farbkorrektursysteme ColorSync (Macintosh) und ICC (Windows). Für multimediale Anwendung sind Funktionsbuttons und Filter für die plattformübergreifende Integration von Audio- und Videoformate vorgesehen.

Durch seine Features ist die Acrobat-Technologie sowohl als Standard-Dateiformat, als Übertragungsformat für PrePress- und Internet-Anwendungen, als Erstellungssoftware (Autorensystem) für multimediale CD-ROM's und als effiziente und plattformneutrale Speicherungsform einsetzbar.

4.4   Datenbankerstellung

Erschließung von Datenbeständen mittels Datenbanken

Meist ist für die Realisierung einer multimedialen Anwendung die Erstellung einer Datenbank notwendig, um umfangreiche Datenbestände sinnvoll zu erschließen. Die Erstellung der Datenbank und die Integration der Daten erfolgt in mehreren Schritten:

Schritte der Erstellung von Datenbanken

a. Datenanalyse

b. Festlegung des Datenbanklayouts

c. Programmierung der Zugriffsfunktionalität bzw. Angleichung der Schnittstellen

d. Indizierung der Daten und Integration in die Datenbank

e. Integration der Datenbank in die Applikation

Zunächst werden die Daten analysiert und den Anforderungen der gewünschten Datenhaltung entsprechend aufbereitet.

4.4.1   Datenanalyse

Datenqualität und Datenquantität

Textdaten aus vorhandenen Datenbeständen sind oft mit Steuerzeichen für den Druck oder die Bildschirmformatierung versehen. Diese müssen zunächst eliminiert werden. Hierzu können allgemein verfügbare oder individuell programmierte Filterprogramme, aber auch Makros üblicher Textverarbeitungen genutzt werden. Danach müssen die Datenquantitäten und deren Zusammensetzung geprüft werden. Hieraus und aus der gewünschten Struktur der Datenein- und -ausgabe ergeben sich die Struktur und das Mengengerüst der späteren Datenbank. Eventuell muß berücksichtigt werden, daß ein Teil der Daten gesperrt werden kann, um später Demonstrationsapplikationen für Marketingzwecke oder preiswerte 'Light'-Versionen erstellen zu können.

Spin-Off's

Bei umfangreichen Datenbeständen ist oft die Ausspielung sogenannter 'Spin-Off's', also von Teildatenbeständen, welche zu einem eigenen Produkt führen, gewünscht. Beispiel ist hier der Datenbestand der Frankfurter Allgemeinen Zeitung, der jährlich sowohl im ganzen als Jahrgangs-CD-ROM als auch in Teilen in Form von themenbezogenen CD-ROM's publiziert wird.

Behandlung von Graphiken

Auch Graphiken liegen oft in unterschiedlicher Codierung vor. Oft ist es nötig, zunächst ein einheitliches Format zu schaffen oder analoge Graphikdaten zu digitalisieren. Auch hier kann der nötige Aufwand durch Makros, entsprechende Programme zur Stapelverarbeitung (z.B. 'DeBabbelizer') oder über Scriptprogrammierung reduziert werden.

Im nächsten Schritt ist zu entscheiden, ob die Graphiken als Bestandteil des jeweiligen Datensatzes als eines seiner Felder oder als spezielle Datei parallel zur Datenbank gehalten werden sollen. Bei der gemeinsamen Speicherung muß ein Merge-Vorgang, der Texte und Bilder zusammenfügt, durchgeführt werden. Bei paralleler Speicherung werden in die Textdatensätze Verweise auf die zugehörigen Bilder integriert. Die parallele Speicherung ist vielfach eleganter als die gemeinsame, da bei mehrfacher

Verwendung eines Bildes dieses nur einmal vorhanden sein muß.

4.4.2   Datenbanktypen

Sinnvolle Anordnung der Daten

Für den eigentlichen Datenbankentwurf ist es wichtig, den raschen Zugriff auf das spätere Produkt zu ermöglichen. Hierzu werden die Daten in für den späteren Zugriff sinnvollen Anordnungen angelegt und Mechanismen zum raschen Zugriff auf die Indizes (z.B. durch temporäres Kopieren der relativ kleinen Indextabellen in den Arbeitsspeicher oder auf die Festplatte) integriert. Zur Erhöhung der Datentransferrate und zur bestmöglichen Ausnutzung der Speicherkapazität der CD-ROM sind Datenkompressionsverfahren einzusetzen.

Die gewünschten Suchmethoden sollten schon in das Layout der Datenbank einbezogen werden. Hierzu werden die Struktur der Datenfelder, die Suchmöglichkeiten innerhalb dieser Struktur, die mit Indizes zu versehenden Felder, Ein- und Ausgabeformate, Rechercheformate und das Ergebnishandling definiert.

Arten von Datenbanken

Auf CD-ROM's kommen als Datenbanktypen Textdatenbanken als Volltext- oder als strukturierte Datenbanken, multimediale Datenbanken und Objektdatenbanken vor.

Volltext-datenbanken

Volltextdatenbanken nutzen aufwendige Indizierungsmechanismen, um dem Nutzer einen raschen Zugriff auf umfangreiche Textdatenbestände zu ermöglichen. Beispiele sind Wörterbücher, Nachschlagewerke oder Jahresausgaben von Tageszeitungen auf CD-ROM. Strukturierte Datenbanken sind analog zu herkömmlichen kommerziellen Datenbanken aufgebaut und greifen auf festgelegte Datenfelder zu.

Typische Beispiele sind Adreßdatenbanken oder Ersatzteilkataloge auf CD-ROM. Multimediale Datenbanken greifen außer auf Texte auch auf Bilder, Audio- und Videodaten zu. Dazu sind diese mit Suchbegriffen angereichert, die von den Suchmechanismen genutzt werden. Die Mustersuche, zum Beispiel nach Bildmustererkennung oder zur Erkennung von Audiofrequenzen, wird zwar experimental verfolgt, ist aber derzeit noch nicht in nennenswertem Umfang verfügbar.

Objektdatenbanken

Objektdatenbanken beinhalten eine bestimmte Art von Daten, wie zum Beispiel Sammlungen von Bildern, Schriften oder Shareware-Programmen. Hier ist keine umfangreiche Datenbank erforderlich, da nur ein einfacher Zugriff auf das einzelne Objekt benötigt wird.

Die CD-ROM eignet sich aufgrund ihrer Kapazität auch als Datenarchivierungsmedium oder zur Auslagerung umfangreicher Datenbestände. Hierbei wird meist von externen Programmen auf die auf der CD-ROM enthaltenen Daten zugegriffen.

4.4.3   Strukturierung auf dem Datenträger

Zusammenlegung von Daten in Clustern

Bei der endgültigen Anordnung der Daten auf der CD-ROM sollten entsprechend der im Layout definierten Parameter die Dateien und Datenfelder möglichst günstig positioniert werden. Hierbei werden 'Cluster' gebildet, also zusammengehörige Daten in benachbarten Blöcken zusammengefaßt. Auch Dateien mit starken gegenseitigen Verlinkungen (z.B. Texte und parallel gespeicherte Bilddaten) sollten möglichst eng zusammenliegen. Da der Zugriff von innen nach außen erfolgt, sind häufig benötigte Daten weiter innen abzulegen als selten genutzte.

Dateizugriff

Die für CD-ROM's eingesetzte Datei-Zugriffsart - sequentiell, also hintereinander folgend, oder indiziert, d.h. mit Verweistabellen - bedingt deren Dateistruktur. Diese kann rein sequentiell, index-sequentiell, als sogenannter Binärbaum ('B-Tree') oder mittels Tabellen realisiert werden.

4.4.4   Datenzugriff (Indizierung und Retrieval)

Um eine rasche Suche in umfangreichen Datenbeständen zu gewährleisten, werden zusätzlich zu den eigentlichen Daten Indextabellen angelegt, die die suchbaren Begriffe und deren Position(en) innerhalb des Datenbestandes enthalten. Beim Suchvorgang greift das 'Retrieval'-(Such-)Programm nicht auf den eigentlichen Begriff, sondern auf die Indextabelle zu und erhält von dort die Position des gesuchten Wortes.

<table>
<tr><td rowspan="5">Abbildung:
Schematischer
Aufbau einer
Indextabelle
(Beispiel)</td></tr>
</table>

Begriff	Wolf	Wolga	Wolle	Wort	Wurm
Häufigkeit	2	3	4	2	1
Position (Zeile)	219 604	79 210 313	121 564 610 736	23 329	800

Die gezielte indizierte Suche erlaubt einen weitaus schnelleren Zugriff auf den Datenbestand als das sequentielle Lesen.

Indexerstellung in Volltextdatenbanken

In herkömmlichen hierarchischen oder relationalen Datenbanken werden einzelne Datenbankfelder mit Indizes versehen. Die Erstellung der Indextabellen in Volltextdatenbanken ist komplizierter: Die suchbaren Wörter müssen manuell markiert werden, worauf dann ein Indizierungsprogramm die Indextabellen erstellt. Eine zweite Möglichkeit nutzt eine sogenannte Konkordanzdatei, die aus einer Kopie der Originaldatei besteht, aus welcher die nicht suchbaren Wörter manuell gelöscht wurden. Auch hier baut eine Indizierungssoftware die endgültige Indextabelle auf.

Der Einsatz von Descriptoren

Als aufwendigste Lösung können Indexdateien aus beschreibenden Begriffen, sogenannten 'Descriptoren' aufgebaut werden. Diese sind ausgewählte Suchbegriffe, denen mehrere Entsprechungen zugewiesen werden können. Beispielsweise können dem Descriptor 'Fernsehen' auch 'TV' oder 'Television' zugewiesen werden. Diese Methode erfordert hohen intellektuellen Aufwand, erlaubt aber im Gegenzug eine erheblich tiefere Erschließung der Inhalte.

Stoppwortlisten

Die Dateigröße der Indexdateien kann insbesondere bei Volltextdatenbanken erheblich sein und in Einzelfällen die Größe der Originaldatei erreichen. Um diese Mengen zu verringern und eine schnelle Retrieval zu erleichtern, werden Begriffe, die für die Suche unwichtig sind, in 'Stoppwortlisten' geführt. Diese Nullwörter werden bei der Suche nicht berücksichtigt. Typische

Stoppwörter sind 'er', 'sie', 'es', 'der', 'die', 'das', 'ein', 'einer', 'eine', 'dessen', 'deren' und ähnliche.

Retrieval-Programme

Retrieval-Programme (auch als 'search engines', also Suchmaschinen bezeichnet) suchen die gewünschten Begriffe in den Datenbeständen und geben sie dann in definierter Form aus. Hierbei gilt es zu beachten, daß es keine universelle Retrieval-Software gibt und daß die Datenbestände sowie die gewünschten Zugriffsformen korrespondieren. Insbesondere der Einsatz nicht lokalisierter fremdsprachiger Retrievalsoftware ist oft problematisch. Einige Retrievalprogramme sind lizenzfrei, andere erfordern die Zahlung von Lizenzen für einzelne CD-ROM's oder Auflagen.

Ein sauberer und stringenter Aufbau der Datenbestände erhöht die Leistungsfähigkeit jeder Retrieval-Software erheblich. Die meisten Retrieval-Programme bieten unterschiedliche Suchmethoden an.

Die Verwendung von Verknüpfungsoperatoren

Das 'Browsing' (Durchblättern) erlaubt einen sequentiellen Zugriff auf die Daten, ist aber wenig effizient. Die Suche nach Worten und Phrasen kann direkt oder in Kombination einzelner Begriffe erfolgen. Die Verbindungsoperatoren (Boolsche Operatoren) sind meist 'und', 'oder', 'nicht' sowie Kombinationen davon.

Auch die Verwendung von 'Wild Cards' (Platzhaltern) ist üblich und sinnvoll. Hierbei werden einzelne Zeichen oder Zeichenfolgen durch Platzhalter ersetzt und damit auch Begriffe, deren genaue Schreibweise nicht bekannt ist, suchbar gemacht.

Eine Näherungssuche erlaubt die Angabe der Anzahl von Wörtern, die zwischen zwei gesuchten Begriffen vorhanden sein dürfen. Auch die exakte Reihenfolge kann gesucht werden.

Neben der Suche im gesamten Datenbestand können auch Teilbereiche durchsucht werden. Außerdem lassen sich auch Zugriffe über angezeigte Indexlisten realisieren.

Thumbnails und Previews

Multimediale Zugriffe können über Miniaturen von Bildern ('thumbnails') oder Anfangsbilder von Videosequenzen sowie über Voransichten ('Previews') von Kapitelanfängen erfolgen. Weitergehende Inhaltserschließung bietet die gezielte Suche innerhalb eines Wissenbaumes ('top down') oder über eine Zeitlinie (für chronologische Erschließung).

Aktuelle Retrieval-Programme enthalten darüber hinaus Exportfunktionen in Standardformaten (Text und Bild), Statistikfunktionen (Anzahl der Treffer), buchstabenadditive Suche (Einengung des Suchfeldes durch Anzeige der Begriffe mit gleichem Beginn), Updatemöglichkeiten (insbesondere Online-Updating aus dem Netz) und Netzwerkfähigkeit.

4.5   Authoring

Auswahl der geeigneten Software

Nachdem die Daten bereitgestellt sind und das Storyboard vorliegt, erfolgt die Integration der Daten in einem sogenannten Autorensystem. Diese Systeme bringen die Daten in einen logischen Zusammenhang und beschreiben Benutzeroberfläche und Zeitachse multimedialer Produkte. Die Auswahl der Autoren-Software kann entscheidend für die spätere Produktgestalt sein.

Standardprogramme und Individualprogrammierung

Idealerweise werden multimediale Anwendungen auf einer Plattform (verbreitet Apple Macintosh) entwickelt und auf andere portiert. Hierzu stehen Runtime-Versionen für die einzelnen Betriebssysteme zur Verfügung. Die Authoring-Methode (graphisch, programmiert, etc.) hängt vom einzubindenden Datenmaterial aber auch von der verfügbaren Manpower ab. Kein Software-Spezialist verfügt in allen Programmen über fundierte Kenntnisse und der Markt bietet neben den Standard-Programmier-Umgebungen wie C++ etwa 20 bis 30 unterschiedliche Autorensysteme an.

Einige Firmen wie der Axel-Springer-Verlag in Hamburg entwikkelten darüber hinaus für spezielle Integrationsaufgaben (Videotext und HTML) eigene aufwendige Systeme.

Unter den Standard-Autorensystemen erlangten vor allem Macromedia Director (für Macintosh und Windows verfügbar) sowie Asymetrix Toolbook (für Windows) große Verbreitung.

	Kriterium	**Beispiel**
1	Authoring-Plattform	Apple Macintosh, Windows, Unix, CD-I, ...
2	Abspiel-Plattform	Apple Macintosh, Windows, Unix, CD-I, ... sowie Kombinationen
3	Authoring-Methode	Graphisch, klassische Programmierung, Script-Programmierung, Flußdiagramm, Seitenbeschreibung
4	Animationserstellung	ja/nein, über externe Anwendung, wenn ja: Animationsrecorder, Pfadanimation oder Frame-Animation, wenn extern: mit welcher Anwendung
5	Datenbankanbindung	ja/nein wenn ja: über Standard-Datenbankformate (SQL, dBase), C-Programmierung, per Erweiterung oder integriert
6	Lizenzgebühr	ja/nein wenn ja: pro Auflage oder pro Stück
7	Internet-Anbindung	ja/nein wenn ja: welcher Browser, welches Plug-In
8	Preis	

Testphasen mit
unerfahrenen
Probanden

Am Ende des Authoring-Prozesses steht eine lauffähige Anwendung, die in mehreren Testphasen zur Veröffentlichungsreife gebracht werden muß. Insbesondere die Benutzerführung sollte in realitätsnahen Testphasen unter Hinzuziehung unerfahrener Testpersonen erprobt werden.

Der iterative Vorgang der Produktverbesserung aufgrund von Testläufen sollte neben der Nutzerschnittstelle natürlich auch die Funktionalität der Search Engine und der Einbindung externer Anwendungen umfassen.

4.6   Premastering, Mastering und Endfertigung

Die für die Testläufe nötigen Vorserien-CD-ROM's werden in einem als Premastering bezeichneten Vorgang erstellt.

Erstellung einer
Imagedatei

Eine spezielle Software führt die EFM-Transformation durch, die Fehlererkennungs- und Korrekturmechanismen werden angepaßt, das Inhaltsverzeichnis angelegt sowie das für den Herstellungsvorgang nötige 'Image' erzeugt.

Von diesem Image kann nun eine CD-R gebrannt werden, die für die Testläufe und - nach deren Beendigung - als Vorlage für die eigentliche Produktion zur Verfügung steht.

Die Fertigungs-
menge bestimmt die
Fertigungsmethode.

Von der Image-Datei kann die eigentliche Fertigung der CD-ROM erfolgen. Hierbei muß man je nach Bedarf entscheiden, ob die Stückzahlen für die Fertigung größerer Serien in Preßwerken ausreichen oder ob kleine Serien auf einem CD-Brenner hergestellt werden sollen. Für die Erstellung von Prototypen, Mustern und Textexemplaren sowie bei CD-ROM's, die sehr individuelle Inhalte besitzen und on-demand geliefert werden sollen, sind Einzelfertigungen sinnvoll. Ab einer Stückzahl von etwa 30-40 ist die Fertigung in einem Preßwerk wirtschaftlicher; die Herstellungszeit liegt hier bei mindestens sieben Tagen.

4.6.1   Einzelfertigung von CD-R's

Die Fertigung mittels CD-Recorder auf CD-R erfolgt auf der Basis des Images der CD-ROM, welches auf der Festplatte des Erstellungsrechners liegt, über die Erstellungssoftware auf den eigentlichen Brenner.

Externe Einflüsse während des Brennvorgangs

Zu beachten ist dabei, daß möglichst keine weiteren Programme aktiv sind, der Rechner nicht im Netzwerk mit anderen verbunden ist und der Brenner während des Brennvorgangs empfindlich auf physikalische Einwirkungen (Stoß, Vibration) reagiert. Meist wird durch die Brennsoftware nach dem Brennen ein Verifizierungslauf durchgeführt, der eventuelle Fehler sichtbar macht.

Neben Single-Session-CD-R lassen sich auch Multi-Session-CD-R's erzeugen, für eine Nutzung als Premaster für ein Preßwerk ist jedoch die Single-Session-Technik anzuwenden.

CD-ROM-Brenner arbeiten meist mit doppelter oder vierfacher Schreibgeschwindigkeit und sind mittlerweile in erschwingliche Preisbereiche geraten. Die CD-R-Rohlinge werden bereits mit Preisen von unter 10,- DM gehandelt.

4.6.2   Massenfertigung in Preßwerken

Datenübertragung zum Preßwerk

Für die Pressung einer höheren Stückzahl in einem Preßwerk muß die Imagedatei auf einen Datenträger überspielt werden, wobei CD-R, CD-ROM's (bei Nachpressungen) und CD-I verwendet werden können. Außerdem werden oft Bänder (8mm-Exabyte, DAT oder EDV-Magnetbänder), Cartridges oder SCSI-Festplatten benutzt. Auch Audiodaten im CD-DA, CD-R, U-Matic (SONY PCM 1610/1630) oder DAT-Format kommen zum Einsatz. Die nutzbaren Formate sollten vor der Übergabe mit dem jeweiligen Preßwerk abgestimmt werden.

Beim eigentlichen Mastering wird in sogenannten Reinräumen eine hochpolierte, vollkommen ebene, runde und gleichmäßig etwa 100 Nanometer dicke Glasscheibe mit einem photoempfindlichen Material beschichtet. Die Imagedatei wird dann mittels eines Laserstrahls darauf geschrieben. Dann werden eine Silber- und eine Nickelschicht aufgebracht. Das so entstandene 'Glasmaster' stellt quasi einen Negativabdruck der späteren CD-ROM dar.

Väter, Mütter und Söhne

Bei geringen Stückzahlen kann von diesem Glasmaster (auch 'Vater' genannt) direkt gefertigt werden. Für höhere Stückzahlen werden durch galvanische Kopierung des 'Vaters' sogenannte Muttermatrizen und von dieser in der gleichen Art mehrere 'Söhne' erstellt.

Auf diese Preßmatritzen wird Polycarbonat unter hohem Druck gespritzt, wodurch die Pit-/Landmuster aufgebracht werden. Die silberne Farbe der CD-ROM's rührt von einer Aluminiumschicht her, die als Reflexionsschicht dient. Zuletzt wird die CD-ROM mit einer Schutzlack-Schicht versehen.

4.6.3 Labeling und Packaging

Nach der Pressung wird die CD-ROM mit einem Label bedruckt. Folgende Druckbereiche sind hierbei vorgesehen:

Abbildung: Druckbereiche auf einer CD-ROM

Innenposition (mm)	Außenposition (mm)
46	117
38,5	117
25,5 (Bereich 1) + 38,5 (Bereich 2)	35,7 117
16 (Bereich 1) + 38,5 (Bereich 2)	35,7 117
16 (Bereich 1) + 38 (Bereich 2)	37 117

Die Verpackung der CD-ROM erfolgt meist in einer sogenannten 'Jewel Box' aus Kunststoff. Diese besteht aus einem Deckel, einer Rückseite und einen Kunststoff-Formteil, in das die CD eingelegt wird.

Sonder-verpackungen

Daneben werden Sonderformen wie Cases für Doppel-CD's oder Kartonage-Verpackungen benutzt. CD's, die Zeitschriften beiliegen, werden meist in Kunststoff-Taschen auf die Publikationen aufgeklebt.

Drucksorten

Für das Jewel-Case sind zwei Arten von Drucksorten einzulegen: Das Einlegeblatt für den Deckel, das auch als mehrseitiges 'Booklet' ausgeführt sein kann, und die 'Inlay-Card', die zwischen das Plastikformteil und den Rücken eingelegt wird. Die Jewel-Cases werden zum Transport meist mit einer Kunststoff-Folie verpackt.

5 Strategieentwicklung Offline

In diesem Abschnitt werden die Wertschöpfung, der Markt und die Wirtschaftlichkeitsermittlung für Offline-Produktion (CD-ROM) dargestellt.

5.1 Markt und Wertschöpfung

Etablierter Teilmarkt

Allgemein stellt sich der Markt für Multimedia-Produkte als jung und in vielen Bereichen hochdynamisch dar. Im Vergleich zum kaum kalkulierbaren Onlinebereich haben sich die Offline-Medien in den vergangenen Jahren nach einem euphorischen Beginn als ein relativ stabiler Teilmarkt für bestimmte Produktgruppen etabliert.

5.1.1 Markt und Produkte

Die Anwendung der einzelnen CD-ROM-Produkte beschreibt inhaltlich die Segmentierung des Marktes.

Folgende Teilmärkte sind abzugrenzen:

Abbildung:
Segmente des
Multimedia-Bereichs

	Produkt-Sektor	Produkt	Beispiel
1	Hardware	PC/Workstations	Windows-PC, 3D-Workstation
		PC-Peripherie/ Spezialhardware	Standard-Eingabe-/ Ausgabe-Geräte , Videokarten, Kompressionskarten
	Software	Betriebssysteme	Windows NT, MacOS
		Bearbeitungssoftware /Autorensysteme	Text-/Bild-/Audio-/ Video-Bearbeitung und -Integration

	Produkt-Sektor	Produkt	Beispiel
2	Anwendungen	Electronic Books	Lexika/Nachschlagewerke
		Präsentationen	Firmen-/Produktpräsentationen
		CBT	Lernsoftware
		Datenbanken	Zeitungsarchive
		Photo-CD	Bildarchivierung
		Spiele	CD-ROM-Spiele
		Spezialsoftware	Individual-Anwendungen

Die einzelnen Teilmärkte werden nach den Ergebnissen von Marktanalysen unterschiedlich nachgefragt:

Abbildung:
Rangliste der
CD-ROM-
Anwendungen

Rang	Art der Anwendung	Nutzung in %
1	Lexika, Nachschlagewerke	56
2	Lernprogramme	48
3	Geschicklichkeits-/Denkspiele	47
4	Telefonbücher und -register	41
5	Fremdsprachenprogramme	36
6	Atlanten, Stadtpläne	35
7	Abenteuer-/Fantasyspiele	31
8	Flug- und Rennsimulatoren	29
9	Reiseführer und Urlaubssoftware	27
10	Fachliteratur	27
11	Simulation und Rollenspiele	22

Quelle: w&v/Allensbacher Archiv, April 1997

Wachstums-
prognosen

Das Volumen des Gesamtmarktes für CD-ROM wuchs in den vergangenen Jahren stetig. Auch mittelfristig wird ein Wachstum des Marktes prognostiziert, die Marktprognosen stehen in einem unmittelbaren Zusammenhang mit der Anzahl der verfügbaren Abspielgeräte.

Abbildung:
Absatz von
CD-ROM-
Laufwerken in
Deutschland

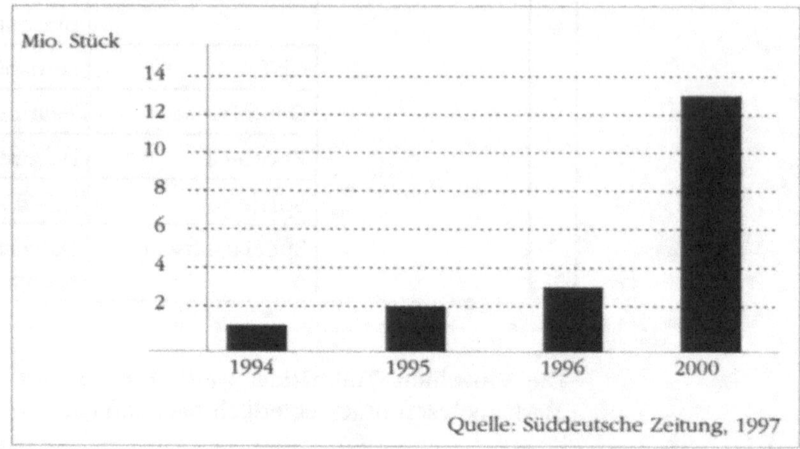

Durch die wachsende Penetration mit Abspielgeräten und die Entwicklung marktfähiger neuer Technologien wie DVD oder CD-RW ergeben sich günstige Absatzprognosen im Consumer-Bereich wie auch im Business-Segment.

Abbildung:
Umsatz mit
Consumer-
CD-ROM weltweit

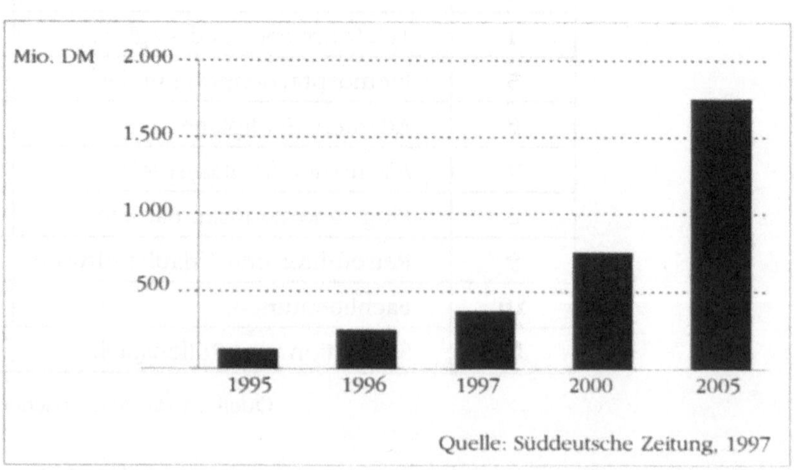

Abbildung:
Umsatz mit
Consumer-
CD-ROM in
Deutschland

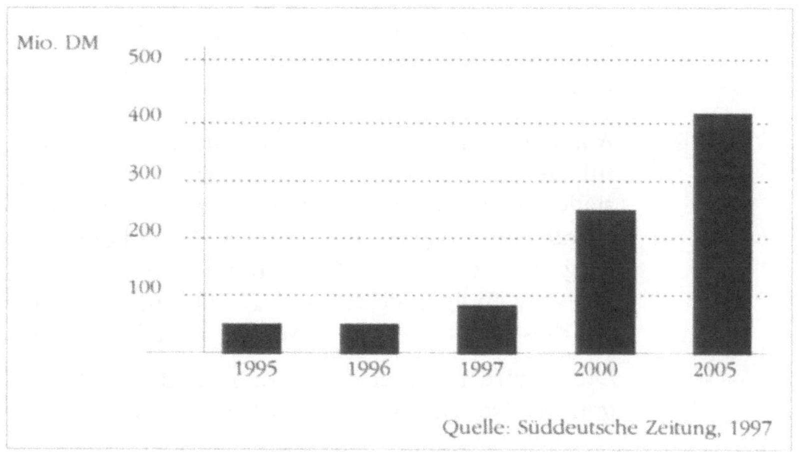

Marktvolumina

Die Auflage liegt meist unter 10.000 Stück pro Titel, in Europa wurden 1996 etwa 43 Millionen CD-ROM im Wert von 3,45 Milliarden DM, in den USA waren es 56 Millionen. Auf dem Markt herrscht intensiver Wettbewerb. Viele Teilnehmer sind Neugründungen oder Beteiligungen etablierter Unternehmen und mit entsprechenden Ressourcen ausgestattet; der Wettbewerb ist daher als finanzstark einzustufen. Einige Unternehmen sehen Neue Medien als Zukunftsinvestition und arbeiten zum Teil unter Deckung, um zukunftsträchtige Segmente zu besetzen.

5.1.2   Wertschöpfung

Die Wertschöpfung einer CD-ROM läßt sich wie folgt darstellen:

Abbildung:
Wertschöpfungs-
kette bei Offline-
Produkten

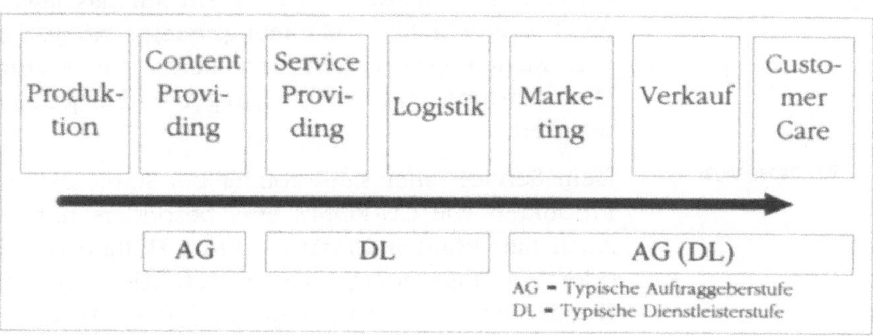

Die Stufe der Produktion umfaßt die Bereitstellung von Hardware, Software und Zubehör. Hier sind technische Dienstleister zu finden.

Content-Providing

Auf der Basis der Hard- und Software bieten Content Provider Inhalte zur Verfügung. Diese können von Verlagen, Rundfunkstationen, Handels- und Bankunternehmen sowie von der Werbeindustrie geliefert werden. Die Produktentwicklung selbst ist aufgrund des nötigen Know-hows und der komplexen Strukturen aufwendig und langwierig. Oft sind Unternehmen, die sich auf dieser Stufe befinden, Auftraggeber für Service Provider.

Service-Providing

Die Service Provider liefern den für die Medienproduktion nötigen Service. Hier finden sich Dienstleister für Datenbearbeitung, Graphikerstellung, Screendesign, Authoring, Programmierung und Vervielfältigung der CD-ROM's.

Logistik

Die Logistik-Stufe beinhaltet den Vertrieb der Produkte an die Vertriebskanäle. Im weitesten Sinne erstreckt sich Logistik über die gesamte Wertschöpfungskette. Da viele Medienunternehmen etablierte Vertriebskanäle besitzen, wird diese Funktion oft von den Auftraggebern übernommen.

Marketing

Das Marketing sollte aufgrund der stark erklärungsbedürftigen Produkte möglichst einfach, prägnant und auf die Darstellung des Nutzens konzentriert gestaltet sein. Neben dem Produktmarketing sind, da die Produkte selbst teilweise als Marketinginstrumente eingesetzt werden, auch für diese Einsatzmöglichkeit Konzepte erforderlich. Da die CD-ROM (Ausnahme: Standardsoftware) meist kein Massenprodukt, sondern in einer Marktnische angesiedelt ist, ist ein auf das jeweilige enge Segment zugeschnittene Marketingstrategie nötig. Die Entwicklung von Marketingaktivitäten und deren Umsetzung wird oft als Dienstleistung vergeben, in einigen Fällen jedoch auch inhouse realisiert.

Kundenservice

Dem Service 'after sale' kommt bei stark erklärungsbedürftigen Produkten wie CD-ROM's eine besonders hohe Bedeutung zu. Auch hier können Umsätze (durch Hotline per 0190er-Nummer oder Wartungsverträge) realisiert werden. Eine funktionierende Kundenbetreuung hat gerade im Softwarebereich hohe Wirkung auf die Kundenbindung, da hier auch Weiterentwicklungen, neue Versionen oder Neuprodukte dem Kunden nähergebracht werden können.

Alle innerhalb der Wertschöpfungskette tätigen Unternehmen testen Strategien in bezug auf Produktgestaltung, Preisfindung, Vermarktung, Vertrieb und Service. Transparenz über vorhandene Wettbewerber, deren Strategien und Wettbewerbsvorteile ist noch nicht gegeben, was die Marktsituation weiter verschärft.

5.2   Der Markteintritt - Positive und negative Faktoren

Folgende Faktoren können die Entscheidung für oder gegen die Entwicklung eines Produktes beeinflussen:

Abbildung:
Faktoren für die
Entscheidung zur
Entwickung eines
Offline-Produktes

	Positive Faktoren	Negative Faktoren
1	Chance zur Entwicklung neuer Geschäftsfelder/ Akquisitionsmöglichkeit für neue Kunden	Insgesamt hohes Risiko
2	Stärkung vorhandener Geschäftsfelder / Bindung vorhandener Kunden	Kapitalintensiver Markt
3	Kompetenz- und Know-how-Generierung	Hohes technologisches Know-how und hoher Entwicklungsaufwand nötig
4	Mehrfachnutzung vorhandenen Materials	Kurze Produktlebenszyklen
5	Imagegewinn	Unwägbares Marktverhalten
6	Stärkung der Wettbewerbsposition am Markt	Bedarf an neuen Vertriebswegen

Unternehmerisches Risiko

Das unternehmerische Risiko für einen Markteintritt ist im Bereich der Neuen Medien allgemein als hoch anzusetzen, daher sollte eine detaillierte Strategie die Basis für einen Eintritt in diesem Markt bilden.

5.3 Phasen der Strategieentwicklung

Ein Weg für die stringente Strategiefindung kann anhand des folgenden Schemas veranschaulicht werden:

Abbildung: Phasen der Strategiefindung für Offline-Medien

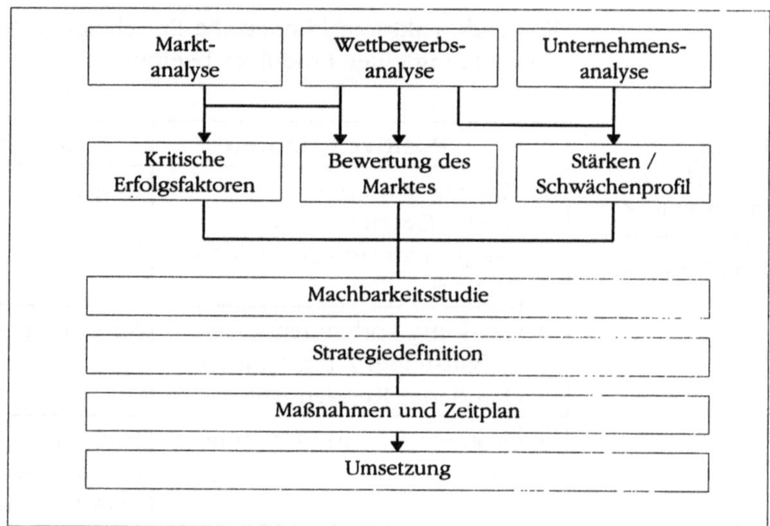

Keine Standard-Strategie

Jede Markteintrittsstrategie muß individuell entsprechend den spezifischen Strukturen des Markt- und Wettbewerbsumfeldes des Unternehmens ausgerichtet werden. Es ist es nicht sinnvoll, 'Standardstrategien' für bestimmte Multimedia-Marktsegmente zu entwickeln. Weiterhin ist es aufgrund der Marktdynamik nicht möglich, längerfristige valide Strategien zu entwerfen. Oft werden zunächst Zieldefinitionen getroffen, anhand derer der Markteintritt geplant wird.

Folgendes Modell zeigt für unterschiedliche Unternehmen der Verlagsindustrie die Phasen der Markteintrittsstrategie:

Abbildung:
Phasen des
Markteintritts

Phase	Bezeichnung	Inhalt
1	Analysephase	Marktanalyse, Wettbewerbsanalyse, Unternehmensanalyse
2	Machbarkeitsstudie	Produktdefinition
3	Strategiedefinition	Erstellung der Strategie
4	Erstellung eines Maßnahmen- und Zeitplanes	Festlegung von Ressourcen, Milestones, Deadlines, Maßnahmenbewertung
5	Umsetzung	Realisierung der Maßnahmen

5.3.1 Analysephase

Analyse von
Wettbewerb und
Unternehmen

In der Analysephase werden der Markt, der Wettbewerb und das eigene Unternehmen untersucht. Die Analyse des Marktes umfaßt die Festlegung der Zielgruppen, deren Kaufverhalten, die relevanten Produktgruppen, technologische Rahmenbedingungen, bereits etablierte Marktmechanismen, die Höhe und Art von Eintrittsbarrieren.

Die Schwierigkeiten liegen in der Analyse der Teilmärkte und der Identifikation der Aktivitäten der Wettbewerber. Oft durchlaufen auch die Konkurrenten gerade die Phase der Strategieentwicklung und der Pilotierung.

Die Rolle der
kritischen Erfolgs-
faktoren

Um die kritischen Erfolgsfaktoren mit einzubeziehen, müssen sie anhand der Fragestellungen nach den Erfolgsfaktoren im jeweiligen Marktsegment identifiziert werden. Außerdem spielen die Faktoren, die die Kunden zum Kauf des Produktes leiten oder sie davon zurückhalten, eine große Rolle.

Da der Multimedia-Markt in viele Teilmärkte zerlegt ist, kann die Gewichtung der Erfolgsfaktoren sehr unterschiedlich ausfallen, wobei trotz allem segmentübergreifende generelle Faktoren erkennbar sind.

Zu den für Offline-Medien wichtigen übergreifenden Erfolgsfaktoren zählen:

Abbildung:
Erfolgsfaktoren für
den Markteintritt

	Bereich	**Erfolgsfaktor**
1	**Im Markt**	Direkter Nutzen
		Anwenderfreundlichkeit
		Geeignete Vertriebskanäle
		Marketing / Nutzendarstellung
		Support
		Kooperationen und Allianzen
2	**Unternehmens-intern**	Kreatives Potential
		Entwicklungs-Know-how und Ressourcen
		Geeignete Aufbau- und Ablauf-organisation

Nutzendarstellung

Wichtigster Erfolgsfaktor ist im Markt ein tatsächlicher Bedarf und der Nutzen, den die Anwendung bietet. Beispiel hierfür sind die Telefonbücher auf CD-ROM, die ein tatsächliches Bedürfnis befriedigen konnten. Den Bedarf zu identifizieren ist durch Marktbeobachtung und eigene Kreativität möglich.

Kreativitäts-
findungsmethoden

Die bekannten Kreativitätsfindungsmethoden (vorhandene Produkte vergrößern, verkleinern, verbessern, verbilligen, zu Premium-Serien veredeln) können ebenso wie Transferierung von Konzepten aus anderen Märkten gelingen. Beispiele für das Verbilligen sind das Bundling von Software, für das Verkleinern die Entwicklung von 'Light'-Versionen vorhandener Produkte oder Fahrtroutenplaner als Kartenersatz auf CD-ROM.

Anwenderfreund-
lichkeit als
Erfolgsfaktor

Als außerordentlich wichtiger Erfolgsfaktor hat sich am Markt die Anwenderfreundlichkeit erwiesen. Gelungene Benutzeroberfläche und Menügestaltung erleichtern den Zugang unterschiedlicher Nutzergruppen.

Ein Beispiel ist das Bildbearbeitungprogramm 'Goo' von Kai Krause. Bildbearbeitungsprogramme zeichnen sich aufgrund der Komplexität der gestellten Aufgabe bisher durch komplizierte Bedienung aus, die viele Anwender vor Probleme stellt. Das Programm 'Goo' erlaubt die spielerische Änderung von Bilddaten und eine fast natürliche Nutzung der umfangreichen Möglichkeiten. Zusätzlich ist das Programm im günstigen Preissegment von etwa 100,- DM plaziert. Der Verkaufserfolg erregte großes Aufsehen. Das Programm wurde inzwischen zum Standard im Bereich spezieller Bearbeitungseffekte.

Vertrieb

Ist kein eigenes Vertriebsnetz im angepeilten Marktsegment vorhanden, ist es sinnvoll, Kooperationen einzugehen oder mit etablierten Vertrieben Lizensierungsvereinbarungen zu treffen.

5.3.2   Unternehmensanalyse

Neben externen Einflüssen ist auch das eigene Unternehmen zu untersuchen. Der Fragenkatalog sieht folgende Kriterien vor:

Abbildung:
Fragenkatalog zur
Unternehmens-
analyse

	Fragestellung	**Möglichkeiten**
1	Welche Gründe sind für das Unternehmen entscheidend für den Markteintritt?	....
2	Besteht Konformität zwischen der Multimedia-Strategie und der Unternehmensstrategie?	• ja • nein • teilweise
3	Wo liegen die Kernkompetenzen des Unternehmens?	....
4	Welche Bereiche sind auch für den neuen Markt relevant?	....

	Fragestellung	**Möglichkeiten**
5	Sind im Unternehmen die nötigen finanziellen Ressourcen vorhanden, und in welchem Rahmen sind diese für den Eintritt in den neuen Markt verfügbar?	• ja • nein
6	Bestehen interne Entwicklungsressourcen, oder ist ein geeignetes Dienstleistergeflecht verfügbar?	• interne Ressourcen • Dienstleistergeflecht • weder noch
7	Gibt es bestehende Kooperationen, oder kann der Markteintritt mit neuen realisiert werden?	• bestehende Kooperationen • keine entsprechenden K. • eventuell erweiterbare K.
8	Welche Kontakte existieren zum neuen Markt?	• gute • wenige • keine
9	Kann die bestehende Marketing- und Vertriebsorganisation auch für die Neuen Medien eingesetzt werden?	• ja • nein • in bestimmten Bereichen: ....
10	Wie sieht die Unternehmenskultur aus?	....
11	Welche Risikobereitschaft besteht im Unternehmen?	• hohe Bereitschaft • mittlere Bereitschaft • geringe Bereitschaft
12	Wird die neue Orientierung durch die Organisation des Unternehmens mitgetragen?	• ja • große Skepsis bei .... • teilweise Skepsis bei ....

Als Ergebnis der Analysephase liegt eine Bewertung des Marktes, der kritischen Erfolgsfaktoren und ein Stärken-Schwächen-Profil des eigenen Unternehmens vor.

Nutzung vorhandener Vertriebskanäle

Ist ein Vertriebsnetz vorhanden, können durch Händlerbindungsprogramme Konkurrenten geblockt und traditionelle Vertriebskanäle ausgebaut werden.

Die folgende Tabelle soll einen Überblick über die typischen Vertriebskanäle für CD-ROM's geben.

Abbildung: Vertriebskanäle für CD-ROM's

	Vertriebsweg	**Typische Produkte**
1	**Buchhandel**	Print-ähnliche Produkte (Nachschlagewerke, Wörterbücher etc.)
2	**Computerhandel**	Programme, Spiele, Nachschlagewerke, Business-Anwendungen
3	**Bundling**	Programme, Spiele
4	**Direktvertrieb**	Alle Sparten

Das Marketing für ein neues Produkt muß die Nutzendarstellung in den Mittelpunkt stellen und wie bereits erwähnt ein Verständnis für die Bedürfnisse der Kunden entwickeln.

Kundendatenbank

Für bestehende Kundenstämme ist eine Kunden-History aufzubauen, in der Nutzungs- und Informationsverhalten aufgeführt sind. Sie sind auf ihre Eignung als potentielle Zielgruppen neuer Produkte zu prüfen, in ABC-Kategorien zu ordnen und mit entsprechenden Maßnahmen (Mailing, zielgruppenorientierte Kampagnen) anzugehen. Daneben sind Pilotmärkte zu definieren, die bei der Produktentwicklung wichtige Impulse für die endgültige Gestaltung der späteren Anwendung geben können. Grundsätzlich sollten Leistungsangebot und Marketing so direkt wie möglich angepaßt sein.

Der Marketingmix

Zusätzlich ist Marketing in Form von aktiver und passiver Teilnahme an Veranstaltungen in der Zielgruppe (Messen, Events, Kongresse etc.) und die Schaltung von Werbung unter Nutzung des für dieses Segment geeigneten Marketingmixes vorzusehen.

Die Verfügbarkeit stellt eine natürliche Voraussetzung für einen erfolgreichen Markteintritt dar. Nach der Kaufentscheidung erwartet der Kunde, das Produkt auch ordern oder direkt kaufen zu können. Um dies zu ermöglichen, sind entsprechende logistische und vertriebliche Vorkehrungen nötig.

Customer Care

Wie alle technisch orientierten Produkte sind auch Offline-Medien teilweise hochkomplex und erklärungsbedürftig. Neben geeigneten Online-Hilfeprogrammen auf dem Datenträger ist daher zur Kundenbindung die Einrichtung einer Customer Care-Einheit in Form einer Hotline im Unternehmen vorzusehen oder als Dienstleistung zu vergeben. Hier kann zusätzlich für die Produktentwicklung und -verbesserung wichtiges Feedback eingeholt werden.

5.3.3 Machbarkeit, Preisfindung und Wirtschaftlichkeit

Erstellung eines Business-Modells

In einer Machbarkeitsstudie werden die Faktoren Machbarkeit, Preisfindung und Wirtschaftlichkeit einander gegenübergestellt, gewichtet und die relevanten Potentiale definiert. Auf dieser Basis kann ein Business-Plan aufgestellt werden, in dem die Eintrittsstrategie grob festgelegt wird.

Im Business-Plan ist die Wirtschaftlichkeit des Produktes darzustellen. Eine Wirtschaftlichkeitsbetrachtung beinhaltet Kosten und Erlöse unter der Berücksichtigung relevanter Kriterien.

Fixe und variable Kosten

Die Investitionen in Hard- und Software sowie die Fixkosten hängen vom Grad des Outsourcing und vom Umfang des Projektes ab, die variablen Kosten von der Auflage der CD-ROM. Die eigentliche Vervielfältigung macht innerhalb der Gesamtkosten nur einen geringen Teil aus, weshalb die variablen Kosten von untergeordneter Bedeutung sind.

Abbildung:
Schema einer Wirtschaftlichkeitsbetrachtung für Offline-Medien

Bereich	Art	Jahr 1	Jahr 2	Jahr n
Auf-wendungen	Investitionen - Hardware - Software - Sonstiges			
	Fixkosten - Datenaufbereitung - Programmierung - Produktion - Personal - Werbung			
	Variable Kosten - Material - Lizenzen - Vertrieb			
	Summe Aufwendungen			
Erträge	Verkaufte Stückzahl			
	Verkaufspreis			
	Stückzahl * V-Preis			
Ergebnis	Aufwendungen gesamt			
	Erträge gesamt			
	Gewinn/Verlust			
Abschreibung				

Preisfindung

Die Ertragsfaktoren 'Verkaufte Stückzahl' und 'Verkaufspreis' sind nur sehr schwierig von vornherein festzulegen. Die Preisfindung kann als Schätzung anhand von Analysen der Konkurrenz im Markt und in Form einer Befragung der Vertriebsorganisation erfolgen. Sollte es sich um ein völlig neuartiges Produkt handeln, ist die Preisfindung nur durch freie Schätzung innerhalb der durch ähnliche Produkte vorgegebenen Rahmendaten möglich.

Höhe der Auflage

Für die Betrachtung der Wirtschaftlichkeit ist - ebenso wie bei der Preisfindung - eine Schätzung des Marktpotentials für die absetzbare Stückzahl nötig. Nützlich ist in jedem Fall eine Break-Even-Analyse, die unterschiedliche Szenarien berücksichtigen sollte.

**Abbildung:
Break-Even-
Betrachtung für
unterschiedliche
Preismodelle**

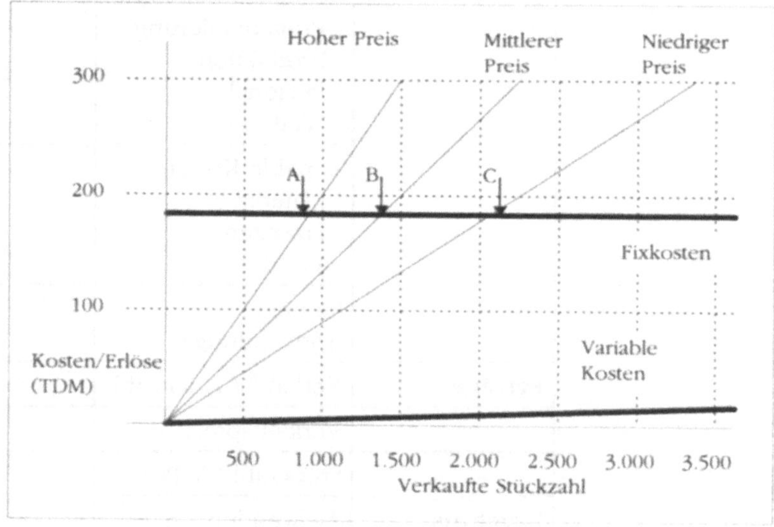

Die Break-Even-Punkte A, B und C beschreiben die abzusetzende Stückzahl bei einer hohen, mittleren und niedrigen Preisfestlegung einer fiktiven CD-ROM-Produktion.

**Strategie und
Maßnahmeplanung**

Die detaillierte Planung und endliche Umsetzung erfolgt durch Festlegung der Strategie und in Form eines Maßnahmenplans, in dem die Art und der zeitliche Rahmen der Aktionen auf der Basis der vorangehenden Planungsphasen aufgeführt sind.

5.4   Ausblick

Kein Ende der Entwicklung absehbar

Die Entwicklung auf dem Sektor der Offline-Medien ist weder technologisch noch aus Marketingsicht abgeschlossen. Im technischen Bereich ist eine weitere Erhöhung der Speicherungskapazitäten (durch Einführung von DVD) und Zugriffsgeschwindigkeiten sowie Entwicklung leistungsfähigerer Kompressionsmethoden abzusehen. Auf einem Offline-Medium verfügbaren Datenmengen lassen sich mit derzeitigen Online-Medien nicht sinnvoll übertragen, so daß hier kurzfristig keine Konkurrenzsituation aufkommt. Die fehlende Aktualität der CD-ROM (bzw. der DVD) kann durch Verbindung zu einem Online-Angebot vermindert werden. Die magnetischen Speichermedien werden gegenüber optischen oder magneto-optischen an Boden verlieren, lediglich die in Computersystemen verwendeten Harddisks werden Standard bleiben.

Produktverbesserung durch erweiterte technische Möglichkeiten

Die verbesserten technischen Grundlagen lassen Speicherung hochkomplexen und umfangreichen Materials, insbesondere von Bewegtbildern zu. Hieraus ergeben sich neue Geschäftsfelder; auch kleinere Produzenten erhalten die Möglichkeit, mit vergleichsweise geringem Aufwand hochwertige interaktive Videoprodukte zu erstellen. Die Software zur Erstellung (Materialbearbeitung, Authoring, Datenverwaltung) wird plattformübergreifend zur Verfügung stehen. Die Leistungsfähigkeit der einzelnen Module wird verbessert werden, wodurch sich die Komplexität der Einzelapplikation erhöht. Daher nimmt - wie auch in den Endprodukten - die Bedeutung der Benutzerführung und der Grad der Modularisierung zu.

Projektion der Marktentwicklung

Der Markt für Offline-Medien zeigt nach der ersten Phase zunehmend konvergente Tendenzen; große Unternehmen beteiligen sich an kreativen Kleinfirmen oder gründen eigene Geschäftsbereiche in diesem Bereich. Der Gesamtmedienmarkt bewegt sich aufeinander zu, die Medien verschmelzen zunehmend in einem Gesamtangebot, das Offline, Online, interaktiven Rundfunk und Telematik-Anwendungen vereinen wird. Für Existenzgründer bieten sich durch die teilweise extrem kleinen Marktsegmente Nischen (z.B. im 3D-Bereich), die sich für ein Engagement großer Firmen nicht eignen.

6   Online

Im folgenden Kapitel wird der Bereich der Online-Medien beschrieben. Ziel ist es, dem Leser die Entwicklung, die technischen und die organisatorischen Grundlagen nahezubringen. Hierdurch sollen Anregungen für ein sinnvolles eigenes Engagement auf diesem Gebiet gegeben und Möglichkeiten und Grenzen aufgezeigt werden.

Der einführenden Beschreibung des historischen Hintergrunds folgt dabei die Beschreibung des Internets, seiner Struktur und der Basistechnik. Die einzelnen Dienste werden erläutert, einen Schwerpunkt bildet die Darstellung der Sicherheitsaspekte und der Nutzung der Internet-Technologie im lokalen Unternehmensnetzwerk.

Für die Aufwandsschätzung bei der Erstellung eigener Applikationen werden die Programmiermethoden und -werkzeuge am Ende des Kapitels vorgestellt.

Da die Technik sich gerade im Online-Bereich sehr rasch entwickelt, sei an dieser Stelle noch einmal auf die Möglichkeit der Aktualisierung der Angaben durch die Nutzung der am Ende von Kapitel 1 angegebenen Internet-Adresse hingewiesen.

6.1   Einführung

Internet oft als
Synonym für
Online-Medien

Wenn heute von Online-Medien geredet wird, ist meist das Internet gemeint, wobei der Begriff 'Internet' oft synonym mit dem Informationssystem World Wide Web verwendet wird. Das Internet als derzeit wichtigste Online-Plattform umfaßt viele unterschiedliche Dienste. Um einen Überblick über die Möglichkeiten und den Umfang zu geben, ist es nützlich, mit der Betrachtung der geschichtlichen Entwicklung zu beginnen.

6.1.1   Entstehung und geschichtliche Entwicklung

Der militärische Ursprung

Die Wurzeln liegen in den sechziger Jahren in den USA. Aus Angst vor nuklearen Angriffen sollte ein leistungsfähiges Computernetzwerk errichtet werden, das auch nach einem eventuellen Atomschlag funktionsfähig bleiben sollte.

Die Informationen sollten innerhalb dieses Netzwerks als Datenpakete auf unterschiedlichen Wegen zum Ziel befördert werden können. Bei Ausfall eines Teils des Netzes würden die Datenpakete einen anderen Weg zu ihrer Bestimmung nehmen.

In Dezember 1969 wurde das erste derartige Netzwerk, das Arpanet ('Advanced Research Project Agency Net') in Betrieb genommen.

Das Arpanet

Die heutigen interaktiven Online-Medien entwickelten sich aus oder nach dem Vorbild dieses von der Rand Corporation für das US-Militär geschaffenen Kommunikationssystems. Das strategische Problem, das durch diese Technologie überwunden werden sollte, war die Frage, wie die Regierungsstellen nach einem Atomschlag miteinander kommunizieren könnten. Hierbei waren zwei Faktoren zu berücksichtigen. Ein zentral kontrolliertes System, bei dem viele Rechner durch einen Hauptcomputer gesteuert würden, wäre bei Ausfall dieses einen Rechners nutzlos. Zum anderen mußte davon ausgegangen werden, daß auch Teile des Gesamtnetzes zerstört würden.

Dezentrale Struktur

Die Lösung bot sich durch ein dezentrales Netz ohne dedizierte Hauptleitung mit gleichberechtigten Verbindungsknoten. Jede Informationseinheit wurde mit einer Adresse versehen, in Pakete verpackt und konnte ihr Ziel auf unterschiedlichem Wege durch das Netz erreichen. Bei Ausfall eines Systems sollten übriggebliebene Knoten dessen Transportfunktionen übernehmen und dadurch einen Totalausfall vermeiden. Von der ARPA finanziert, führte das Projekt 1969 zur Vernetzung von vier Computern.

Als erste Verbindungsrechner fungierten die Computer der University of California in Los Angeles, des Stanford Forschungsinstituts, der University of California in Santa Barbara und der University of Utah in Salt Lake City. Bei seiner Vorstellung im Jahre 1972 verband das ARPANET bereits 40 Rechner. 1973 wurden die ersten internationalen Verbindungen zu Rechenzentren in Großbritannien und Norwegen geschaffen.

Eines der Ziele war es zu dieser Zeit, die Möglichkeiten der teueren Hochleistungsrechner mehreren Benutzern zur gleichen Zeit und über beliebige Entfernungen zur Verfügung zu stellen. Bald stellte es sich jedoch heraus, daß das Netz hauptsächlich zur Datenübermittlung und zur Kommunikation zwischen Benutzern eingesetzt wurde.

Unterschiedliche Netzwerke

Zu Beginn der achtziger Jahre entstanden parallel mehrere unterschiedliche Rechnernetzwerke. Unter ihnen waren das CSNET an amerikanischem Universitäten, das EUNet bei Digital, das BIT-NET bei IBM (USA) und das EARN bei IBM (Europa). Aus dem Arpanet wurde die militärische Komponente als Milnet ('Military Network') herausgenommen, der übriggebliebene Bereich bildete den Kern des heutigen Internet.

TCP/IP - der Übertragungsstandard im Internet

Ein wichtiger Eckpunkt der Entwicklung war 1982 die Einführung des maschinenunabhängigen Übertragungsprotokolls TCP/IP' ('Transmission Control Protocol/Internet Protocol'), das das Arpanet-Protokoll als Standard ablöste.

Gateways als Netzverbindungen

Zu anderen Netzen, die sich seit Beginn der achtziger Jahre entwickelt hatten, wurden 'Gateways' geschaffen, also Übergangspunkte, die die unterschiedlichen Übertragungsstandards miteinander kommunizieren ließen. Die komplizierte Adressierung einzelner Rechner mittels 32stelliger IP-Adressen wurde 1984 durch die Einführung von Domain-Name-Servern, welche die Verwaltung von alphanumerischen Rechneradressen erlaubten, erheblich vereinfacht.

Entstehung des Internet

Die einzelnen Netzstränge wurden zu Backbones, also Hauptleitungen, zusammengefaßt, der erste war 1986 der aus fünf Rechnern bestehende US-Backbone des NSFNet. Das Arpanet wurde 1990 eingestellt, für das daraus entstandene Internet (eigentlich: 'zwischen Netzen', also ein System zur Verbindung verschiedener Netzwerke) wurden zu unterschiedlichen Zwecken eigene Dienste entwickelt.

In Europa wurde 1989/1990 der Aufbau privater Forschungsnetze vorangetrieben, diese wurden dann zum Wissenschaftsnetz

('WIN') vereinigt. Mit dem Zusammenschluß der europäischen Netze und dem folgenden Anschluß an den US-Backbone war ein weltumspannendes Netzwerk geschaffen.

Einführung von HTML

1990 entwickelte der Computerspezialist Tim Berners-Lee eine neue Computersprache und nannte sie Hypertext Markup Language ('HTML'), die es ermöglichte, Textteile und Dokumente miteinander zu verbinden (zu 'verlinken'). Die HTML-codierten Dokumente konnten hierbei auf unterschiedlichen Rechnern verteilt liegen. Der World Wide Web-Dienst des Internet wurde durch den Einsatz von HTML als Standard-Codierung zum weltumspannenden Netzwerk, in dem die Nutzer beliebig via Hyperlink (also verknüpften HTML-Dokumenten) 'herumsurfen' können.

Graphische Benutzeroberflächen

1993 wurde die von dem Studenten Marc Andreesen programmierte Benutzeroberfläche 'Mosaic' vorgestellt, die eine Darstellung graphischer Elemente im WWW erlaubte. Dem Internet-Gedanken der möglichst demokratischen und freien Netzstruktur entsprechend wurde dieses Programm frei angeboten, und jeder Nutzer konnte sich den Code über das Internet auf den eigenen Rechner herunterladen ('downloaden').

Das Internet war anfangs stark auf Hochschulen und Forschungseinrichtungen beschränkt, es wurde gemeinschaftlich von allen Benutzern verwaltet. Seit 1993 wuchs die Zahl der Nutzer in atemberaubender Geschwindigkeit, und das Netzwerk wurde als Geschäftsfeld für kommerzielle Nutzung entdeckt.

Kommerzielle Netznutzung ab 1995

Die graphische Benutzeroberfläche des Dienstes World Wide Web machte den Einstieg auch für private Nutzer leicht und trug erheblich zur Verbreitung des Internet bei. Seit 1995 wird der Zugang zum Internet von kommerziellen Netzdienstleistern ('Providern') angeboten, in den USA werden die eigentlichen NFSnet-Backbones zunehmend von Netzinfrastrukturen kommerzieller Anbieter abgelöst.

6.2.   Aufbau und Organisation des Internet

6.2.1   Grundstruktur des Internet

Das Internet ist ähnlich einem realen Straßensystem aufgebaut. Das Datennetz umfaßt Datenleitungen und Knotenrechner, die unterschiedliche Leitungen verbinden. An den Knotenpunkten werden Einzelrechner oder Rechnernetzwerke an das umfassende Datennetz angeschlossen.

Lokale Netzwerke ('LANs') können ebenso über Netzknoten angebunden werden wie standortübergreifende WANs ('Wide Area Networks'). Das Rückgrat der nationalen und internationalen Information Highways bilden leistungsfähige Lichtwellenleiternetze ('LWLs').

Das Wissenschaftsnetz

In Deutschland wurde bereits 1984 der Deutsche Forschungsnetzverein (DFN e.V.) gegründet, der zu Beginn der neunziger Jahre in Zusammenarbeit mit der Deutschen Telekom das WIN errichtete. Zielsetzung war vor allem eine hochperformante Anbindung der Forschungseinrichtungen und Universitäten.

Das WIN startete mit fünf Rechnern (Berlin, Hannover, Düsseldorf, Mannheim und Augsburg). 1991 wurden die neuen Bundesländer integriert, und seit 1996 steht das WIN auch kommerziellen Unternehmen und Privatpersonen als möglicher Zugang zum Internet zur Verfügung.

Europaweit wurden die einzelnen Ländernetze zusammengeschlossen. Die Hauptvermittlungsknoten liegen in Stockholm, Genf, Amsterdam, Paris und London. Über transatlantische Leitungen ist das europäische Netzwerk mit den Backbones der Vereinigten Staaten verbunden.

Die hierarchische Struktur des Internet

Der logische Aufbau des Internet kann als hierarchische Struktur von den internationalen Hauptdatenleitungen herab bis zu einzelnen Nutzern und firmeninternen Netzwerken (z.B. auf TCP/IP basierenden Intranets) dargestellt werden. Jede Ebene dieser Hierarchie kann mit einer beliebigen anderen Ebene kommunizieren, wodurch im Kommunikationsdiagramm auch optisch das Bild eines Web ('Gewebes') entsteht.

Abbildung:
Schematische
Darstellung der
Internet-Hierarchie

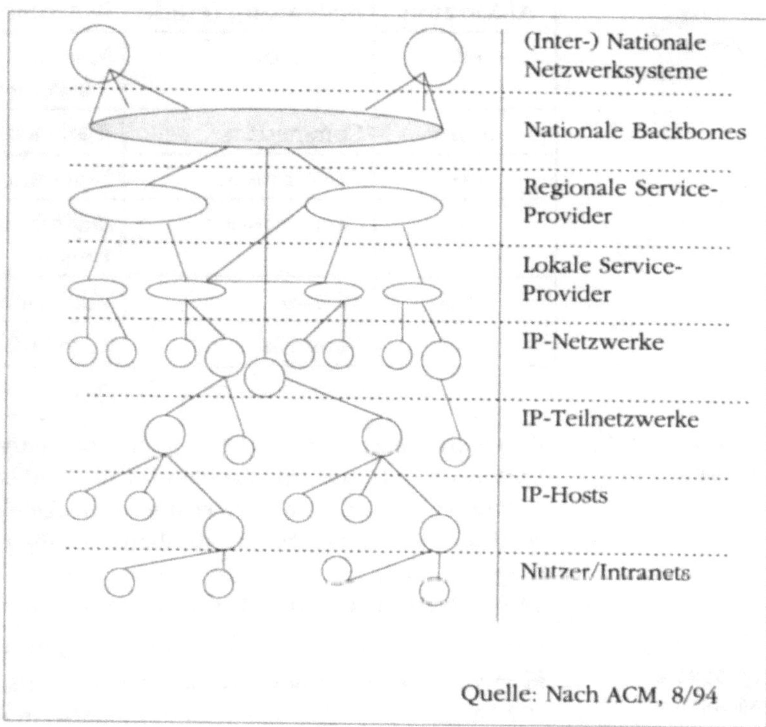

6.2.2 Adressierung

Vergabe der Netz-
adressen

Die einzelnen Subnetze werden als Domains ('Domänen') bezeichnet. Durch die NIC und die nationalen Kontrollstellen erfolgt die Verwaltung der Domains.

Innerhalb einer Domain können weitere Untergliederungen vorgenommen werden. Auf der obersten hierarchischen Ebene (Top
Level) werden die Domains nach Art der Institution bzw. Einrichtung unterschieden. Adressen für Firmennetze werden in
Deutschland über die nationale Kontrollstelle DE-NIC in Karlsruhe vergeben. Auch Anbieter von Internetdiensten erhalten sie
zentral von dieser Stelle und arbeiten entsprechend eng mit der
DE-NIC zusammen.

<table>
<tr><td rowspan="7">Abbildung:
Suffixe von Top-
Level Domains</td></tr>
</table>

Abkürzung	Bedeutung (engl.)	Bedeutung (dt.)
.edu	Education	Schulungs- und Forschungseinrichtungen
.com	Commercial	Kommerzielle Unternehmen
.gov	Government	Regierungsstellen
.org	Organisations	Nicht-kommerzielle Einrichtungen
.mil	Military	Militärische Einrichtungen
.net	Network	Netzwerk-Unternehmen

Länderspezifische Kennungen

Daneben sind für jedes Land charakteristische Domain-Endungen, z.B. .de (Deutschland), .uk (United Kingdom, Großbritannien), .at (Austria, Österreich), festgelegt. Ein Gesamtverzeichnis der Länderbezeichnungen ('Domain Country Codes') findet sich im Internet unter der Adresse 'http://www.ee.ic.ac.uk/misc/countrycodes.html'.

Numerische und symbolische Adressierung

Jeder im Internet operierende Rechner besitzt eine Adresse, die in zwei Formen vorliegt. Neben der numerischen Adresse (z.B. 192.147.23.14) wird eine symbolische Adresse geführt. Diese kann alphabetisch sein und den Namen der Firma oder eines Produktes tragen (z.B. 'sueddeutsche.de' oder 'bmw.de'). Die Zuordnung der symbolischen zur eigentlichen, numerischen Adresse wird durch Tabellen gesteuert, die Teil des DNS ('Domain Name Service') sind. Die Verwaltung dieser Tabellen erfolgt auf einem Domain-Name-Server (kurz 'Nameserver'). Die Adresse dieses Servers muß bekannt sein, da ansonsten keine Zuordnung der symbolischen zur entsprechenden numerischen Adresse möglich ist.

Neben der regionalen Herkunft und der Zugehörigkeit zu einer Institution können auch bestimmte Internet-Dienste durch die symbolische Adresse erkannt werden.

Alle Domains bezeichnen beispielsweise den Rechner, über den Dateiaustausch (FTP) betrieben werden kann, als FTP-Server, deren Adresse mit 'FTP' beginnt, z.B. 'FTP.(firmenname).de'.

Aufbau einer IP-
Adresse

Die numerische Adresse eines Rechners wird durch vier mit einem Punkt getrennte Zahlen dargestellt, wobei jede Zahl einen Wert zwischen 0 und 255 annehmen kann. Ein Beispiel einer solchen IP-Adresse wäre demnach '123.275.282.56'.

Alle Adressen sind in Adressklassen eingeteilt, wobei die Klasse A eine große Anzahl von Hostrechnern pro einzelnem Netzwerk, die Klasse C eine große Zahl autarker Netzwerken erlaubt.

Abbildung:
Adre_klassen im
Internet

Adre_-klasse	Länge der Netzwerk-adresse	Länge der Host-adresse	Anzahl der Netzwerke (theor.)	Anzahl der Hosts pro Netzwerk
A	7 Bit	24 Bit	128	16.777.214
B	14 Bit	16 Bit	16.348	65.534
C	21 Bit	8 Bit	2.097.152	254

Die Zahlenfolge der Adresse setzt sich aus einem Header, der Netzwerk- und der Host-Adresse zusammen. Die Netzwerkadresse wird zentral in den USA erteilt, wobei die erste Zahlenfolge das Land (z.B. '129' für '.de' = Deutschland) und die zweite für das lokale Netz steht. Innerhalb dieses lokalen Netzes wird die Host-Adresse in Verantwortung des lokalen Netz-Betreibers vergeben.

Abbildung:
Aufbau der
Netzadressen

Adress-klasse	Header	Netzwerk-adresse	Hostadresse	Gesamtlänge
A	0	7 Bit	24 Bit	32 Bit
B	10	14 Bit	16 Bit	32 Bit
C	110	21 Bit	8 Bit	32 Bit

6.2.3   Technische Voraussetzungen und Protokolle

Internetzugang per
Telefonleitung

Ein Rechner kann mit dem Internet über ein Modem und einen Telephonanschluß, über ein lokales Netzwerk oder mittels ISDN-Steckkarte und -Anschluß verbunden werden. Um einen plattformübergreifenden Datentransfer zu ermöglichen, wurden Protokolle festgeschrieben, die die technischen Schnittstellen definieren.

Standardisierung
von Kommunikati-
onsprozessen

Die ISO ('International Standard Organisation'), eine internationale Standardisierungsinstanz, entwickelte das OSI-Schichtenmodell, das die Kommunikation in Rechnernetzen auf unterschiedlichen Hierarchieebenen festlegt. Jede der Schichten bildet ein Modul für eine definierte Aufgabe innerhalb des Kommunikationsablaufs.

Neben den Basisschichten, die die Hardware und deren Funktionalitäten festlegen, sind Module für die Paketierung der Daten, die Steuerung der Kommunikation, der Darstellung sowie für die Dienstprogramme aufgeführt.

Das OSI-7-
Schichtenmodell

Im OSI-7 Modell, das den Kommunikationsprozeß in sieben Schichten darstellt, findet sich das für das Internet relevante Protokoll TCP/IP auf den Stufen drei und vier. Die Schicht drei, der sogenannte 'Network-Layer', stellt als Vermittlungsschicht die Auswahl der Übertragungswege der Datenpakete dar.

Hierfür ist das IP ('Internet-Protocol') derzeit in der Version 4 ('IPv4') definiert. In der Schicht vier, dem 'Transport-Layer' wird die Aufbereitung der Daten unter dem TCP ('Transmission Control Protocol') beschrieben. Die aufbereiteten Daten werden dann in die Schicht drei weitergeleitet.

TCP/IP als Stan-
dardprotokoll

Das Standardprotokoll TCP/IP ist kein einzelner Standard, sondern stellt eine Sammlung allgemeiner Regeln dar, die durch Kommunikationsprogramme auf die Betriebssysteme der jeweiligen Rechnerplattform übersetzt werden können.

Abbildung:
Die Beziehungen der einzelnen Dienste und Protokolle im Internet

OSI-Schicht									
Anwendung	FT	Email	TE	Use-net/News	Go-pher	WAIS	WWW	DNS	Archie
Darstellung	FTP	SMTP	TP	NNTP	IGP	Z39.50	HTTP	DNSy	PP
Sitzung	FTP	SMTP	TP	NNTP	IGP	Z39.50	HTTP	DNSy	PP
Transport	TCP							UDP	
Netzwerk	ARP	IP							
Sicherung	NP								
Bit-übertragung	ÜM								

Liste der verwendeten Abkürzungen

Abkürzung	Bedeutung
ARP	Adress Resolution Protocol
DNS	Domain Name Service
DNSy	Domain Name System
FT	File Transfer
FTP	File Transfer Protocol
IGP	Internet Gopher Protocol
IP	Internet Protocol
NNTP	Network News Transfer Protocol
NP	Netzwerk-Protokolle: Ethernet, Token Ring,

	DQDB, FDDI
PP	Prospero Protocol
TCP	Transmission Control Protocol
TE	Terminal-Emulation
TP	Telnet Protocol
UDP	User Datagram Protocol
ÜM	Übertragungsmedium: Koax, Doppeladerkabel, Lichtwellenleiter, Drahtlose Übertragung

Die Internet-Topologie folgt dem Client-Server-Modell. Der Internet-Server bietet einen Dienst an, den ein Internet-Client in Anspruch nimmt. Das TCP ('Transmission Control Protocol') ist für die Erstellung der Datenpakete zuständig, die am Zielrechner wieder zusammengesetzt werden. Fehlende Teile werden dabei erkannt und erneut übertragen. Das IP ('Internet Protocol') übernimmt die Steuerung der Datenpakete zum Zielrechner.

TCP/IP als bindender Internet-Standard

Alle Rechner und Anwendungen, die das Internet nutzen, müssen das TCP/IP-Protokoll und die entsprechenden OSI-Vorgaben einhalten. Hierdurch wird erreicht, daß - unabhängig vom Weg der Daten vom Sender zum Empfänger - die Daten in der richtigen Reihenfolge und unverfälscht eintreffen und die Empfangssoftware die Information korrekt an die eigentliche Anwendung übergeben kann.

Auf dem TCP/IP-Protokoll werden unterschiedliche Anwendungen und Dienste aufgesetzt. Diese Dienste werden in Abschnitt 6.3 detailliert beschrieben.

6.2.3.1   Weiterentwicklung des IP-Protokolls

IPv4 - ein Protokoll der 70er Jahre

Das Ende der 70er Jahre definierte IP-Protokoll Ipv4 basiert auf 1974 publizierten Grundlagen. Dieses Protokoll sollte Probleme beseitigen, die damals bei der Übertragung von Daten im Arpanet auftraten. IP bildet eine Familie von Standards, die darauf aufbauend die unterschiedlichsten Anwendungen abdecken.

Einführung von IPv6	Obwohl die Diskussionen über ein IPv6 noch nicht abgeschlossen sind, entwickelt sich die neue Version des IP-Protokolls zu einem tragfähigen und auf breiter Basis verwendbaren Standardprotokoll im Internet. Der zeitliche Ablauf bis zum verbreiteten Einsatz von IPv6 oder einer Ablösung von IPv4 ist kaum vorauszusagen. Sicher erscheint jedoch, daß für mindestens fünf bis zehn Jahre die heute eingesetzten Protokolle weiter verwendet werden können.
IP im OSI-Schichtenmodell	IP stellt im OSI-Schichtenmodell die erste, nicht mehr von der Übertragungstechnik abhängige Ebene dar. Daher stellt IP die Schnittstelle für die höheren Ebenen zur Verfügung.
	Das IPv4 kennt nur einen zentralen Header, der am Ende um Optionsfelder mit etwa 40 Varianten erweitert werden kann.
Verkettete Header	Die im neuen IPv6 vorgeschlagenen neuen Header erlauben verkettete Strukturen. Der erste IP-Header enthält die Basisinformationen, weitere Einzelheiten werden in zusätzlichen Headern codiert, die mit dem ersten verkettet sind. Es wird immer nur der Teil der Header decodiert, der für die jeweilige Teilaufgabe benötigt wird. So sind spezielle Header für Routing, Fragmentierung, Übertragung, Verschlüsselung und Autorisierung definiert.
Erweiterung des Adreßraumes	Eine der wichtigsten Verbesserungen ist die Erweiterung der zur Adressen von 32 auf 128 Bit. Der entstehende Adreßraum umfaßt $3{,}4 * 10^{38}$. Es steht daher ausreichend Platz zur Verfügung, um unterschiedlich strukturierte Verfahren einzusetzen, die den Umgang mit den Adressen effizient gestalten.
	Durch das neue Headerkonzept von IPv6 ist es möglich, verschiedene Varianten von Verschlüsselung zu definieren. Es lassen sich alternativ Nutzdaten oder auf den ersten Header folgende weitere Header verschlüsseln.
IPv6 erfordert umfangreiche Anpassungaufwände.	Zu beachten ist hierbei, daß die Umstellung von IPv4 auf IPv6 mehr als die Umstellung eines einzelnen Protokolls bedeutet. Neben dem Basisprotokoll müssen auch eine Vielzahl der darauf aufbauenden Protokolle und Anwendungsprogramme angepaßt werden. In vielen Fällen erfordert die neue Länge der Adressen eine Änderung bis an die Benutzeroberfläche.

6.2.3.2   **Hardware**

**Internet-Zugang
per Modem**

Um mit einem üblichen PC Zugang zum Internet zu erhalten, wird dieser via Modem an eine analoge Telephonleitung angeschlossen werden. Das Modem ('Modulator-Demodulator') wandelt die digitalen Daten des PC in analoge Signale, also Töne mit unterschiedlicher Frequenz, die dann wie Telefongespräche über das analoge Telefonnetz übertragen werden. Die Modem-Daten gelangen zum Internetprovider, bei dem sich der Nutzer angemeldet hat. dieser Provider (Internet Service Provider, 'ISP') ermöglicht über sogenannte POP's ('Points of Presence', Knotenstellen), den Zugang zum Internet.

Das Modem wird über die serielle Schnittstelle (COM-Port des PC oder Modem-Port des Macintosh) angeschlossen. Modems werden als interne Baugruppen (Steckkarten o.ä.) oder als externe Geräte angeboten.

Arten von Modems

Der PC steuert die Funktion des Modems über bestimmte Kommandos, beispielsweise zur Erkennung des Freizeichens, des Abhebens bei Anruf oder die Eingabe einer Telefonnummer. Als Quasi-Standard hat sich der Kommandosatz des US-Modemherstellers HAYES etabliert. Typische HAYES-Kommandos sind: 'ATX1' (Ignorieren des Freizeichens) oder 'ATH0' (Auflegen). Aktuelle Kommunikationsprogramme erledigen die Kommandoerzeugung selbständig.

Faxmodems

Faxmodems erlauben es, unter Nutzung entsprechender Software die Computerdaten direkt in Telefaxdaten umzuwandeln und an ein beliebiges Faxgerät zu schicken.

Modemprotokolle

Die Übertragungsgeschwindigkeit stellt ein wichtiges Leistungsmerkmal für ein Modem dar. Geräte mit höheren Übertragungsraten sind zwar in der Anschaffung geringfügig teurer als solche mit geringer Kapazität, im laufenden Betrieb wird dies jedoch meist durch erheblich reduzierte Kosten aufgewogen. Aktuelle Modems verfügen meist über eine Übertragungsgeschwindigkeit von 28.000 Bit/s. Diese ist als 'V.34'-Protokoll definiert. Durch Datenreduktion z.B. gemäß dem Protokoll 'V.42 bis' kann die Leistungsfähigkeit weiter gesteigert werden.

Um Störungen innerhalb der Telefonleitung zu filtern, sind in vielen Modems Störfilter nach dem Protokoll 'V42' integriert. Tritt ein Fehler auf, wird dadurch die Übertragung so lange wiederholt, bis die Daten korrekt übermittelt sind.

Internet-Zugang per ISDN

Neben dem Zugang über das analoge Netz ist durch den forcierten Ausbau des Digitalnetzes ISDN eine Übertragung ohne die Datenwandlung mit einem Modem möglich. Als Hardware wird eine ISDN-Karte benötigt, die Datenverbindung kann im günstigsten Fall bis 128 kBit/s betragen. Ein ISDN-Anschluß ist zwar in der Anschaffung aufwendiger als eine analoge Modem-Lösung, aber gerade bei häufigem Arbeiten oder beim Einsatz im kommerziellen Bereich unter Kostengesichtspunkten sinnvoll. Die Entscheidung für einen ISDN-Zugang schränkt allerdings die in Frage kommenden ISP's ein, da nicht jeder Internet-Service-Provider entsprechende Zugänge anbieten kann.

Zugang über PPP und SLIP

Um über die serielle Leitung das Internet-Protokoll überhaupt nutzen zu können, kommen zwei Verfahren zum Einsatz. Das 1984 definierte SLIP ('Serial Line Internet Protocol') und das 1993 veröffentlichte PPP ('Point-to-point Protocol'). Das SLIP ist wesentlich rudimentärer aufgebaut und verfügt im Gegensatz zum PPP über keine Möglichkeiten der Fehlerkorrektur oder Datenkompression. Aus diesem Grunde verdrängt PPP das ältere SLIP nach und nach. Beispielsweise wird der Dienst T-Online der Deutschen Telekom zur Jahresmitte 1997 von SLIP auf PPP umgestellt sein.

6.2.3.3   Zugang zum Netz

Netzzugang unter MS Windows

Die Zugangssoftware eines Windows-Rechners muß, um den Datentransfer durchführen zu können, den sogenannten TCP/IP-Protokollstack abarbeiten. Alle IP-Programme stellen unter Windows eine definierte Schnittstelle zum Datentransfer zur Verfügung. Diese Schnittstelle (Winsock) ist in der Systemdatei 'winsock.dll' eingebunden. Jede Anwendung unter Windows wird von einem Port betrieben. Wird eine Adresse mit einer Anwendung verbunden, so wird dies 'Socket' genannt. Windows-Sockets werden auch für die Arbeit in lokalen Netzwerken genutzt.

Im Betriebssystem Windows 95 sowie in Windows NT ist das Protokoll TCP/IP bereits integriert. Ältere Windows-Versionen nutzen entweder kommerzielle TCP/IP-Programme wie Chamäleon oder Public Domain-Software wie 'Trumpet Winsock'.

Einige weitere Internet-Komponenten wie FTP, der Browser 'Internet Explorer' oder 'Ping' werden bei Windows 95 ebenfalls mit dem Betriebssystem geliefert. Bei älteren Versionen können sie über das Internet bezogen oder gekauft werden.

Anbindung über einen proprietären Dienst

Ist der Internet-Zugang über einen proprietären Dienst wie AOL oder CompuServe realisiert, wird die Windows-Einbindung über deren Zugangssoftware ermöglicht.

Für den Netzzugang sind einige Einstellungen nötig, die vor dem ersten Zugriff auf das Netz getroffen werden müssen. Zunächst wird die eigene Internetadresse und der symbolische Namen (Domain Name) benötigt. Um symbolische Adressen nutzen zu können, muß ein Domain Name Server genannt werden, außerdem ist das genutzte Protokoll (SLIP oder PPP) anzugeben.

Nutzerautorisierung

Damit der POP den Rechner erkennt, müssen die Benutzerkennung ('User-ID') und das persönliche Paßwort eingetragen werden. Um den Provider zu erreichen, ist die Angabe seiner Telefonnummer nötig, außerdem muß die Geschwindigkeit des Modems bekannt gemacht werden. Bei der Zugangssoftware proprietärer Dienste ist oft schon ein Teil dieser Angaben vorgegeben, so daß sich dort der Konfigurationsaufwand zum Teil erheblich reduziert.

6.2.4   Nutzungskosten

Kommunikations- und Providing-kosten

Die Kosten für die Nutzung des Internet setzen sich aus Providergebühren und Telefonkosten zusammen. Die Telefongebühren sind von der Tageszeit und der Verbindungsdauer abhängig. Bei der Auswahl des Providers ist darauf zu achten, daß der Provider im Bereich des jeweiligen Ortsnetzes liegt, da ansonsten erhebliche Gesprächsgebühren anfallen können.

Die folgenden Tabellen beziffern den Tarif für Ortsgespräche und Gespräche in der Region 50 der Deutschen Telekom (Stand: April 1997) pro Stunde.

<table>
<tr><td rowspan="5">Abbildung:
Telekom-Gebühren
im Ortsbereich</td></tr>
</table>

Zeit:	Tarif pro Stunde:
21:00 - 05:00	DM 1,80
05:00 - 09:00	DM 3,24
09:00 - 18:00	DM 5.64
18:00 - 21:00	DM 3,24

Abbildung:
Telekom-Gebühren
im Bereich
Region 50

Zeit:	Tarif pro Stunde:
21:00 - 02:00	DM 7,20
02:00 - 05:00	DM 4,80
05:00 - 09:00	DM 9,60
09:00 - 12:00	DM 16,68
12:00 - 18:00	DM 14,40
18:00 - 21:00	DM 3,24

Die Providergebühren decken den Service des ISP ab, also Gewährleistung des Internet-Zugangs, Abwicklung von Email etc. Die Angebote differieren hier zum Teil erheblich. Auch die Kostenstrukturen sind oft nicht auf den ersten Blick zu durchschauen.

Einige Dienste werden praktisch zum Nulltarif angeboten, besitzen jedoch schwache Services (wie z.B. Hotline) und schmale Datenleitungen. Andere bieten zwar hochperformante Leistung, sind aber verhältnismäßig teuer und lassen sich die Services entsprechend bezahlen.

Pauschalangebote
und Flat Fee

Die Abrechnung erfolgt entweder in Form einer Pauschalgebühr ('Flat Fee'), in der die Nutzung über einen unbegrenzten Zeitraum innerhalb dieses Monats möglich ist oder mit einer Grundgebühr und einer darin enthaltenen freien Nutzungszeit bzw. einer freien zu übertragenen Datenmenge. Wird diese überschritten, werden zeit- oder volumenabhängige Gebühren berechnet. Bestimmte Dienste werden teilweise separat aufgeführt, z.B.

Email oder auf einem Server des Providers abgelegte Nutzerdaten.

Neben der Nutzung des Internets bieten proprietäre Anbieter wie AOL, CompuServe oder Microsoft Network eigene Inhalte an. Reine Zugangsprovider im engeren Sinn ermöglichen lediglich typische Internet-Funktionalitäten wie Email oder FTP.

<table>
<tr><td>Abbildung: Vergleich der größten Online-Dienste</td></tr>
</table>

Kriterium	**T-Online**	**Compu-Serve**	**America Online**	**Internet**
Anzahl der Nutzer	1,2 Mio (D)	150.000 (D) 3,4 Mio (Welt)	130.000 (D) 3,5 Mio (USA)	2 Mio (D) 30-55 Mio (Welt)
Einwähl-knoten (D)	Bundes-weit	Bundes-weit	> 60 Knoten	Bundes-weit
Kosten für Internet-Zugang	5 Pf./min	Incl.	Incl.	Provider-abhängig
Schwer-punkte (inhaltl.)	Home-banking, Shopping	Datenbank, Mail, techn. Support	Unterhal-tung	Informa-tion, Kom-munikation
Kosten	50 DM einmalig, 8 DM /Monat, 2/6 Pf./min.	9,95 $/Mon. incl. 5 Stunden, dann 2,95 $/Std.	9,50 DM /Mon., incl. 2 Stunden, dann 10 Pf./min	ab 20 DM/Monat, Viele Vari-anten
Ab-rechnung	Telefon-rechnung	Kreditkarte/ Bankeinzug	Kreditkarte	Variabel

Für viele Unternehmen ist eine weltweite Präsenz im Internet ein neues Mittel im Wettbewerb. Weltweit dürfte die Anzahl der Provider bei mehr als 2.000 liegen. Das Angebot ist völlig undurchsichtig, und die Preise unterscheiden sich bisweilen um den Faktor 100.

Schon ab rund 20 Mark im Monat sind Angebote eines Hostings bei einem Provider möglich. Allerdings ist das Unternehmen dann nicht mit einem eigenen Domain-Namen, sondern als Untergruppe des Namens des Providers zu erreichen. Ein Beispiel ist die Adresse der SV Teleradio GmbH, die unter 'http://www.infothek.de/svteleradio' im Münchner Bürgernetz zu finden ist.

Namensgebung

Diese Namensgebung wirkt für viele Unternehmen nicht akzeptabel, außerdem hosten die Provider stets mehrere solcher Kunden auf einem Rechner; die unterschiedlichen Präsenzen müssen sich dann die zur Verfügung stehende Bandbreite und Rechnerhardware anderen virtuellen Servern teilen. Dies ist unter Sicherheits- und Geschwindigkeitsaspekten für professionelle Arbeit nicht sinnvoll.

Vorteile 'echter' Internet-Adressen

Eine echte Internet-Adresse mit eigenem Domain-Namen und IP-Adresse wirkt nicht nur professioneller, sondern ist auch unabhängig von der Adresse des Providers, so daß das Unternehmen diese auch bei einem Provider-Wechsel behalten kann.

Adre_-Registrierung

Für die Registrierung eines Domain-Namens bei der zuständigen Stelle, dem Network Information Center (NIC, in Deutschland DE-NIC), fallen zwischen 30 und 100 Mark pro Monat an. Günstiger sind Domains mit der Endung .com. Die Kosten liegen hier bei 100 Dollar (rund 160 Mark) für die ersten beiden und 50 Dollar (80 Mark) für jedes weitere Jahr. Allerdings suggeriert eine .com-Adresse ein englischsprachiges Angebot.

In der Regel ist es für Unternehmen günstiger, einen Server direkt beim Provider zu betreiben. Eine inhouse-Lösung erfordert eine Standleitung zum Provider, um den Server zu betreuen.

Standleitungen

Für eine solche Standleitung mit 64 KBit Bandbreite fallen 22,50 Mark pro Kilometer und Monat Telekom-Kosten an. Zusätzlich wird eine Grundgebühr von 385,- DM sowie eine einmalige Anschlußgebühr von 4.000,- DM berechnet. Diese Preise gelten im April 1997 für Standleitungen bis zu 15 km.

Beim Betrieb des Servers im eigenen Unternehmen müssen Einrichtungs- und laufende Kosten für Hard- und Software durch das Unternehmen selbst getragen werden.

Die Anbindung mit einer einfachen Standleitung gewährleistet keine Ausfallsicherheit bei Leitungsstörungen. Ein guter Provider hingegen ist über mehrere Leitungen angebunden, verfügt über eine automatische Backup-Leitung und hat Entstörverträge mit seinem Telekom-Dienstleister, die bei einem Ausfall schnelles Eingreifen sicherstellen.

Hosting im eigenen Unternehmen

Firmeninternes Hosting ist sinnvoll, wenn die Serverinformationen zum großen Teil innerhalb des Unternehmens abgerufen werden, wenn der WWW-Server auf Real-Time-Daten des Unternehmens angewiesen ist oder das Unternehmen selbst als Provider auftreten möchte. Die auf dem Server gespeicherten Daten können auch von außen aktualisiert werden, entweder per FTP oder in Form von Telnet.

Volumenabhängige Abrechnung

Beim Provider wird in der Regel das bewegte Datenvolumen ('Server Space') bezahlt. Da viele Unternehmen in der Anfangsphase die Nutzungsfrequenz ihres Angebots überschätzen, eine Erweiterung des verfügbaren Server Space jedoch leicht möglich ist, kann zu Beginn eines Dienstes ein geringes Volumen gemietet werden, das bei Bedarf aufgestockt werden kann.

Ein Beispiel für die Berechnung des benötigten Volumens: Die Homepage eines Internet-Dienstes umfaßt 25 kB und wird im Monat 4.000 mal abgerufen. Hierdurch ergibt sich ein abgerufenes Volumen von 100 MB. Folgeseiten sind meist weniger frequentiert und auch weniger aufwendig gestaltet. Geht man hier von 15 kB Volumen und einer Abrufzahl von 500 aus, so ergibt sich bei 15 Folgeseiten ein zusätzlicher Bedarf von 112,5 MB. Das gesamte benötigte Transfervolumen liegt dann bei 212,5 MB pro Monat.

Festpreisangebote

Viele Provider bieten neben Volumenpreisen auch Festpreise mit einem inkludierten maximalen Transfervolumen zum Kontingentpreis an. Die Preise für derartige Kontingente schwanken von Anbieter zu Anbieter.

Für kleine Web-Angebote werden außerdem pauschale Seitenpreise angeboten (Richtwert sind hier etwa 60,- DM pro Seite).

Ein weiteres Abrechnungsmodell verkauft Teile der durch den Provider angemieteten Leitungskapazität unabhängig vom Volumen, z.B. 64-kBit einer 128-kBit-Leitung.

Hosting in den USA

Neben deutschen Providern können auch amerikanische Anbieter direkt oder über Zwischenhändler von deutschen Unternehmen beauftragt werden. Deren Server sind meist schneller und preiswerter. Die Angebote beginnen hier bei weniger als 40,- DM pro Monat bei unbegrenztem Transfervolumen.

Nachteilig wirken sich hier die im Vergleich zu inneramerikanischen Netzen langsamere Anbindung an europäische Backbones und die fehlende Möglichkeit der Registrierung unter deutschen Domain-Suffixen aus.

Provider mit einer T1-Anbindung (1,5 MBit pro Sekunde) gehören in den USA zu den kleineren Anbietern; große Firmen sind in der Regel über eine T3-Leitung (45 MBit pro Sekunde) mit dem Internet verbunden.

Trace Routing

In einigen Fällen gibt der Provider den genauen Standort des Servers nicht bekannt. Der Kunde kann sich jedoch relativ einfach durch spezielle Tools Klarheit verschaffen. Sogenannte 'Trace Router' ermitteln den Verlauf der Transaktionen; als Ergebnis wird eine Liste aller beteiligten Rechner erstellt. In dieser ist abzulesen, in welchem Land der Zielrechner steht. Für Windows 95 ist ein passendes Werkzeug das Programm 'TRACERT', für OS/2 'Tracerte', für Unix ' Traceroute' und für das MacOS 'Mac TCP Watcher'.

Verwaltung von FTP-Servern

Die Verwaltung eines WWW-Servers erfolgt meist per FTP. Dabei lassen sich einzelne Dateien direkt auf den Webserver transferieren. Weitergehende Möglichkeiten, insbesondere für Arbeiten auf Verzeichnisebene, bietet ein Telnet-Zugang.

Nutzungsstatistik

Um den Erfolg einer Web-Präsenz beurteilen zu können, sind statistische Auswertungen nötig. Diese zählen bei allen Providern zum Leistungsumfang und umfassen eine Aufstellung der Abrufzahlen aller Dateien auf dem Server. Der Webserver generiert automatisch ein Log-File, in dem alle Zugriffe einschließlich der IP-Adresse des Abrufers, dem Namen der abgerufenen Datei sowie Zugriffsdatum und -uhrzeit aufgeführt sind. Für die Auswertung dieser Daten stehen spezielle Statistikwerkzeuge zur Verfügung.

Eine typische Dienstleistung ist ein Email-Dienst, der Emails unter der Adresse des Webservers empfangen kann, z.B. 'redaktion@sueddeutsche.de' für die Redaktion der Süddeutschen Zeitung. Auch die Weiterleitung von Email oder der Betrieb von Postfächern, die über POP3-Protokoll abgefragt werden können, wird als Zusatzleistung angeboten.

6.2.5   Netzproviding in Deutschland

In Deutschland wurde durch die Privatisierung der Universitätsprojekte EUnet und XLink 1992 beziehungsweise 1993 das Internet zum kommerziellen Netz. Zu Beginn des Jahres 1994 erschien der Provider MAZ (heute Internet Services - IS) am Markt.

Die Entwicklung des Providing-Marktes

Bis Anfang 1995 existierten nur wenige kleine unabhängige Provider, dann erfolgte der Auftritt des ECRC ('European Computer Research Center') in München als Großhändler von IP-Connectivity. Dadurch war eine globale Anbindung ohne eigenes Leitungsnetz auch für kleinere Provider möglich.

Die großen Anbieter

Seit 1996 beteiligen sich auch die großen Telekommunikationskonzerne am Internet-Geschäft. Die Telekom-Beteiligung 'DETECON' plant und realisiert einen leistungsfähigen IP-Backbone, der unter dem Namen 'T-Inter' vertrieben werden soll. Zu den ersten Kunden zählen das Microsoft Network, der WDR und das Metronet. Ähnliche Zielgruppen peilen auch Viag Interkom und die Vebacom an. Viag Interkom gehört als deutscher Vertriebspartner zu einem Joint-venture zwischen British Telecom und MCI.

Das innerdeutsche Frame-Relay-Netz (ein Frame-Relay-Netz stellt einen Netzzusammenschluß von mehreren Teilnetzen, den 'Frames' über Relais-Stationen dar) der Viag Interkom nutzt als Hauptknoten den 'Superhub' in Düsseldorf. Auch Vebacom möchte ihr existierendes Frame-Relay-Netz als IP-Backbone anbieten. Vebacom kooperiert hier mit Cable & Wireless.

EUnet gehört nach mehrmaligen Struktur- und Eigentümerwechseln zu 100 Prozent zum US-Provider UUNet, einer Microsoft-Beteiligung, MAZ hat den Bereich Internet-Dienstleistungen ausgegliedert und zu 75 Prozent an Thyssen Telecom verkauft. Im Zuge der Verschmelzung der Stahlkonzerne Thyssen und Krupp-Hoesch ist eine Weiterveräußerung dieser Anteile im Gespräch.

Kleine und mittelgroße Provider

Auf dem Markt dehnen sich mehr und mehr auch kleinere und mittlere Anbieter aus, z.B. das profi.net oder die Verlegervereinigung mbt online KG in Bayern. Letztere bietet den in ihr zusammengeschlossenen Zeitungsverlagen zentrale Internet-Dienstleistungen für deren Leser an. Allerdings steht zu vermuten, daß die Liberalisierung des Telekom-Monopols diese kleinen und mittelgroßen Provider auf lange Sicht in eine Preisfalle stürzen wird, da hier nicht wie bei den Großkonzernen entsprechende Reserven verfügbar sind.

Providing nach franchise-ähnlichem Prinzip

Für das Providing hat sich ein dem Franchising ähnliches Prinzip etabliert, bei dem die regionalen Einwahlknoten, die POP's, von mehr oder weniger unabhängigen Partnerfirmen betrieben werden. Die flächenmässige Verteilung ist nicht ausgewogen, die Abdeckung nimmt mit der Entfernung zu den Ballungsgebieten ab. Auch kann die Qualität eines Providers regional unterschiedlich sein.

Öffnung der proprietären Systeme zum Internet

Die wachsende Bedeutung des Internet im Vergleich zu den proprietären Diensten wie CompuServe, dem Microsoft Network, AOL oder T-Online zwingt diese dazu, ihre Netzwerke zum Internet zu öffnen und ebenfalls als Internetprovider aufzutreten. Auch interne Netze wie das Global Network von IBM werden Zug um Zug nach außen geöffnet. Zielgruppen sind zunächst Endverbraucher, in zunehmendem Maße aber auch Unternehmen, die über spezielle Firmentarife angebunden werden.

Die geschlossenen Systeme arbeiten bisher teilweise mit eigenen Standards und können die Internet-Protokolle derzeit noch nicht vollständig verarbeiten.

Email in proprietären Systemen

Diese Einschränkung ist bei der Informationssuche im Netz weniger deutlich, bei der Verarbeitung von Email hingegen arbeiten das Microsoft Network, AOL und CompuServe noch nicht mit dem Internet-Protokoll POP3 ('Post Office Protocol'). Daher kann der Anwender lediglich spezielle Email-Programme nutzen, die der jeweilige Netzanbieter zur Verfügung stellt.

Qualitätskriterien für Netzprovider

Wichtigstes Qualitätsmerkmal für die Geschwindigkeit ist der Datendurchsatz. Ausschlaggebend sind hier die Kapazität der Leitungen und die Auslastung zum Zeitpunkt der Nutzung. Sollte zwischen zwei Verbindungsknoten auf dem Weg vom Sender zum Empfänger ein Engpaß auftreten, sind die übrigen Teilabschnitte der Leitungsstrecke irrelevant.

Leitungskapazität

Ein Provider, der lediglich über eine 64-KBit-Leitung (Standard-ISDN) angeschlossen ist, verfügt kaum über Reserven für Lastspitzen. Gute Angebote setzen mindestens eine 2-MBit-Leitung voraus. Des weiteren sollte der Provider eine Backup-Leitung haben, die bei einem Ausfall der Hauptleitung automatisch aktiviert wird.

Weltweite Anbindung

Die Anbindung des Netzes des Providers an die weltweiten Leitungen sollte möglichst leistungsstark sein; hierzu gehören Verbindungen zum Wissenschaftsnetz und zum zentralen deutschen Knoten DE-CIX in Frankfurt am Main, über den die Mehrzahl der kommerziellen Provider ihre Daten austauscht.

Service und Ausfallsicherheit

Da die meisten Provider derzeit an den Grenzen ihrer Ressourcen arbeiten, müssen auch Service oder Ausfallsicherheit bei der Auswahl eine Rolle spielen. Je wichtiger der Internetzugang für ein Unternehmen ist, desto kritischer sind diese Punkte zu sehen. Ein Anhaltspunkt können Referenzlisten der beim jeweiligen Provider 'gehosteten' Kunden sein. Im Zweifelsfall lohnt es sich, den von nahezu jedem Provider angebotenen zeitlich begrenzten Testzugang in Anspruch zu nehmen und die Leistungsfähigkeit in einem realitätsnahen Betrieb zu prüfen.

6.3   Die Dienste des Internet

Basis- und
Werkzeugdienste

Je nach Einsatzgebiet werden die einzelnen Dienste innerhalb des Internet in Basis- und Werkzeugdienste eingeteilt. Unter Basisdiensten sind Telnet (Fernbedienung von Rechnern), FTP ('File Transfer Protocol' - Dateitransfer) und Email (elektronische Post) zu verstehen. Die neueren Werkzeugdienste sind vor allem Informationsrecherchesysteme (z.B. Gopher, Archie, das World Wide Web und WAIS) sowie spezielle Verzeichnisdienste zur Navigation im Internet. Einige Dienste wie X.500 sind vor allem im universitären oder Behördenbereich angesiedelt und besitzen für die Informationsindustrie nur untergeordnete Bedeutung.

Abbildung:
Übersicht über die
Dienste im Internet

Basisdienste	Werkzeugdienste		
	Diskussions-foren	Informations- und Recher-chesysteme	Verzeichnis-dienste
Telnet	News	World Wide Web	Finger
FTP	Mailing- und Diskussions-listen	WAIS	Whois/Whatis
Email		Gopher/ Veronica	X.500

6.3.1   Email

Email als
attraktiver Dienst

Elektronische Post ('Email') gehört wie Telnet oder FTP zu den Ursprungsdiensten des Internet. Schon zu Beginn der Vernetzung war Kommunikation via elektronischer Post eine der meistgenutzten Anwendungen und hat bis heute nichts von ihrer Attraktivität eingebüßt.

Zu den Charakteristika von Email gehören hohe Übertragungsgeschwindigkeit, Unabhängigkeit von der Anwesenheit des Empfängers, die Möglichkeit der Empfangsbestätigung, der Vorsortierung mittels Filterfunktionen und der automatischen Verarbeitung der versandten Information.

Nachrichtentausch in lokalen Netzen

Der einfachste Fall von Email ist der Austausch von Nachrichten unter Nutzern des gleichen Netzes, z.B. innerhalb eines lokalen Netzwerks. Sollen unterschiedliche Netze genutzt werden, ist ein Übergang über ein sogenanntes 'Mail-Gateway' erforderlich. Hierdurch wird ein übergreifender Zugriff auf alle durch das Internet erreichbaren Adressaten möglich.

Mailinglisten

Für die Verteilung von Email sind 'Mailinglisten' üblich, die es erlauben, Nachrichten an Teilnehmer von Diskussionen zu versenden und die jeder Diskussionsteilnehmer beim Eintritt in die entsprechende Diskussion erhält. Die Mailinglisten werden von Listserver-Programmen verwaltet. Interessenten erhalten von diesem Server eine Auswahl bestehender Listforen angezeigt und können sich dann per Email in eine oder mehrere dieser Listen eintragen lassen.

Das Problem der Adreß-Suche

Problematisch ist beim elektronischen Briefverkehr das Fehlen von Adre_büchern, so daß der Empfänger im Regelfall bekannt sein oder über eine Suchmaschine (wie z.B. in CompuServe) erfragbar werden muß. Die eigene Adresse ergibt sich aus dem 'Account', also dem Benutzername und dem Rechnernamen. Mit dem Benutzernamen ist eine Mailbox verknüpft, die auf einem Mailbox-Server angesiedelt ist. Der Name der Mailbox und des Mailservers ergibt, getrennt durch das Zeichen '@' ('at') die Mailadresse, z.B. 'meier@xyz.de'.

Adreßformate und -protokolle

Bei T-Online ergibt sich die Mailadresse aus der Telefonnummer einschließlich Vorwahl und der Verbindung zu T-Online, z.B. '082345678@t-online'. Da eine Möglichkeit gegeben ist, die Zahlen durch einen Namen zu ersetzen, kann auch eine Adresse wie 'fmeier@t-online' ermöglicht werden.

Bei CompuServe wird die individuelle CompuServe-Nummer verwendet, wobei das normalerweise enthaltene Komma durch einen Punkt ersetzt wird, z.B. '1004326.4324@compuserve.com'.

Für den Email-Transport wird das Protokoll SMTP (Simple Mail Transfer Protocol) genutzt. Das Standard-Email-Format überträgt Informationen im US-ASCII (RCF 822)-Textformat.

Sollen neben den reinen Textinformationen auch Bilder, Graphiken o.ä. per Email versandt werden, müssen diese von speziellen Programmen (wie 'uuencode') codiert und auf der Gegenseite decodiert werden. Neben diesem etwas umständlichen Verfahren wurde ein spezieller Standard, MIME ('Multipurpose Internet Mail Extension') entwickelt, der es erlaubt, nicht-textuale Daten als Anhang ('Attachment') der eigentlichen Mail beizufügen.

Sicherheitsaspekte

Die Sicherheit bei der Nutzung von Email kann durch zwei Maßnahmen erhöht werden: Verschlüsselung des Inhalts und Autorisierungsprüfung per digitaler Unterschrift. Beide Maßnahmen schützen jedoch nicht gegen beabsichtigtes oder fahrlässiges Löschen von Nachrichten.

Verschlüsselung

Für die Verschlüsselung werden zwei Schlüssel genutzt, ein öffentlicher und ein privater. Der Absender verschlüsselt die Email mit seinem privaten Schlüssel und dem öffentlichen des Adressaten. Der Empfänger kann die Email mit seinem privaten Schlüssel öffnen. Nur der Besitzer hat Zugriff auf seinen privaten Schlüssel, während die öffentlichen Schlüssel auf Schlüsselservern abgelegt sind.

Digitale Signatur

Eine digitale Unterschrift ermöglicht es, zu prüfen, ob Absender und Email korrekt sind. Die Nachricht wird hierbei in normaler sichtbarer Form übermittelt, die Unterschrift ist codiert. In diesem Code sind die Anzahl und Struktur der Information verschlüsselt enthalten, wodurch eine Kontrolle auf Richtigkeit von seiten des Empfängers möglich ist.

Die Verschlüsselungsalgorithmen verbinden auf der Grundlage komplizierter kryptographischer Verfahren geheime und öffentliche Schlüssel. Ein in den USA weit verbreitetes Freeware-Programm für die Verschlüsselung ist PGP ('Pretty Good Privacy'), das allerdings aufgrund eines Patentschutzes und der amerikanischem Kriegswaffenkontrollgesetze außerhalb der USA nicht erhältlich ist.

6.3.2   Usenet

Anfang der achtziger Jahre entstanden neben dem Arpanet auch eine Reihe weiterer Netze, die kein Bestandteil des Internet waren. Die Verbindung zwischen diesen Netzen (z.B. dem BITNET oder dem CSNET) und dem Internet wurde auf der Basis des

Unix-to-Unix-Copy Protokolls ('UUCP') geschaffen. UUCP-Netzwerke bestehen aus einem zentralen Rechner und den verschiedenen Teilnehmersystemen und werden unter dem Begriff USENET ('Users network') zusammengefaßt.

Kommunikation im USENET

Ähnlich wie Mailinglisten erlauben die Diskussionsforen des USENET Kommunikation zwischen einzelnen im Netz befindlichen Rechnern, wobei die Nachrichten auf zentralen News-Servern abgelegt werden. Um auf die Nachricht zuzugreifen, muß der einzelne Nutzer diese von einem derartigen Server mittels eines 'News-Readers' abrufen. Diese Funktionalität ist entweder im Browser (z.B. Netscape 'Navigator') integriert oder ist in der vom Provider gelieferten Zugangssoftware enthalten.

Newsgroups

Innerhalb des News-Servers sind zusammenhängende Themenbereiche in 'Newsgroups' geordnet. Die Nachrichten werden nur zeitlich begrenzt gespeichert, um das Datenvolumen gering zu halten, wobei die Dauer der Speicherung je nach Kapazität des NNTP-Servers bis zu mehreren Monaten festgelegt werden kann. Einige Gruppen erlauben die Ablage der Artikel als per FTP abrufbare Dateien.

Gateways und Protokolle

Zwischen dem USENET und dem Internet sind Gateways als Übergangspunkte eingerichtet, da auf beiden Seiten Newsgroups zu finden sind. Um an einer Newsgroup teilzunehmen, aktiviert ('abonniert', 'subscribe') der Nutzer den Zugriff auf die entsprechende Newsgroup in seinem News-Reader, um sich aus der Newsgroup abzumelden, wird im Newsreader - nicht auf dem Server - der Dienst abbestellt ('unsubscribe').

Die einzelnen USENET-Server werden von News-Administratoren verwaltet, die untereinander in eigenen Newsgroups kommunizieren. Der Abgleich unterschiedlicher News-Server untereinander wird als 'News-Feed' bezeichnet. Die Newsgroups setzen sich aus Ansammlungen von Artikeln (Email-Nachrichten im speziellen Format RFC 977 NNTP, Network News Transport Protocol) zusammen, das neben dem UUCP verwendet wird.

Die Newsgroups sind in drei Haupthierarchien gegliedert: Die 'Mainstream Hierarchie' behandelt in sieben Hauptgruppen weltweit relevante Themen; zu den 'Alternativen Hierarchien' gehören Spezialthemen von weltweiter Bedeutung, und in den 'Regionalen Gruppen' werden einzelne Länder betreffende Themen diskutiert.

6.3.3   Dateitransfer (FTP)

Das Prinzip von FTP

FTP ('File Transfer Protocol') steht synonym für einen Internetdienst und für das dafür genutzte Protokoll. Der Dienst erlaubt die Versendung und den Empfang von Dateien per Internet. Dabei kann sich entweder ein Anwender Dateien von einem anderen Rechner 'abholen' oder sie verschicken. Der jeweils aktive Teil, also der, der die Übertragung auslöst, wird als FTP-Client bezeichnet. Der FTP-Server, also der Rechner, von dem die Dateien abgeholt werden, nimmt die Kommandos des FTP-Clients entgegen und arbeitet sie ab, indem er beispielsweise die Dateiübertragung startet. Meist arbeitet der FTP-Server unter dem Betriebssystem Unix.

Arten der FTP-Zugriffe

Ähnlich wie bei Telnet wird für den Zugriff auf den Host (also den FTP-Server) ein Paßwort und der Name benötigt. Oft wird als Name jedoch ein allgemeingültiges 'anonymous' genutzt, als Paßwort die Email-Adresse. Hiermit ist es nicht möglich, individuelle Zugriffsrechte zu nutzen, diese Vorgehensweise ist jedoch gerade für das Herunterladen ('Downloading') von für die Allgemeinheit nützlichen Dateien (z.B. Software-Updates) vorteilhaft.

Die gegensätzliche Vorgehensweise, das Laden von Dateien auf einen FTP-Server ('Uploading') ist demgegenüber meist nicht mit einem 'anonymous'-Paßwort möglich.

Der Übertragungsvorgang

Beim Übertragungsvorgang werden zwei Kanäle genutzt, ein Kommunikationskanal, auf dem die Paßwortabfragen und die Kommandoübertragung erfolgt und den eigentlichen Übertragungskanal, auf dem die Daten transportiert werden. Die Befehlssyntax hängt von der auf den beiden Kommunikationspartnern installierten Übertragungsprogrammen ab. Sollten Server und Client mit unterschiedlichen Betriebssystemen arbeiten, ist es möglich, die Dateien während der Übertragung entsprechend der jeweiligen Namenskonvention umzubenennen. Bei der

Übertragung können Wildcards verwendet werden. Ein Transfer kompletter Verzeichnisse ist nicht möglich, sie können jedoch erstellt, gelöscht oder umbenannt werden.

FTP-Formate

Die Übertragung kann entweder im ASCII- oder im Binärformat erfolgen. Beim Transfer im Binärmodus sind Quell- und Zieldatei vollkommen identisch, der ASCII-Modus ist für Textdateien einzusetzen. Hierbei wird durch FTP bei der Übertragung zwischen unterschiedlichen Rechnerplattformen die entsprechend dem Ziel-Betriebssystem nötige Zeichenkonvertierung durchgeführt, was die ASCII-Übertragung im Vergleich zur binären langsamer macht. ASCII-bewirkt eine Fehlinterpretation von nicht im US-ASCII-Zeichensatz enthaltenen Buchstaben, Ziffern und Sonderzeichen, wie z.B. dem 'ß'.

6.3.4   Archie

Datenbanksuche mit Archie

Archie ist ein von kanadischen Programmierern entwickeltes Programm, das die große Anzahl der anonymen FTP-Server durchsucht und in einer Datenbank auflistet. Neben den reinen Dateinamen werden auch Zusatzinformationen aufgenommen, die eine Identifikation der Datei erleichtern.

Die in der Archie-Datenbank enthaltenen Informationen können entweder per Telnet oder über einen Archie-Client abgerufen werden; außerdem besteht die Möglichkeit, über Email eine Suchanfrage an die Datenbank zu schicken. Da auf allen Archie-Servern die gleiche Information liegt, ist es sinnvoll, den lokal nächsten für die Suche auszuwählen.

Im World Wide Web des Internet ist der Dienst Archie unter der Adresse 'http://ftpsearch.ntnu.no/ftpsearch' verfügbar.

6.3.5   Telnet

Fernsteuerung von Rechnern per Telnet

Einer der ältesten Dienste des Internet ist Telnet. Telnet ermöglicht die Steuerung eines entfernt stehenden Rechners durch einen anderen. Zur Anmeldung auf dem Fremdrechner ('Host') ist die Eingabe eines Paßwortes und des Namens erforderlich. Daraufhin wird der Zugriff auf einen vom jeweiligen Systemadministrator für diese Konfiguration freigegebenen Bereich des

Fremdrechners erlaubt. Dieser Vorgang wird als 'Einloggen' bezeichnet. Der zugreifende Rechner fungiert als Terminalrechner.

Im Gegensatz zur Client-Server-Anwendung wird bei Telnet jede
Anweisung auf dem Host ausgeführt, also die Leistungsfähigkeit
des Fremdrechners benutzt. Entsprechend benötigt der Terminalrechner keine große eigene Rechenkapazität.

Abbildung:
Nutzung mehrerer
Hosts von einem
Telnet-Rechner aus

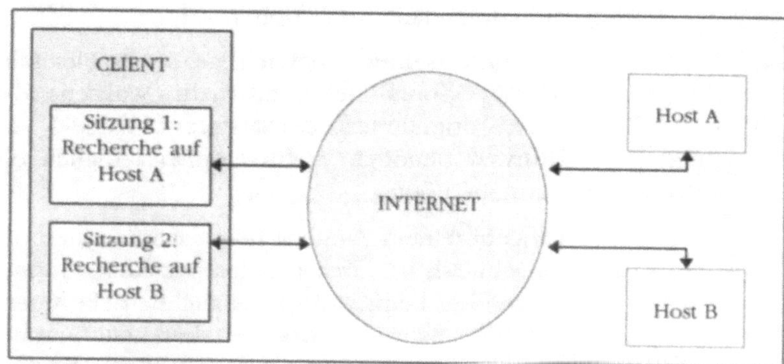

Terminaltypen

Da auf einen Fremdrechner mehrere Telnet Anwendungen zugreifen können, muß die jeweilige Terminalkonfiguration bekannt sein. Typische Terminaltypen sind 'VT100' oder 'ANSI'. Am
Ende einer Telnet-Sitzung muß dem Fremdrechner das Verlassen
mittels einer Logout-Prozedur mitgeteilt werden.

6.3.6   Gopher

An der Universität von Minnesota wurde 1991 der Dienst
'Gopher' entwickelt, der ursprünglich als universitäts-internes
Informationssystem dienen sollte. Der Name lehnt sich an das
Nationaltier von Minnesota, eine Beutelratte an, teilweise wird
auch die Abkürzung des Ausdrucks 'go for it' als Quelle genannt.

Gopher als
menüorientiertes
Informationssystem

Gopher ist ein verteiltes Informationssystem, mit dem sich weltweit Informationen anbieten und lesen lassen. Es ist als Me-
nüsystem organisiert und bietet Zugriff auf Verzeichnisse und
Dateistrukturen aller in diesem Dienst durch das Internet erreichbaren Rechner. Textinformationen sind in ASCII-Format ge-

speichert, darüber hinaus ist die Übertragung beliebiger anderer Dateiarten (Bilder, Audio- und Videosignale) möglich.

Zurückgehende Bedeutung

Das in Gopher genutzte 'Internet Gopher Protocol' basiert auf TCP/IP. Gopher wurde 1994 und 1995 weltweit verfügbar gemacht und hatte Ende 1995 eine Größe von 5.000 Servern erreicht. Hauptunterscheidungsmerkmal zwischen Gopher und dem World Wide Web ist das Fehlen von Hypertext-Funktionalitäten bei Gopher.

Aufgrund seiner erheblich größeren Flexibilität verdrängt das WWW Gopher mehr und mehr. Während das WWW ein graphisch orientiertes Betriebssystem für die Nutzung der Standard-Browser benötigt, ist für Gopher lediglich ein einfaches Text-Terminal nötig.

Die auf einem Gopher-Server verfügbaren Informationen sind ausschließlich durch einen speziellen Gopher-Client abrufbar. Passende Clients stehen für alle Betriebssysteme zur Verfügung. Für die Suche in Gopher stehen mit 'Veronica' und 'Jughead' zwei Retrievaldienste zur Verfügung. Beide bieten Stichwortsuche, jedoch keine Volltextretrieval.

Stichwortsuche mit Veronica und Jughead

Veronica ('Very Easy Rodent-Oriented Netwide Index to Computerized Archives') wurde an der Universität von Nevada eingerichtet und ist dort auch gehostet. Die dahinter liegende Datenbank wird permanent über FTP aktualisiert und enthält die Menüs der Gopher-Server, die nach Stichwörtern durchsucht werden können.

Einen ähnlichen Funktionsumfang besitzt auch der jüngere Dienst Jughead ('Jonzy's Universal Gopher Hierarchy Excavation And Display').

Volltextsuche mit WAIS

Volltextsuche in Gopher wird durch das System der Wide Area Information Servers ('WAIS') angeboten, das ähnlich wie der im FTP-Bereich verbreitete Dienst Archie arbeitet.

6.3.7 Internet Relay Chat (IRC)

Neben dem USENET und der elektronischen Post entstanden sogenannte 'Chat-Rooms'. Chat (wörtlich 'Geplauder') ist eine direkte Kommunikation in Form eines Gesprächs, das sich je nach Leistungsfähigkeit der verbundenen Rechner von Textmitteilungen bis hin zu Videokonferenzen erstreckt.

Kommunikation per Tastatur

Internet Relay Chat ('IRC') ist eine einfache Form der Unterhaltung per Tastatureingabe, wobei neben dem Namen und Vornamen auch die der Email-Adresse und ein 'Nickname' ('Spitzname') benutzt wird, unter dem die Unterhaltung stattfindet. Das 'Chatten' erfolgt ohne Moderation in einem Dialogfenster, der Beitrag eines jeden Teilnehmers erscheint in den Dialogfenstern aller beteiligten Chatter.

Organisation von Chats

Die technische Organisation der Gesprächsrunden basiert auf speziellen auf IRC-Servern, die Teilnetze innerhalb des Internets bilden, z.B. das EFNet oder das Undernet. Das Chatten findet in einzelnen Kanälen ('Channels') statt, meist ergibt sich schon aus dem Namen des Kanals ein Hinweis auf dessen Inhalt, z.B. '#Beatles', ein Kanal, in dem Beatles-Anhänger kommunizieren.

Neben dem IRC wurden weitere Möglichkeiten der Unterhaltung inner- und außerhalb des WWW entwickelt, z.B. Cool-Talk, ein System, das auf einer mit dem Browser Netscape Navigator ausgelieferten Anwendung basiert.

6.3.8   Das World Wide Web

Das WWW als Client-Server-System

Das World Wide Web ('WWW') wurde 1991 am Genfer Forschungsinstitut CERN als Möglichkeit des plattformunabhängigen Datenaustauschs zwischen verschiedenen Forschungseinrichtungen entwickelt. Das WWW basiert auf Client-Server-Architektur und war anfangs lediglich in der Lage, Textinformationen verfügbar zu machen.

Die Client-Server-Architektur unterschiedet zwischen Servern und Clients. Am Clientrechner werden Eingaben gemacht, die als standardisierte Abfrage dem Serverrechner zugeleitet werden. Dieser schickt die Abfrageergebnisse unformatiert an den Client zurück, wo sie durch die dort vorhandenen Anwendungen in das gewünschte Format gebracht, angezeigt und abgespeichert werden können.

Im Gegensatz zur Host-Architektur, bei der lediglich die Eingabe und Anzeige der Daten auf dem entfernten Rechner stattfindet, die eigentliche Verarbeitung jedoch auf einem Zentralrechner, ist hier eine Arbeitsteilung realisiert.

Das WWW als verteiltes, hypertextfähiges Netz

Das WWW arbeitet als verteiltes multimediales Hypertextsystem. Die Daten liegen verteilt, also auf vielen unterschiedlichen Rechnern vor und können multimediale Elemente enthalten.

Graphische Darstellung im Browser

Um ein WWW-Dokument anzeigen zu können, wird ein Browser benötigt. Der erste Browser wurde 1993 von Tim Berners-Lee für NeXT-Computersysteme entwickelt, war zeichenorientiert und ohne graphische Oberfläche. Für Macintosh und MSDOS-PC's wurde kurz darauf der NCSA-Browser vorgestellt, es folgten die graphischen Browser Netscape 'Navigator' und Microsoft 'Internet Explorer'.

Aufgrund der einfachen Bedienung und der überwältigenden Menge der verfügbaren Information nahm das WWW einen großen Aufschwung und wird heute beinahe synonym zum Internet genannt.

Navigation im WWW

Für die Navigation im WWW besitzt jedes WWW-Dokument eine kennzeichnende URL ('Uniform Ressource Locator'), der neben dem Namen des Internet-Dienstes den Domain Name und den genauen Pfad enthält. Ein typisches Beispiel für eine URL ist

'http://www.sueddeutsche.de/aktuell/index.htm' ,

also ein Dokument im WWW auf der Domain 'sueddeutsche.de' mit der Dateibezeichnung 'index.htm', das im Verzeichnis 'aktuell' liegt. Die Formulierung 'http' bezeichnet das 'Hypertext Transfer Protocol', das auf TCP/IP aufbaut.

Abbildung: Aufbau einer URL

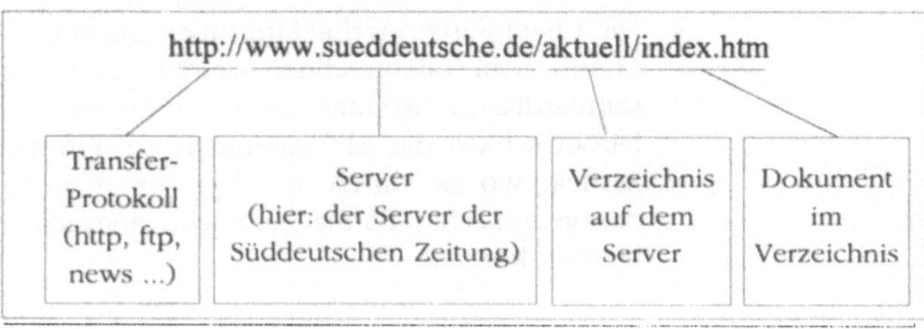

Die Hypertextsprache HTML	HTML ('Hypertext Markup Language') stellt als Strukturbeschreibungssprache eine DTD des schon beschriebenen SGML dar. Ein HTML-Dokument besteht grundsätzlich nur aus ASCII-Text, multimediale Elemente werden extern eingebunden. Die Formatierung erfolgt mit Hilfe von 'tags' , wobei jeweils Beginn und Ende der Formatierung angegeben werden.

6.3.9   Applikationen im WWW

6.3.9.1   Server

WWW-Server-Plattformen

Wenn Informationen im WWW verfügbar gemacht werden sollen, ist es notwendig, einen WWW-Server (also die entsprechende Hard- und Software) zu installieren. Der Server nimmt Anfragen von WWW-Clients an, bearbeitet sie und überträgt die Ergebnisse zurück an den Client. Für alle im WWW nutzbaren Plattformen (Windows, Windows NT, UNIX, Macintosh etc.) werden spezielle Server angeboten. Einige dieser Anwendungen lassen sich kostenlos von FTP-Servern herunterladen und müssen dann entsprechend den gewünschten Aufgabenstellungen installiert und konfiguriert werden.

Beim Konfigurationsvorgang werden der öffentliche Bereich der Festplatte des Serverrechners festgelegt und die entsprechenden Zugriffsrechte vergeben. Die Installation, Konfiguration und die Vergabe der Zugriffsrechte wird durch den 'Webmaster' realisiert. Für die Konfiguration werden entweder eine spezielle Konfigurationssoftware oder (wesentlich umständlicher) Texteditoren eingesetzt.

6.3.9.2   Browser

Browser stellen die Abfragen an die WWW-Server zusammen und ermöglichen die Anzeige der Ergebnisse auf dem Rechner des Benutzers. Die Installation der Browsersoftware ist wesentlich benutzerfreundlicher als die eines WWW-Servers. Die Browseranwendungen können zum Teil über das Netz kostenlos heruntergeladen werden, sind aber auch käuflich erhältlich und unterscheiden sich in Funktionalität, Bedienung und der Art der Darstellung der HTML-Dokumente.

<table>
<tr><td>Aktuelle
WWW-Browser</td><td>Der am weitesten verbreitete Browser ist Netscape Navigator, der bis vor kurzer Zeit kostenlos angeboten wurde. Der Navigator erhält durch den weiterhin kostenfrei erhältlichen Microsoft Explorer allerdings zunehmend Konkurrenz, da die Funktionalitäten der Produkte sehr ähnlich sind.</td></tr>
</table>

Aktuelle Versionen beider Browser erlauben neben der Darstellung von HTML-Dokumenten auch die Nutzung von JAVA-Scripten, die als kleine Anwendungen Animationen oder Tikkermeldungen in Dokumenten erlauben.

6.3.9.3 Globale Suche über Search Engines

Die Menge der im WWW erreichbaren Information führt zu einer zunehmenden Unübersichtlichkeit des Netzes. Neben der Möglichkeit, im Browser 'Bookmarks', also Merker auf interessante Seiten zu legen, wurden leistungsfähige Suchmaschinen entwikkelt, die große Bestände von URL's anhand der Vorgaben des Nutzers durchforsten können.

Prinzipiell suchen diese Rechner in Stichwortlisten, die für alle dem System bekannten URL's angelegt wurden und geben die Ergebnisse in Listenform aus. Die Stichwortlisten werden entweder automatisch oder manuell angelegt, die Suchmaschinen finanzieren sich durch Werbeeinnahmen.

Wichtige
Suchmaschinen

Die bekanntesten unter der Vielzahl der inzwischen eingerichteten Systeme sind YAHOO!, Lycos und Alta Vista. Da sie nach unterschiedlichen Mechanismen arbeiten, sind Suchergebnisse nicht gleich, und es ist für den Nutzer sinnvoll, in mehreren Suchmaschinen zu recherchieren.

Übergreifende
Suche mit Meta-
Suchmaschinen

Eine Suche über mehrere Suchmaschinen hinweg kann durch die Nutzung sogenannter 'Meta'-Suchmaschinen erfolgen, die eine Anfrage an unterschiedliche Suchmaschinen stellen und die Ergebnisse übergreifend darstellen. Ein Beispiel für eine Meta-Suchmaschine ist 'http://meta.rrzn.uni-hannover.de/'.

<table>
<tr><td rowspan="2">Abbildung:
Suchmaschinen im
Internet</td><td>Name der Suchmaschine</td><td>WWW-Adresse</td></tr>
<tr><td>Aladin (d)</td><td>http://www.aladin.de</td></tr>
<tr><td></td><td>AOL Internet Katalog (d)</td><td>http://germany.web.aol.com/
katalog</td></tr>
<tr><td></td><td>Crawler.de (d)</td><td>http://www.crawler.de</td></tr>
<tr><td></td><td>Dino Online (d)</td><td>http://www.dino-online.de</td></tr>
<tr><td></td><td>Flipper (d)</td><td>http://www.dino-online.de</td></tr>
<tr><td></td><td>Web.de, Deutschland im
Internet (d)</td><td>http://web.de</td></tr>
<tr><td></td><td>WebIndex (d)</td><td>http://www.webindex.de</td></tr>
<tr><td></td><td>Yahoo! Deutschland (d)</td><td>http://www.yahoo.de</td></tr>
<tr><td></td><td>AltaVista (int.)</td><td>http://altavista.digital.com</td></tr>
<tr><td></td><td>Excite (int.)</td><td>http://www.excite.com</td></tr>
<tr><td></td><td>Lycos (int.)</td><td>http://www.lycos.com</td></tr>
<tr><td></td><td>Yahoo! (int.)</td><td>http://www.yahoo.com</td></tr>
</table>

6.4   Sicherheit im Netz

Internet-Anbindung
und Sicherheits-
bedenken

Viele Unternehmen haben Sicherheitsbedenken bei der Entscheidung für eine Anbindung des internen lokalen Netzwerks an das Internet. Die Furcht vor dem Eingriff Fremder in die eigene Datenhemisphäre ist dabei so groß, daß oft eine selbstgewählte Diaspora in Kauf genommen wird, die den kommunikativen Anschluß an die globalen Datenbeständen verhindert. Es stehen zum Schutz gegen die gefürchteten Fremdzugriffe unterschiedliche vorgelagerte Sicherheitssysteme, sogenannte Firewall-Systeme, zur Verfügung, die das Eindringen Unbefugter wirksam verhindern können.

Auch ohne Einsatz einer Firewall lassen sich Einzelplatzrechner innerhalb eines Unternehmens in hohem Maße sicher mit dem Internet verbinden. Dies setzt jedoch optimale Konfiguration des einzelnen Platzes und konsequente Erfüllung der entsprechenden Richtlinien durch jeden Benutzer voraus. Trotz aller Vorsicht werden jedoch bestimmte unternehmensinterne Systemressourcen (z.B. ein vernetztes Redaktions- und Archivsystem) angreifbar gemacht.

Sicherheit von
stand-alone-
Rechnern

Die Lösung des Problems besteht prinzipiell in der zentralen Anbindung der einzelnen Rechner an das Internet und einer Sicherheitseinrichtung zwischen diesem Rechner und dem Internet. Diese Firewall kontrolliert dann den gesamten Datenaustausch des Unternehmens-LAN mit dem Internet.

Die einzelnen Komponenten eines sinnvollen Sicherheitskonzeptes ergeben sich aus den individuellen Kommunikationsvorgängen, die durch eine Anbindung an das Internet von den einzelnen Nutzern benötigt werden. Die Firewall-Lösung wird entsprechend diesen Vorgaben konzipiert.

Hierbei ist zu berücksichtigen, welche Internet-Dienste von den Anwendern innerhalb des Unternehmens genutzt werden sollen (HTTP, FTP, News und DNS) und welche Bereiche des LAN für externen Zugriff (z.B. Dateitransfer) zugänglich sein sollen. So ist es beispielsweise möglich, Downloads (FTP GET), aber keine Uploads ins Internet (FTP PUT) zuzulassen.

6.4.1   Paketfilterung und Adre_transformierung

Filterung
eingehender Daten

IP-Router, die konfigurierbare Paketfilter besitzen, können einzelne Datenpakete anhand bestimmter, durch das Unternehmen definierter Filterungsregeln (Access Control List) prüfen und gegebenenfalls ablehnen. Diese Filterung ist bei komplexeren Internet-Protokollen wie z.B. FTP nur aufwendig zu pflegen und versagt bei Protokollen, die keine paketorientierte Überwachung des Datenflusses nötig machen. Die Paketfilterung ist in bezug auf Verarbeitungsgeschwindigkeit hochperformant und verhält sich gegenüber dem lokalen Netz vollkommen transparent.

Konvertierung
interner Adressen

Um den Zugriff externer Rechner auf einzelne interne Netzknoten zu verhindern, ist es erforderlich, den Firewall-Rechner als einzigen Ausgangspunkt aller Kommunikationsaktivitäten des gesamten Netzwerks festzulegen. Dazu werden die Adressen der internen Knoten im Firewall-Gateway abgelegt und auf der eigenen Adresse abgebildet. Dieser Mechanismus wird als Übersetzung der Netzwerk-Adressen ('Network Adress Translation', NAT) bezeichnet.

Viele Firewall-Konzepte umgehen die Nachteile reiner Paketfilter-Lösungen durch den Einsatz von sogenannten 'Proxies'. Diese Vertreter übermitteln den Kommunikationswunsch des Clients und fungieren als 'Relais' gegenüber dem Internet. Damit taucht der eigentliche Client nicht mehr als Kommunikationsursprung auf. So ist keine spezielle NAT nötig, da der Client prinzipbedingt in der Kommunikation mit dem Internet nicht direkt in Erscheinung tritt.

6.4.2 Proxy-Lösungen

Die unterschiedlichen Proxy-Lösungen

Circuit-Level-Proxies unterscheiden die TCP-basierten Internet-Dienste aufgrund der Port-Nummer. Hier wird die Transportschicht ('Circuit Level') innerhalb des OSI-Referenzmodells genutzt. Der Client muß den Proxy hierbei gezielt ansprechen, daher muß der Internet-Protokoll-Stack (z.B. winsock.dll) einen dedizierten Eintrag für den entsprechenden Proxy enthalten oder die TCP/IP-Anwendung muß spezifisch angepaßt sein. Einige wenige Firewall-Server-Applikationen wie der BorderWare Firewall Server von Secure Computing besitzen transparentes Circuit-Level-Gateway, das keine Anpassung erfordert.

Application-Level-Proxies setzen auf die Anwendungsebene ('Application Level') des OSI-Schichtenmodells auf und bedingen eine Anpassung an das jeweilige Anwendungsprotokoll. Sie erlauben weitgehende Kontrolle, beispielsweise als 'HTTP-Proxy' die Sperrung einzelner URL's, als 'SMTP-Relay' die Konvertierung interner Mail-Adressen oder als 'Dual-DNS-Server' die Filterung einzelner DNS-Adressen.

Für HTTP, FTP und Gopher basieren die Application-Level-Proxies meist auf dem CERN-Standard, der auch von den meisten aktuellen Anwendungen genutzt wird. Jede neue Internet-Applikation erfordert eine Anpassung der Application-Level-Proxies. Insbesondere die ständig wachsende Anzahl von JAVA- und ActiveX-Komponenten läßt den Pflegeaufwand dieser Proxies anwachsen und öffnet Sicherheitslücken im Unternehmensnetz.

Viele aktuelle Firewall-Systeme bieten eine Kombination der drei Sicherungstechniken.

6.4.3   Überwachung von Sitzungen

Anwendungen zur Sitzungsüberwachung

Ein vollkommen anderer Mechanismus kommt beim System 'Firewall-1' des Marktführers Check Point zum Einsatz. Dessen 'Multilayer Stateful Inspection' prüft die einzelnen Datenpakete und die Statusinformationen jeder einzelnen Internet-Sitzung. Daher werden auch sitzungsbasierte Protokolle einbezogen. Die Überwachungsregeln werden in einer internen Programmiersprache beschrieben und können für neue Applikationen entsprechend schnell entwickelt werden. Mit dieser Technik kann auf die Anwendungsebene von HTTP, SMTP (Mail) und FTP zugegriffen werden.

Überwachung auf Betriebssystemebene

Auf Betriebssystemebene werden geschlossene, meist auf einem modifizierten UNIX-Kern aufgebaute und offene, auf Standard-Betriebssystemen basierende Firewall-Systeme unterschieden.

Während sich offene Systeme einfacher in bestehende Umgebungen integrieren lassen, aber auch gegenüber Zugriffen aus dem Betriebssystem offen sind, ist die erreichbare Sicherheit bei geschlossenen Umgebungen prinzipbedingt höher. Offene Systeme nutzen meist UNIX als Basis, allerdings nimmt die Zahl der auf Windows NT aufgebauten Lösungen entsprechend der wachsenden Verbreitung dieses Betriebssystems zu.

6.4.4   Organisatorische Konzeption

Protokollierung, Alarmorganisation und Verantwortlichkeiten

Alle Firewall-Systeme bedürfen aufgrund der ständig wachsenden Anzahl neuer Applikationen permanenter Pflege. Entsprechende Aufwände sind schon bei der Planung zu berücksichtigen. Die Pflege selbst erfolgt von sogenannten Management Konsolen aus. Wichtig ist die Protokollierung aller Kommunikationsaktivitäten des Systems und die Entwicklung eines Alarmwesens. Die Protokolle sollten dem Sicherheitsverantwortlichen direkt zur Verfügung stehen und entweder per Export in gängige Formate oder per Email abrufbar sein.

Die organisatorische Plazierung der Firewall erfolgt im klassischen Systemdesign vor der sogenannten demilitarisierten Zone ('DMZ'), wobei für die Server kein Schutz besteht. Die Installation des Servers auf dem gleiche Rechner wie die Firewall ist aus sicherheitstechnischen Gründen nicht zu empfehlen.

6.5   Internet und Intranet

6.5.1   Erstellen von Online-Dokumenten / HTML

Überblick über HTML

Die 'Standardsprache' des Internet ist HTML. HTML bildet im Grunde genommen eine spezielle Dokumenttypbeschreibung ('DTD') innerhalb der Dokumentenbeschreibungssprache SGML. Da es bereits ausführliche Beschreibungen der Sprachelemente und der Anwendung von IITML in der Literatur gibt, soll hier lediglich ein kurzer Überblick gegeben werden.

Formatierung mit tags

Ein HTML-Dokument ist grundsätzlich ein ASCII-Text, der die für eine übersichtliche Darstellung notwendigen Formatierungen in Form von 'tags' oder 'elements' enthält. Ein tag besteht immer aus einem einführenden '<'-Zeichen, der Formatierungsanweisung und einem beendenden '>'-Zeichen. Beispiel hierfür ist das tag '<B>', das für den folgenden Text die Formatierung 'bold', also 'fett' vorgibt. Die Wirkung eines tags erstreckt sich bis zu einem Schluß-tag (für dieses Beispiel '</b>').

Container als Strukturelemente

Ein tag-Paar und der darin enthaltene Text wird als 'Container' bezeichnet. Jedes HTML-Dokument sollte zumindest drei Container enthalten: '<html>' und '</html>' geben an, daß es sich um ein HTML-Dokument handelt. Durch '<head>' und '</head>' wird der Dokumentkopf, durch '<body>' und '</body>' der Textkörper gekennzeichnet. Durch den Browser wird lediglich der Text im 'body'-Container angezeigt, der 'head'-Container wird u.a. für die Darstellung der Titelzeile im Browser verwendet.

Überschriften werden durch 'Header'-tags (je nach gewünschter Anzeigegröße H1 bis H6) definiert, Absätze können mit Paragraphen-Containern ('<p>' und '</p>') eingefügt werden. Zeilenumbrüche können mit '<br>' erzwungen und horizontale Linien mit '<hr>' erzeugt werden. Für Aufzählungen, Tabellen und Listen sind spezielle tags vorgesehen. Bilder lassen sich durch Verweise auf die Quelldateien ('<img src = ...>') in HTML-Dokumente einfügen.

Einbindung von Hypertext-Funktionalitäten

Die herausragende Eigenschaft von HTML ist die Integration von Sprüngen ('Links') zu anderen Dokumenten und Zielen innerhalb einer HTML-Datei. Die Links werden als tags bzw. Container im Dokument definiert und im Browser je nach Einstellung durch bestimmte Formatierung (z.B. unterstrichen oder in einer anderen Farbe) kenntlich gemacht. Ist der Link bereits vorher genutzt worden, kann dies ebenfalls durch eine Formatierung angezeigt werden. Bei den verlinkten Dateien kann es sich um HTML-Dokumente, Bilder, Audio- oder Videodateien, FTP-Downloads usw. handeln. Sollte die jeweilige Datei im selben Verzeichnis wie die aufrufende stehen, so genügt es, den Dateinamen anzugeben, anderenfalls ist die komplette URL zu nennen, damit der Browser den Pfad zum Ziel findet.

Erstellung von HTML-Seiten

HTML-Seiten können mit einem einfachen Texteditor erstellt werden, wesentlich komfortabler und zeitsparender ist jedoch der Einsatz spezieller HTML-Tools. Neben WWW-Autorensystemen, die die Erstellung von Seiten teilweise im WYSIWYG-Modus ermöglichen, können HTML-Texte auch von Textverarbeitungsprogrammen wie Microsoft 'Winword 7' oder 'StarOffice 4.0' erzeugt werden.

Vorhandene Dokumente lassen sich durch Umwandlungs-Tools wie 'LaTeX2html' oder 'RTFtohtml' in HTML codieren. Um die syntaktische und semantische Richtigkeit zu prüfen wurden darüber hinaus eigene Validation-Tools entwickelt, die Fehler in HTML-Dokumenten erkennen und entsprechend kennzeichnen. Beispiele hierfür sind das 'HTML Check Toolkit' oder 'SGMLS'.

6.5.2 Kriterien zur Gestaltung von HTML-Seiten

Einige besondere Eigenschaften des Transportmediums Internet und des Dienstes WWW wirken sich auf die praktische Nutzung und die Gestaltung der Dokumente aus.

Dateigröße und Übertragungs- geschwindigkeit	Die Dateigröße hat einen erheblichen Einfluß auf die Dauer der Übertragung und damit die Nutzerfreundlichkeit eines WWW-Angebotes. Vor allem bei langsamen Modemverbindungen wirken sich große Dateien störend aus. Zudem nimmt die Lesbarkeit der Dokumente in der Regel mit steigendem Umfang ab. Es ist daher sinnvoll, große Dokumente zu vermeiden und die Inhalte auf mehrere aufeinander verweisende Dateien zu verteilen.
Einbindung von Graphiken	Graphiken und multimediale Elemente tragen wesentlich zum guten Aussehen von WWW-Dokumenten bei. Alle Bild- und multimedialen Daten enthalten jedoch große Datenmengen und verzögern den Aufbau der Seiten erheblich. Anzustreben sind kleine, komprimierte Graphiken und eine starke Nutzung der typographischen Möglichkeiten, die durch HTML geboten sind.
Style Guides	Nicht alles, was technisch möglich ist, trägt zu einer gelungenen HTML-Seite bei. In sogenannten 'Style Guides' ('Stilführern') sind Ratschläge zur Gestaltung von HTML-Seiten veröffentlicht; ein Beispiel ist unter 'http://www.boku.ac.at/htmleinf' im Internet zu finden.
Aufwand und Erfolg	Da die Erstellung der Seiten Kosten und Aufwände verursacht, ist bei der Planung zu berücksichtigen, ob der erzielte Effekt (Werbung oder Information) diese Aufwände rechtfertigt.

6.5.3.1   Die weitere Entwicklung: XML als neuer Standard?

Im November 1996 wurde durch das World Wide Web Consortiums (W3C) eine neue übergreifende Metasprache für Online-Publishing unter der Bezeichnung XML ('Extensible HTML') angekündigt.

Schwächen von HTML

Der bisherige Standard HTML hat sich in den vergangenen Jahren zwar etabliert, genügt allerdings den wachsenden Ansprüchen im Online-Bereich nicht immer. Die Menge und Definition der tags ist eng begrenzt, und erlaubt daher ist nur eine geringe Anzahl von Layoutvariationen.

Anbieter von Online-Applikationen entwickelten Erweiterungen für die Browser, sogenannte 'Plugins', die spezifische tag-Erweiterungen für den jeweiligen Browser anboten. Dies widerspricht jedoch dem Grundsatz der Softwareunabhängigkeit im WWW.

Keine hierarchische Suche in HTML

Außerdem erlauben es HTML-Dokumente nicht, nach Hierarchien durchsucht zu werden. Unterschiedliche Header-Auszeichnungen (z.B. H1 oder H2) werden zwar als Strukturelemente erkannt, jedoch nicht gegeneinander gewichtet. Daher ist in Online-Systemen ohne spezielle Indizierung lediglich Volltext-Recherche möglich. Die hohe Anzahl von verfügbaren HTML-Dokumenten macht das Gesamtsystem unter Retrieval-Gesichtspunkten schwerfällig.

XML erlaubt individuelle tags

XML stellt einen vereinfachten SGML-Dialekt dar und erlaubt Entwicklern die Definition eigener tags. Diese werden von geeigneten Browsern auch ohne zusätzliche Plugins verarbeitet. XML-Dokumente lassen sich nach der Relevanz bestimmter Inhalte durchsuchen.

Standardisierung von XML noch 1997 erwartet

Da XML eine Teilmenge von SGML dargestellt, ist eine Konvertierung von SGML-Dokumente in XML leicht möglich. Im Vergleich zu HTML ist die Funktionalität stark erweitert, gegenüber SGML ist XML erheblich einfacher aufgebaut. Die schlußendliche Etablierung von XML-Standards hängt davon ab, ob die führenden Browser-Hersteller Microsoft und Netscape XML in ihren Anwendungen unterstützen. Eine Entscheidung wird Mitte des Jahres 1997 erwartet.

6.5.3   Intranet - Das Internet im LAN

Als Intranet wird ein nicht öffentlich zugängliches Netz innerhalb eines Unternehmens bezeichnet, das die gleichen Dienste wie das Internet bietet und auf Internet-Protokollen und -anwendungen basiert.

Vorteile eines Intranet

Der große Vorteil gegenüber traditionellen Architekturen liegt in der Offenheit der Systeme. Da Internetstandards von einzelnen Hardwareplattformen und Betriebssystemen unabhängig sind, ist es möglich, einfacher und schneller plattformübergreifende Client/Server-Anwendungen zu implementieren. Die skalierbaren Internet-Technologien können sowohl im LAN als auch in WAN's eingesetzt werden.

Integration vorhandener Strukturen	Offene Standards erlauben hohe Flexibilität bei der Auswahl der Produkte. Im Intranet werden diese Standards durch preisgünstige und einfach zu nutzende Anwendungen wie Webserver und Web-Browser ergänzt. Mit dem als Client fungierenden Browser wird über den Webserver auf die verschiedenen Back-End-Daten wie Datenbanken oder übliche Groupware zugegriffen. Der Anwender muß lediglich den Browser bedienen können, um Zugriff auf Text-, Grafik-, Video und Audiodaten zu haben.

Im Vergleich mit proprietären Lösungen bietet die Nutzung dieser übergreifenden Technologie die Vorteile einer leichten Verbindung zu externen Stellen, der Standardisierung der benötigten Hard- und Softwarekomponenten und einer einheitlichen Benutzerführung bei der internen wie externen Kommunikation.

Positive Effekte für die interne EDV

Über den Intranet-Server stehen sämtliche firmenrelevanten Informationen an jedem Ort, zu jeder Zeit in der gleichen Version zur Verfügung, unabhängig von der Infrastruktur oder Hardware-Plattform am jeweiligen Firmenstandort. Hinzu kommen weitere für die Benutzer wie für die unternehmensinternen DV-Abteilungen positive Aspekte wie: kürzere Entwicklungszeiten, Weiterverwendung bereits implementierter und stabiler Applikationen, erhöhte Sicherheit und Zuverlässigkeit sowie vereinfachte Wartbarkeit und höhere Verfügbarkeit.

Groupware-Applikationen wie File Sharing, Remote Processing, Bulletin Boards oder der gemeinsame Termin- und Ressourcenkalender lassen sich ebenfalls über ein firmenweites Intranet nutzen.

Der Intranet-Server

Kernstück ist der Webserver, darüber hinaus als Proxy-Server betrieben und als Teil eines Firewall-Systems in das Sicherheitskonzept des Unternehmens einbezogen werden kann.

Da es für alle gängigen Betriebssysteme Internet-Browser gibt, ist der Zugang von beliebigen Endgeräten möglich. Die Erstellung der WWW-Seiten ist zum großen Teil mit gängigen Textverarbeitungssystemen oder mit speziellen, leicht zu bedienenden Editoren möglich, so daß der Nutzer sich nicht mit der eigentlichen HTML-Codierung befassen muß.

Internet-Dienste im internen Netz

Auch die neben dem WWW im Internet verfügbaren Dienste werden über Gateways in einem Intranet erreichbar. So kann das firmeninterne Mail-System mit Übergängen zu anderen Mailanwendungen versehen werden, was die sichere interne Informationsverbreitung und die Kommunikation mit anderen Internet-Nutzern möglich macht.

TCP/IP als Standardprotokoll

In den letzten Jahren wurden immer mehr Netzkomponenten in die unterschiedlichen Betriebssysteme integriert und das Protokoll TCP/IP eingebunden. Eine typische Entwicklung ist die Verschmelzung des Internet-Explorers mit dem betriebssystemeigenen Windows-Explorer in Windows 95. Hierdurch läßt sich ein leichter Datentransfer zwischen lokalen Anwendungen und im Internet verfügbaren Informationsquellen realisieren.

Standardsoftware im Intranet

Auch große Software-Hersteller beginnen, ihre Programme auf eine Nutzung im Intranet auszulegen. Die Firma Corel hat beispielsweise ein Office-Paket mit der Internet-spezifischen Programmiersprache Java entwickelt. Diese Applikation wird vom Browser aus bedient. Der Anwender schreibt hierbei die Briefe im Browser, während nur die gerade benötigten Software-Teile auf den lokalen PC heruntergeladen werden. Dadurch kann Festplattenkapazität eingespart werden; allerdings sind hier Abhängigkeiten vom Softwarehersteller gegeben, und diese Art der Nutzung von Microprogrammen ('Applets') innerhalb der Unternehmen ist noch sehr umstritten.

Nachteile der Intranet-Technologie

Neben den vielen Vorteilen eines auf Internet-Technologie basierenden unternehmensinternen Netzes sind jedoch auch einige Nachteile zu bedenken: HTML als Strukturbeschreibungssprache ist nicht leistungsstark genug, um robuste Client-Server-Applikationen zu entwickeln. Erfahrungen und Anwendungen für den Einsatz von leistungsfähigeren Standards wie Java fehlen derzeit noch. Traditionelle Groupware-Pakete sind ausgereifter und in ihren typischen Einsatzgebieten leistungsfähiger als Web-Lösungen. Außerdem kann die Neuimplementierung eines TCP/IP-Netzwerks zusätzliche Kosten verursachen.

6.5.3.1   Implementierung von TCP/IP

Gateways zu
internen Protokollen

TCP/IP muß innerhalb eines Intranet nicht das einzige Protokoll sein und ist es in der Praxis auch meist nicht. Falls ein paralleler Betrieb mit zwei Protokollen im LAN aus technischen, wirtschaftlichen oder organisatorischen Gründen nicht möglich sein sollte, können Gateways die Verbindung zwischen TCP/IP und einem anderen Netzwerk schaffen. Ein Beispiel dafür sind die Schnittstellen zwischen TCP/IP und dem IPX (Internet Packet Exchange) des Herstellers Novell.

Technische Voraussetzungen für ein Intranet sind die oft anzutreffenden sternförmigen Twisted-Pair-Topologien und, bei großen zu erwartenden Datenvolumina, Lichtwellenleiter im Backbone-Bereich. Zusätzliche Werkzeuge zur Überwachung und Verwaltung der eigenen Web Site sowie erweiterte Sicherheitsmechanismen, Search-Engines oder Verbindungstools für Datenbanken befinden sich im Lieferumgang kommerziell erhältlicher Webserver.

Bereits bei der Konzeption eines Intranet sind - analog zu traditionellen Netzwerktopologien - Mechanismen für die Vergabe und Verwaltung von Zugriffsrechten sowie eine einheitliche Nomenklatur vorzusehen.

Anbindung
vorhandener
Datenbestände

Bereits bestehende Dokumente können mit Konvertern wie 'HTML Transit' in dieses Format umgewandelt werden. Inzwischen sind integrierte Entwicklungssysteme wie etwa Microsoft 'FrontPage' oder Netscape 'LiveWire', mit denen sich Web-Sites inklusive Links planen, überblicken und realisieren lassen, auf dem Markt erhältlich.

Datenbankanbindung

Stehen Informationssysteme auf den Webservern zur Verfügung, können auch weiterführende Anwendungen implementiert werden. Grundsätzlich empfiehlt es sich, den Webserver an eine Dokumentendatenbank anzubinden, um dem Anwender leistungsfähige Such-, Ansichts- und Dokumentenverwaltungsfunktionalitäten zur Verfügung zu stellen.

6.5.5 Datenbankzugriff aus dem WWW

Wichtiger Bestandteil vieler Internet-Angebote ist eine integrierte Datenbank. Um den Zugriff auf den Datenbestand von einer HTML-Seite her zu ermöglichen, sind mindestens zwei Komponenten nötig: der Webserver, auf dem die HTML-Seiten gespeichert sind und der Datenbank-Server (oder Datenbank Management System, 'DBMS'), der den Zugriff auf die Daten ermöglicht.

**Abbildung:
Schema einer
Datenbankabfrage
mit CGI**

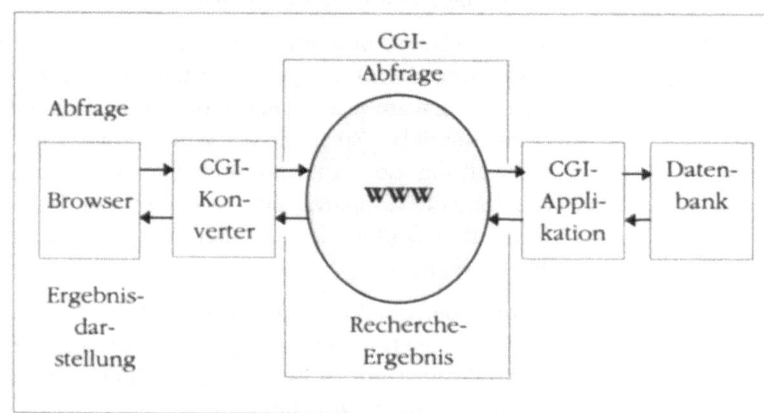

**Interaktion mittels
WWW-Datenbank-
Gateway**

Für die Interaktion zwischen diesen beiden Systemen ist ein Verbindungsprogramm, das WWW-Datenbank-Gateway nötig. Dieses Gateway wird oft durch ein CGI-Script ('Common Gateway Interface') realisiert. Das CGI-Script nimmt die durch die Eingabe des Benutzers im Browser formulierte Abfrage entgegen und sendet sie in einer definierten Form an den Datenbank-Server. Der Zugriff über CGI kann sehr langsam sein, daher ist bei der Formulierung der Abfragen darauf zu achten, die Scripten möglichst kompakt zu halten.

Zugriff über CGI

Für die Programmierung einer CGI-Schnittstelle werden Kenntnisse in HTML, sowie einer Programmierumgebung für die Erstellung des CGI-Scripts und der Datenbankzugriffs-Sprache (z.B. der Standard-Datenbankabfragesprache SQL) benötigt.

Weitere Datenbank-Applikationen

Neben dem Zugriff über CGI sind Lösungen verfügbar, die .dll' s oder integrierte Webserver-Funktionen für die Datenbankinteraktion nutzen. Diese besitzen in der Regel ein besseres Zeitverhalten, erfordern aber aufgrund der komplexeren Programmierung eine aufwendigere Programmierung. Viele dieser Applikationen benutzen den ODBC-Standard ('Open Database Connectivity') und vermögen damit, SQL-Statements zu generieren und zu verarbeiten. Aufgrund der Standardisierung von ODBC können diese Programme auf unterschiedliche Datenbanksysteme zugreifen und müssen nicht den jeweiligen Systembedingungen angepaßt werden.

Integrierte WWW-Datenbank-Server

Relativ neu sind integrierte Internet-/Datenbank-Server, die beispielsweise für Unix von der Firma Oracle oder von Microsoft unter dem Namen Internet Information Server ('IIS') angeboten werden. Hierbei sind man spezielle Kommandos für den Web implementiert, die den Direktzugriff auf den Datenbank-Server (zum Beispiel Microsoft SQL Server) ermöglichen. Für IIS-Nutzer stellt Microsoft eine Anzahl spezieller Server-Optionen zur Verfügung, wie die Einbindung von ActiveX, die den Zugriff auf den Datenbank-Server ermöglicht.

Access als günstige Lösung für kleine Datenbestände

Für Datenbanken geringen Umfangs (bis etwa 10.000 Datensätze) ist Microsoft 'Access' (unter Windows NT) eine günstige Lösung. Diese Anwendung ist weit verbreitet, im Programmpaket Microsoft 'Office Professional' enthalten und kann mittels eines kostenlosen Internet-Assistenten problemlos webtauglich gemacht werden.

Im Sharewarebereich sind ebenfalls einige DBMS-Applikationen zu finden. Beispielhaft seien hier nur 'WebBase' (in Perl geschrieben, geringer Speicherplatzbedarf, bescheidener Funktionsumfang und langsame Performance) und 'WWWData' (in C programmierte, relationale Datenbank, schnell, aber ohne bestimmte Extensions nur innerhalb des WWW nutzbar).

HTML- und CGI-Erstellung mit einer Anwendung

Auf dem Markt befinden sich einige Applikationen, die sowohl die Generierung von HTML-Seiten als auch von CGI-Scripten ermöglichen. Beispiel hierfür ist das Programm 'Cold Fusion'.

Cold Fusion liegt im Preisbereich von $ 500,- und läuft als CGI-Script. Der Zugriff auf die Datenbank ist hier in Form einer speziellen Database Markup Language ('DBML') konzipiert. Die DBML-Syntax orientiert sich stark an HTML und ist daher von HTML-Programmierern leicht erlernbar. Zwar werden immer noch Kenntnisse in SQL benötigt, es muß jedoch kein spezielles CGI-Know-how aufgebaut werden.

Performance-Unterschiede verschiedener Systeme

'Cold Fusion' ist keine integrierte Web-/Datenbank-Lösung wie etwa das erheblich teurere, dafür aber auch leistungsfähigere 'WebObjects' von Oracle, sondern lediglich ein CGI-Konverter, der über ODBC auf eine SQL-Datenbank zugreift. Eine native, also möglichst maschinennah programmierte Schnittstelle bringt in den meisten Fällen auf der Serverseite eine bessere Performance, während reine CGI-Scripten im Front-End, also bei der Benutzerschnittstelle, Geschwindigkeitsvorteile besitzen.

Ähnliche Funktionalitäten wie 'Cold Fusion' bieten auch die Produkte 'WebHub' (auf dem Datenbanksystem 'Delphi' aufbauend), 'WebDBC' (auch für Apple Macintosh erhältlich), 'Web2SQL' oder 'dbCGI' (eine Freeware für Unix und Windows NT).

6.5.6   Internet-Programmierung

Das Prinzip einer WWW-Interaktion

Für alle Interaktionen im WWW sind ein Client und ein Server notwendig. Wird im Browser (dem Client) eine URL eingegeben, kontaktiert dieser den Server. Vom Server wird die angeforderte HTML-Datei zum Client zurückgesandt und auf dem Bildschirm dargestellt. Interaktion zwischen Server und Client bedeutet, den Server zu veranlassen, ein zusätzliches Programm zu starten. Hierzu ist die Erstellung eines Programmes nötig, das in der Scriptsprache Javascript programmiert ist.

Programmierung mit Javascript

Javascript ermöglicht es, die darin enthaltenen Befehle auf einem Client auszuführen. Typische Beispiele sind Tickermeldungen, die auf Web-Seiten von Informationsdienstleistern laufen. Diese Ticker sind Miniaturprogramme, die mit der Seite zusammen übertragen werden und verzahnt mit einem javascript-fähigen Browser (z.B. Netscape Navigator 3.0) agieren. Javascript wird oft für Plausibilitätsprüfungen in Formularen verwendet. Ähnliche Funktionalitäten wie Javascript bietet das aus 'Visual Basic' aufbauende 'VBScript', das speziell für den Browser 'Microsoft

Explorer' entwickelt wurde. die Scriptsprachen sind ausschließlich auf solchen Browsern lauffähig, die für die jeweilige Sprache ausgelegt sind.

6.5.6.1   Programmierung in Java

Plattformunab-
hängige Anwendun-
gen durch JAVA

Die größte Bedeutung für die Programmierung von WWW-Anwendungen erlangte Java. Java ist plattformunabhängig und kann neben der Anwendung auf der Client-Seite auch auf einem Server ablaufen. Java besitzt den vollen Funktionsumfang einer Programmiersprache. Auf der Client-Seite sind die gleichen Einsatzmöglichkeiten wie mit Javascript gegeben, als Serverapplikation bietet einen es einen ähnlichen Umfang wie Programmierung in C oder C++. Es existieren Browser, die in Java programmiert wurden und Java-Anwendungen, die keinen Bezug zum WWW haben. Java-Programme werden unterschieden in kleine Miniaturprogramme, die 'Applets', welche auf der Client-Seite und größere Java-Applikationen, die auf dem Server laufen.

6.5.6.2   Programmierung von CGI-Scripten

Ablauf einer CGI-
Abfrage

CGI erlaubt dem Client, eine Anfrage an den Server zu schicken, damit dort ein Programm, das eigentliche CGI-Script, gestartet wird. Das CGI-Script ist ein ausführbares Programm, das die CGI-Anfrage, die vom Server kommt, verarbeiten kann.

Im ersten Aktionsschritt einer CGI-Transaktion stößt der Client auf dem Server die Ausführung des CGI-Programmes an. Dies erfolgt entweder durch die Übertragung einer URL oder durch ein Aktions-Attribut innerhalb eines HTML-Formulars. Der Server leitet diese Anfrage dann an das CGI-Script weiter. Die Ausführung ist von der Freigabe der Weiterleitung durch den Server abhängig.

Voraussetzung für die reibungslose Zusammenarbeit zwischen Client und Server sind die exakte Definition der Transaktion (Browser und Server müssen die gleichen Formulare unterstützen) und der Zugriffsregelung. Im CGI-Script müssen die genauen Anweisungen zur Verarbeitung der Eingabedaten und zur Erstellung der Ausgabeformate enthalten sein. Die Erstellungssprache des CGI-Skriptes (z.B. Perl oder C) ist dagegen unerheblich.

CGI als serverseitige Anwendung

Da CGI im Gegensatz zu Java auf der Serverseite angesiedelt ist, lassen sich hiermit Anwendungen wie z.B. einen Zugriffszähler realisieren, der bei Anklicken einer Seite um einen Wert erhöht dann zum Client zurückgesandt wird.

Statische und dynamische Seitenerstellung

CGI ermöglicht die Erstellung von Dateien und kann daher auch HTML-Dokumente erzeugen und diese dann an den Client zurücksenden. Außerdem können mittels HTML-Seiten 'on the fly' generiert werden. Hierdurch ist die Vorhaltung einer großen Anzahl von statischen HTML-Seiten unnötig, die Rückmeldungen können dynamisch aufgebaut und mit Informationen z.B. aus einer Datenbank gefüllt werden.

6.5.6.3 Serverseitige Scriptsprachen (Perl)

Zusammenspiel von CGI und Perl

Ursprünglich aus der Unix-Welt stammend wurde die Scriptsprache Perl einer der ersten Standards zur Programmierung innerhalb des WWW. Eine Anwendung ist die Programmierung von CGI-Scripten, welche auf der Serverseite laufen.

Perl ist leicht erlernbar und - im Gegensatz zu Java - nicht plattformunabhängig. Perl bringt beste Performance in Unix-Umgebungen, läßt sich aber auch mit Geschwindigkeitseinbußen im Window-NT-Welten einsetzen. Perl wird auch außerhalb des WWW eingesetzt, die Hauptanwendung ist jedoch die Einbindung in HTML-Dateien oder CGI-Programme.

Weitere Scriptsprachen

Neben Perl werden eine Vielzahl weitere Scriptsprachen benutzt. Apple Macintosh-Anwender verwenden als CGI-Script-Sprache häufig statt Perl das MacOS-eigene Scriptsystem 'AppleScript', Windows NT-User auch 'Visual Basic'. Einziges Kriterium für eine CGI-Sprache ist die Fähigkeit, die Ein- und Ausgaben im CGI-Format auszuführen. Java und C/C++ werden für zeitkritische Programmierung eingesetzt, da sie als Compilersprachen maschinennäher arbeiten als Interpretersprachen.

6.5.6.4	**Server Side Includes**

Parsing von
Dokumenten

Ähnlich wie CGI übergeben auch Server Side Includes (SSI's) Befehle an den Server, um spezielle Aktionen auszulösen. Server Side Includes veranlassen den Webserver, eintreffende HTML Dateien zeilenweise zu lesen und sobald eine SSI-Zeile auftaucht, die darin enthaltenen Befehle auszuführen. Dieser Parsing-Vorgang ist zeitaufwendig und erfordert genaue Einhaltung vorgegebener Nomenklaturen. Über diese können zu parsende Dokumente gezielt ausgewählt werden. Ein Server kann zum Beispiel darauf eingestellt werden, ausschließlich Dateien mit der Endung '.shtm' zu parsen.

Innerhalb der HTML-Datei sind die SSI's in genau definierter Form eingefügt (Beispiel: '<!--#exec cgi="/cgi-bin/hilfe.cgi"-->' oder '<!--#include file="neudatei.dat"-->').

Ein '#exec'-SSI veranlaßt die Ausführung eines CGI-Scripts, welches vor der weiteren Abarbeitung des HTML-Dokuments durch den Parser ausgeführt wird.

Erstellung
teildynamischer
Elemente

Ein '#include'-SSI fügt eine Datei auf der Server-Seite in eine HTML-Datei ein, hierdurch ist der leichte Austausch von Dokumentteilen in einer festen Struktur möglich. Ein Beispiel hierfür ist ein Straßenzustandsbericht, dessen Grundstruktur immer gleich bleibt, während die aktuellen Änderungen jeweils über die mit dem '#include'-Befehl aufgerufene externe Datei eingespielt werden.

6.5.6.5	**ActiveX**

ActiveX als proprie-
täre Lösung

ActiveX ist eine Entwicklung von Microsoft und kann ähnlich wie Java eingesetzt werden. Es ist grundsätzlich nur für 32bit-Windows-Umgebungen (also Windows 95 oder NT) einsetzbar, Portierungen auf das MacOS oder Unix sind wenig wahrscheinlich, auch 16bit-Windows (Windows 3.1 oder 3.11) werden nicht unterstützt.

Der Funktionsumfang innerhalb dieser Beschränkung ist enorm, Microsoft-Funktionalitäten wie OLE ('Overlay Linking and Embedding', ein Standard zur Kommunikation zwischen Anwendungen) sind ebenso integriert wie CGI-typische Arbeitsweisen.

Mit ActiveX ist es möglich, vom Server aus weitreichende Aktionen auf dem Client-Rechner zu starten. Daher wird der Einsatz von ActiveX aus Sicherheitsgründen äußerst kontrovers diskutiert.

6.5.6.6   Übersicht über WWW-Software

In der folgenden Tabelle ist eine kurze Übersicht über Webserver, HTML-Editoren und HTML-Konverter aufgeführt. Diese Tabelle wird auf der zu diesem Buch gehörenden Internet-Seite monatlich aktualisiert.

Abbildung:
Überblick über
WWW-Tools

Typ der Anwendung	Hersteller/ Name	Eigenschaften
Webserver	Netscape Enterprise-Server	- Hohe Performance, - Remote-Administration per Web-Browser; - verfügbar für Unix und Windows NT
	Netscape Fast Track Server	- einfach konfigurierbar - Administration per Web-Browser - Navigator Gold für HTML-Editing im Lieferumfang - verfügbar für Unix und Windows NT
	Microsoft Internet Information Server	- Gopher- und FTP-Services - Anbindung an MS-Exchange- und MS-SQL- - nur für Windows NT - in Windows NT 4.0 integriert.
	O' Reilly WebSite Pro	- leichte Bedienung - HTML-Editor HotDog, Web/Datenbank-Gateway - für Windows 95 und NT

HTML-Editoren	Sausage Software Hotdog Pro	- Syntax-Check - Farbabstufung beim HTML-Code - Spellchecker - selbstdefinierte Tags und Templates - FTP-Client - RealTime-Viewer - unterstützt Java und ActiveX
	Microsoft FrontPage	- WYSIWYG-Editor - integrierter Webserver - visueller Site-Manager - zahlreiche Vorlagen
	SoftQuad HoTMetaL Pro	- Syntaxchecker - Tabellengenerator - Preview-Funktionen - Tastaturmakros - Graphiktool integriert
	Nesbitt WebEdit Pro	- zweiteiliges Fenster für Code- und WYSIWYG-Darstellung - Tag Checker - sehr gute Benutzerhilfe
HTML-Konverter	Info Access HTML Transit	- automatische Konvertierung für die gängigen Style Sheets - Zerlegung großer Dokumente in mehrere Web-Seiten - unterstützt Tabellen - Nachbearbeitung nötig
	SkiSoft Web Publisher	- Konvertierung von Word-, WordPerfect- und Word-Pro-Dokumente - Verarbeitung von eingebetteten GIF-Dateien und Tabellen - Nachbearbeitung nötig

	Quarterdeck WebAuthor	- konvertiert Word auf HTML-Dokumente unterstützt Tabellen und Inline-Grafiken - QMosaic und Grafikkonverter im Lieferumfang
	Microsoft Internet Assistant for Word Internet Assistant for Excel Internet Assistant for Access Internet Assistant for PowerPoint Internet Assistant for Schedule+	- Konvertierung der jeweiligen Datenformate in HTML - kostenlos per Download erhältlich - in Office 97 integriert

7   Marketing im Netz

Das folgende Kapitel soll einen Überblick über das Online-Marketing, die Nutzerstruktur im Internet, die Geschäftsmöglichkeiten und die Problematik der Abrechnung und des Vertriebes geben und richtet sich daher an Leser, die Online vom kommerziellen Ansatz her betrachten.

7.1   Grundlagen

Strategische Planung notwendig

Online-Marketing bedarf einer langfristigen strategischen Planung unter Berücksichtigung spezifischer Kernelemente. Das Online-Marketing, also die Kundenkommunikation per WWW sollte in die Gesamtkommunikation und Unternehmensorganisation integriert sein und nicht als isolierte Maßnahme betrachtet werden. Weiterhin ist es nötig, diesen Bereich in die strategische Unternehmens- und Marketingplanung und die Organisationsstruktur einzubeziehen.

Um die Effektivität zu erhöhen, ist es sinnvoll, die Online-Aktivitäten im Sinne einer Cross-Media-Strategie mit anderen Kommunikations- und Werbemaßnahmen zu koordinieren. Hierzu gehören die Festlegung von Ziel und Zielgruppe, Funktion, Inhalt, Design, Zeitplanung und Budgetierung.

Medienspezifische Vorteile

Online-Marketing bietet medienspezifische Vorteile gegenüber anderen Marketingkanälen. Es handelt sich um ein globales, örtlich und temporär frei verfügbares Medium mit unbeschränkter Kapazität und Verfügbarkeit rund um die Uhr. Online-Medien sind permanent und schnell aktualisierbar sowie modifizierbar und besonders zur strukturierten und plastischen Vermittlung komplexer Informationen und erklärungsbedürftiger Produkte einzusetzen. Die Inhalte sind individuell zu gestalten und werden aktiv und mit hoher Aufmerksam rezipiert. Die bilaterale Auslegung des Kommunikationsweges erzeugt eine hohe Kundenbindung, die Aktualität eine große Kundennähe.

Technisch einfache Mechanismen ermöglichen eine direkte und präzise Messung der Reichweite und damit eine effektive Erfolgskontrolle. Online stellt ein kostengünstiges Präsentations- und Vertriebsmedium dar, mit dem eine weit überdurchschnittlich gebildete und verdienende Zielgruppe angesprochen werden kann.

Zieldefinition

Um einen wirkungsvollen Onlineauftritt zu realisieren, ist es zu einem möglichst frühen Zeitpunkt notwendig, die Zielsetzung festzulegen. Diese kann Kundenakquise, Erschließung neuer und Bindung alter Zielgruppen oder die Gewinnung von Kundendaten sein. Zielgruppen sollten eingegrenzt werden, beispielsweise auf bestehende oder Neukunden sowie Multiplikatoren.

Daraufhin sind die Grundkonzepte, der Nutzen und die Inhalte zu definieren. Inhalte können aktuelle, zielgruppengerechte Informationen, Zusatznutzen, Transaktion, Kommunikation oder Entertainment sein. Zu beachten ist dabei die Charakteristik als pull-Medium mit starkem individuellen Dialog mit dem Kunden.

Website Promotion

Ist eine eigene Webpräsenz im Netz, muß diese bekanntgemacht werden ('WebSite Promotion'). Hierbei sind sowohl die klassischen Kommunikationsmittel als auch die Werbung im WWW vorzusehen. Typische Werbemöglichkeiten sind die Aufnahme der URL in große Suchmaschinen und Bannerwerbung in erfolgreichen externen Websites. Weitere Werbeträger bieten sich in Form von Online-Zeitschriften, Shopping-Malls, Nachschlagewerken und Archiven sowie virtuellen Messeplätzen.

Phasen eines Online-Mediaplanes

Ein Online-Mediaplan kann folgende Phasen beinhalten:

- Formulierung der Ziele
- Segmentierung der Zielgruppen
- Definition von Botschaft und Design
- Einsatz des verfügbaren Budgets
- Auswahl geeigneter Werbeträger und -placements
- Festlegung des Insertionszeitraums
- Schaltung und Kontrolle der Werbung
- Erfolgskontrolle und iterative Verbesserung des Angebots

**Online als Teil
des Mediamix**

Bei Beachtung der medienspezifischen Voraussetzungen für den Aufbau und Betrieb eines kundenorientierten Webangebotes und bei effizienter Promotion ist Online-Marketing neben den klassischen Medien Print, Fernsehen und Hörfunk als neuer Kanals im Mediamix anzusehen. Zu berücksichtigen ist dabei jedoch, daß das Internet neben anderen Formen wie CD-ROM, Kioskterminals am PoI und PoS lediglich als Transportmedium für Content dient.

7.1.1   Markt und Nutzer

**Nutzung
des Internet**

Unzählig die Analysen, vielfältig die Interpretationen der stürmischen Entwicklung des Online-Bereiches in den letzten beiden Jahren. Berichte von astronomischen Börsengewinnen und unermeßlichen Verdienstmöglichkeiten stehen Szenarien hoher Risikopotentiale und unsicherer Geschäftsmöglichkeiten gegenüber. Die Zahl der Internet-'User' stieg nachweislich von lediglich 150.000 zu Beginn des Jahres 1995 bis auf geschätzte 50 bis 60 Millionen derzeit.

Die zirkulierenden Datenmengen erhöhten sich in atemberaubendem Maße. Während eines Zeitraumes von 3 Monaten wurden im Jahre 1993 5 Gigabyte an Daten abgefragt. Heute bewegt sich die gleiche Datenmenge in 3 Minuten im weltweiten Datennetzwerk. Trotzdem sind die Kenntnisse im Managementbereich über die strategische Bedeutung von Online als ökonomischer Faktor gering.

**Das Internet als
Medium für Marke-
ting und Information**

Das Internet hat sich seit der Einführung des WWW zu einem attraktiven Medium für Information und Marketing entwickelt. Der freie Zugang zu Inhalten und Angeboten ließen das WWW in den vergangenen beiden Jahren auch im deutschsprachigen Raum boomen. In der folgenden Tabelle sind die derzeitigen Werte sowie Projektionen der Nutzerzahlen bis zum Jahre 2000 aufgezeigt.

Jahr	Nutzer (in Millionen)
1995	45,4
1996	68,2
1997	95,8 davon: USA: 48,7 Europa: 27,3 Deutschland: 6,2
1998	125,3 (Prognose)
1999	158,4 (Prognose)
2000	195,2 (Prognose)

Quelle: DIE WELT / EITO 1997

Diese Nutzung verteilt sich auf unterschiedliche Interessengebiete, wobei die Verwendung als Basis für wissenschaftliche Tätigkeit im Vergleich zur Informationsgewinnung und Unterhaltung in den vergangenen Jahren stetig zurückgeht.

Rang	Bereich	Wertung (%)
1	Wissenschaft	85
2	Arbeit/Beruf	76
3	Wirtschaft	69
4	Politik	53
5	Urlaub/Reisen	48
6	Kultur	47
7	Musik	37
8	Gesundheit	36
9	Auto/Verkehr	35
10	Sport	32

Quelle: Cobus, Karlsruhe, 11/1996, 1178 Befragte

In allen Instrumentalfunktionen des Marketing ist das Internet als Marktplatz oder Marketinginstrument nutzbar und bietet eine unmittelbare und aktuelle Schnittstelle zwischen Konsumenten und Anbieter.

Die Analyse von Umfragen ergab für den deutschen Internet-Nutzer das Profil eines jungen, gebildeten und sehr gut informierten Anwenders, der hohe Anforderungen an das Medium und die darin angebotenen Anwendungen stellt.

Veränderungen in der Nutzerstruktur

Die Nutzerstruktur veränderte sich dabei im vergangenen Jahr vom studentischen Bereich zu Angestellten und Selbständigen. Als Zielgruppe ist dieser Mix nahezu ideal für viele Branchen: Zum einen werden junge, neue Nutzergruppen herangeführt, zum anderen wird eine kaufkräftige Klientel angesprochen. Der Anteil weiblicher Nutzer ist zwar noch immer sehr gering, steigt jedoch stetig an.

Profil der Internet-Nutzer

Das Durchschnittsalter der Netznutzer liegt bei etwa knapp 30 Jahren bei steigender Tendenz zu älteren Usergruppen. Die deutschsprachigen Internetanwender weisen einen hohen Bildungsstand auf, der Anteil der Akademiker ist bedeutend, wenn auch zunehmend Angehörige mittlerer und unterer Bildungsschichten in den Analysen auftauchen.

Unter den Akademikern liegen typischerweise Techniker bzw. Ingenieure, Informatiker und Wirtschaftswissenschaftler vor Geistes- und Naturwissenschaftlern.

Nach Einkommensklassen aufgeschlüsselt ergibt sich eine Konzentration im Bereich unterer (hervorgerufen durch den hohen Anteil an Studenten) und gehobener Einkommen, die aufgrund ihres Bildungsstandes und der persönlichen EDV-Ausstattung einen leichten Zugang zum neuen Medium besitzen.

Die folgende Tabelle zeigt das Profil der Anwender im Internet unter den Kriterien Geschlecht, Alter, Bildungsniveau, Beruf und Einkommen. Die Daten wurden zu Beginn des Jahres 1997 aus einer Befragung von mehr als 7.000 Internet-Anwendern gewonnen und von W3B ausgewertet.

Kriterium / Ausprägung	Anteil in %
Geschlecht: Männer	90,8
Frauen	9,2
Alter	
bis 20 Jahre	7,0
20-29 Jahre	49,6
30-39 Jahre	27,9
40-49 Jahre	11,1
älter als 50 Jahre	4,3
Höchster Schulabschluß	
Volksschule	4,2
Mittlere Reife	16,0
Abitur	78,5
Beruf	
Inhaber/Leiter/Vorstand eines Unternehmens	17,8
Leitende Angestellte und Höhere Beamte	22,4
Sonst. Angest./Beamte	46,1
Facharbeiter/Sonst. Arbeiter	7,4
Brutto-Monatseinkommen	
unter 2.000 DM	31,6
2.000 bis unter 3.000 DM	6,7
3.000 bis unter 4.000 DM	8,0
4.000 bis unter 5.000 DM	9,2
5.000 bis unter 6.000 DM	9,1
über 6.000 DM	18,2

Quelle: W3B Studie 1997

Die verschiedenen Online-Werbeformen werden nach Angabe der Studie W3B, die im Auftrag des Handelsblattes durchgeführt wurde, unterschiedlich frequentiert. Aufgerufen werden hiernach vor allem Produkt- und Firmeninformationen und nur in geringem Maße Werbeanzeigen. Im Gegenteil: Werbeanzeigen werden in zunehmendem Maße als störend angesehen.

Abbildung:
Werbenutzung
online

Rang	Werbeform	Nutzung (%)
1	Produkt-Infos	65,1
2	Firmen-Infos	42,3
3	Gewinnspiele	19,8
4	Werbebanner	10,7
5	Sponsor-Infos	7,4

Quelle: Fittkau & Maaß, W3B, 1996, 7445 Befragte

Abbildung:
Werbung im Internet
stört...

Rang	Herbst 1995 Nutzer (%)	Frühjahr 1996 Nutzer (%)	Herbst 1996 Nutzer (%)
1 (trifft nicht zu)	22,2	25,3	31,3
2	19,8	20,2	17,0
3	22,9	22,5	22,8
4	17,0	17,2	15,5
5 (trifft zu)	18,1	15,0	13,3

Quelle: Fittkau & Maaß, W3B, 1996, 7445 Befragte

7.2   Produkte

Typische Online-
Produkte

Für verschiedene Bereiche der Neuen Medien sind unterschiedliche Produktlinien entweder bereits realisiert oder auf mittlere Sicht möglich. Es können elektronische Zeitungen, Marktplätze, Anzeigensysteme oder die Publikation von Ausschreibungen auf elektronischem Wege sein. Daneben existieren bereits Online-

Archive (z.B. 'Genios' oder 'Knight-Ridder') und Online-Bestell-systeme, auch in Form von aktuellen POI- oder POS-Lösungen.

Allen neuen Entwicklungen gemeinsam ist das Konzept des 'intelligenten Produktes'. Für den Kunden bedeutet dies individuelle Gestaltung, flexible Handhabung und optimale Verfügbarkeit. Für das Unternehmen hingegen kann durch das Angebot zusätzlicher Services (z.B. Datenpflege oder an Kundenprofilen orientierte Dienstleistungen), Hotlines und den Zugriff auf bisher ungekannte Monitoringmöglichkeiten ein hoher Wertschöpfungsanteil realisierbar sein.

7.2.1 Strategische Überlegungen

Für das Online-Engagement eines Unternehmens lassen sich vier unterschiedlich aufwendige Stufen differenzieren, die sich auch als Entwicklungsphasen darstellen lassen.

Stufe 1: Online Präsenz

In der ersten Stufe ist das Ziel, den Kunden aktuelle Informationen über das Unternehmen zu bieten. Typische Präsenzen dieser Art beinhalten mehr oder weniger statische Seiten mit mittelfristiger Aktualisierungsfrequenz.

Stufe 2: Online-Kommunikation

In dieser Stufe steht die Etablierung engerer und schnellerer Kommunikation zwischen Kunden und Unternehmen im Vordergrund. Beispiel ist hier die Bestellmöglichkeit standardisierter Produkte. Hierfür sind entsprechende organisatorische Abläufe zu installieren und technische Grundlagen wie Datenbanken zu schaffen.

Stufe 3: Online-Dienstleistung

Eine Online-Dienstleistung bietet dem Nutzer ein echtes Zusatzangebot wie individualisierte Information oder einzeln gefertigte Produkte. Hierzu ist eine sehr enge Zusammenarbeit zwischen Unternehmensmarketing, Vertrieb und Herstellung nötig. Alle

Prozesse sollten online zugänglich sein. Daher ist spätestens auf dieser Stufe die Implementierung eines wirksamen Sicherheitskonzeptes unumgänglich.

Stufe 4: Online-Commerce

Hier bildet Online ein eigenes Geschäftsfeld und bedingt sichere Infrastrukturen für Kundenkommunikation, kaufmännische Abwicklung und Payment. Oft ist hier eine Reorganisation bestimmter Unternehmensteile nötig, um nicht nur neue Produkte, sondern auch die nötige Infrastruktur den vorhandenen Gegebenheiten anzupassen.

7.2.2   Reichweitenmessung im WWW

Werbung ist ein Hauptbestandteil der meisten Business-Modelle im WWW. Eine Schlüsselrolle bei der Preisfindung für Online-Werbung kommt der Angabe der erreichten Nutzer, also der Reichweite der Werbung zu. In Online-Medien läßt sich Reichweite genauer ermitteln als auf klassischen Werbeträgern.

Die Webserver erstellen einen umfangreichen Satz von Verbindungsdaten, durch deren Analyse auf das Verhalten der Nutzer geschlossen werden kann. Systeme, die Multimedia-Dokumente über das WWW senden, protokollieren Abrufaktivitäten und Nutzereinwahl in sogenannten Logfiles.

Hits

Anfangs wurden die Zeilen dieser Logfiles gezählt, die Größe wurde 'Hits' ('Abrufe') genannt. Für aussagekräftige Bewertung von Werbeträgerleistung sind Hits allerdings ungeeignet. Eine auf dem Bildschirm sichtbare HTML-Seite kann neben dem Textkörper auch andere Multimedia-Elemente wie Grafiken enthalten. Jedes dieser Elemente erzeugt einen Hit, weshalb ein Angebot mit vielen grafischen Elementen höhere Zugriffszahlen gegenüber einem Angebot mit weniger aufwendigem Design aufweist.

PageViews oder PageImpressions

Aufgrund dieser Problematik mußte ein Meßkriterium definiert werden, das vom Layout und der Anzahl der multimedialen Elemente unabhängig ist. Als Basis wurde das HTML-Dokument an sich festgelegt, die Meßgröße wurde 'PageView' (Seitenaufruf) oder 'PageImpression' (Eindruck einer Seite) genannt.

Mit der Einführung der Frame-Technik, bei der jede Bildschirmseite aus mehreren HTML-Dokumenten in Fenstern, eben den Frames aufgebaut ist, tauchte ein neues Problem auf. Jeder Einzelframe wird vom Webserver als PageView gezählt. Dies führt den Begriff als Einheit für eine volle Seite ad absurdum. Werbetreibende sind selbstverständlich an einer möglichst bildschirmfüllenden Seite, nicht aber an der Plazierung ihrer Werbebotschaften in kleinen Frames interessiert.

Visits
Die Summe der PageViews bildet einen Anhaltspunkt für die Reichweite der enthaltenen Werbung. Sie bezieht sich nur auf Abrufe von Inhaltsseiten, alle Werbe-, Navigations- und sonstigen PageViews werden vernachlässigt. Zusammen mit der Zahl der Visits stellt sie einen Eindruck von der Intensität und Dauer dar, mit der ein redaktionelles Angebot genutzt wird, dar. 'Visits' (Besuche, Nutzungsvorgänge) beschreiben den Nutzerkontakt in Online-Diensten. Immer, wenn ein Nutzer ein Angebot kontaktiert, zählt dies als neuer Nutzungsvorgang.

ViewTime
Für animierte oder zeitgesteuert wechselnde Werbebanner ist eine zeitbasierte Währung, die 'ViewTime' angedacht. Hierbei wird der Zeitraum, in der eine bestimmte Seite und damit ihr Werbeinhalt für eine bestimmte Zahl von Nutzern sichtbar war ('Nutzerminuten'), gezählt.

Der Einsatz von 'ViewTime' ist in den Verbänden noch umstritten, da die werbeträchtigsten Seiten, die Homepages, oft nur kurz als Navigationselemente benutzt werden und daher lediglich kurze Nutzungszeiten erzeugen.

AdClicks
Eine weitere Meßeinheit bilden die 'AdClicks', also die Anzahl der durch das Anklicken einer Werbefläche erzeugten Sprünge. Diese Einheit konnte sich gegenüber den bereits erwähnten jedoch nicht durchsetzen.

Kundenkontakt durch Registrierung
Um einen direkten Kontakt zum Nutzer aufbauen zu können, ist in vielen Diensten eine Registrierung enthalten, die oft kostenlos ist, dem Unternehmen jedoch zu einer validen Datenbasis zum

Werbekunden hin und zu aussagekräftigen Analysemöglichkeiten verhilft.

Die Meßmethodik

Um die Pageviews messen zu können, muß auf dem Webserver eine spezielle Zählsoftware installiert sein. Außerdem muß jedes HTML-Dokument eine Befehlsteile enthalten, die die Übertragung einer Miniaturgraphik (1 Pixel) zum Webserver veranlaßt. Die Übertragung wird von der Zählsoftware registriert und die Anzahl der eingetroffenen Miniaturgraphiken in Logfiles erfaßt. Diese Zählmethode ist vom IVW als Reichweitenmessung anerkannt und wird vom BDZV (Bundesverband Deutscher Zeitungsverleger) und VDZ (Verband Deutscher Zeitungsverleger) den jeweiligen Mitgliedern empfohlen. Die Software ist kostenlos unter 'http://www.bdzv.de' erhältlich.

7.3   Handel im Internet

Komponenten eines Zahlungssystems

Ein 'Billingsystem' für einen Onlinedienst setzt sich aus mehreren Komponenten zusammen, die unterschiedliche Funktionen erfüllen müssen. Zunächst sind die für die Inhalte genutzten Managementsysteme, z.B. Text- oder multimediale Datenbanken, einzubinden, ebenso ein Warenkorbsystem, in dem Produkte zu einer Gesamtbestellung gesammelt und Nutzungsdaten erfaßt werden ('Mediation').

Die eigentliche 'Billing-Engine' beinhaltet eine Billing-Datenbank und leistet die Preisberechnung ('Rating Engine'), die Stammdatenverwaltung für Produkt- und Kundenstamm sowie die Verarbeitung der Kontobewegungen, also der Zugriffe. Weitere Komponenten sind für Rechnungsdruck und -versand, die Abwicklung des Zahlungsverkehrs, den Betrieb einer Hotline und die auf dem Rechner des Benutzers verfügbare Oberfläche zuständig.

Modularer Aufbau

Die Vorteile eines modularen Systems liegen in der Austauschbarkeit der Einzelkomponenten, der Skalierbarkeit des Systems und einer Verringerung der Komplexität gegenüber einer integrierten Lösung. Außerdem kann für jedes Modul entschieden werden, ob ein bereits auf dem Markt verfügbares Produkt eingesetzt werden kann oder eine Eigenentwicklung nötig ist. Die

Gesamtentwicklung kann bei modularer Konzeption in Form eines Stufenkonzepts erfolgen.

Anbindung an vorhandene Systeme

Bei der Anbindung des Billingsystems an das vorhandene Content-Management sind zunächst die Inhalte in Form von Produkten zu formulieren, die einer entsprechenden Preisstruktur zugeordnet werden müssen. Oft ist gerade dies ein Problem, da das eigentliche Produkt (z.B. das Ergebnis einer Online-Recherche) vom Kunden innerhalb des Prozesses der Kaufinteraktion definiert wird. Eine Graphik kann beispielsweise ein Photo und einen Graphikteil enthalten, wobei ein Kunde eventuell nur das Photo verwenden möchte. Einige marktübliche Systeme versuchen die Integration von Inhaltsmanagement und Billing, dies ist jedoch unflexibel und oft nicht praktikabel.

Warenkorbsysteme

Warenkorbsysteme sind grundsätzlich unabhängig vom Billing und dienen in erster Linie dem Online-Verkauf von Waren, z.B. Merchandising-Produkten. Der Nutzer klickt sich hier durch ein Warenangebot und gibt die Anzahl der bestellten Produkte an, worauf ein Gesamtpreis ermittelt und am Ende der Transaktionsvorgang ausgelöst wird. Einfaches Billing ist oft bereits integriert, hier ist im Zweifelsfall zu prüfen, ob die angebotenen Funktionalitäten die Anforderungen erfüllen. In jedem Fall ist das Vorhandensein offener Schnittstellen nötig, um eine weitere Entwicklung nicht von vornherein zu blockieren.

Anforderungen an den Billing-Server

Der Billing-Server entspricht weitgehend Systemen, die bereits in der Telekommunikation genutzt werden. Hier sind vom Webserver, dem FTP-Server, dem Mailserver und dem Warenkorbsystem stammende Daten gespeichert und hier wird die Preisberechnung durchgeführt sowie die Kaufprozedur gestartet. Die Bestellung wird von hier aus weitergeleitet. Da der Kunde eine schnelle Preisberechnung erwartet, muß zumindest dieser Teil in Echtzeit oder sehr nahe daran ablaufen. Fakturierungen sind demgegenüber weniger zeitkritisch und können als Stapelverarbeitung zu definierten Zeitpunkten (z.B. monats- oder wochenweise) abgearbeitet werden. Wichtig ist, daß mehrere Transaktionen zum gleichen Zeitpunkt stattfinden können müssen (Mandantenfähigkeit).

Die 'Billing-Engine' verwaltet die Gebühren, die Abonnements, Kunden- oder Produktgruppen-Preise oder Rabattierungen und spezielle Tarife wie Feiertagstarife und ähnliches. Hier können Kundenprofile erstellt und internationale Währungen und Steuern ('Multi-Currency') berücksichtigt werden.

Weitere Komponenten

Wie in jedem Warenwirtschaftssystem sind Komponenten für die Steuerung des Vertriebes (z.B. Druck, Kommissionierung und Versand) und den eigentlichen Zahlungsverkehr (Finanzbuchhaltung, Offene-Posten-Verwaltung, Rechnungsstellung, Lastschriftverfahren etc.) vorhanden.

Kundenservice

Für eine sinnvolle Betreuung der Kunden ('Customer Care') ist eine Hotline einzurichten oder an externe Unternehmen zu vergeben und eine Marketing-Analyse-Datenbank zu führen. In dieser Datenbank können Kunden-Stammdaten und Kundenprofile enthalten sein, hier ist ein Zugriff zur Finanzbuchhaltung vorgesehen. Mit Hilfe der Datenbank können bestimmte Services aktiviert werden (z.B. Mitteilungen über neue Software-Versionen). Weiterhin können Kundenklassifikationen (ABC-Analysen oder Einstufungen in 'frequent buyer') getroffen und Produktionssteuerungen aufgrund von Analysen der Produktnachfrage veranlaßt werden.

Die Benutzerinteraktion mit dem System sollte den Abruf des Kontostandes online ermöglichen, die Subskription von Abonnements und die Wahl der Bezahlungsart anbieten und zur Entlastung der Serviceabteilung selbständige Adre_änderungen zulassen.

7.3.1   Bezahlung im Internet

Wachsende Bedeutung der Kommerzialisierung im Netz

Über viele Jahre hinweg war im Internet aufgrund seiner ursprünglich militärischen und später wissenschaftlichen Ausrichtung die Entwicklung von Mechanismen für einen kommerziell ausgerichteten Zahlungsverkehr von untergeordneter Bedeutung. Mit der fortschreitenden Wandlung des Mediums zum Vertriebs- und Dienstleistungskanal entstand jedoch ein stetig wachsender Bedarf nach sicheren und den wirtschaftlichen Gegebenheiten eines Unternehmens entsprechenden Abrechnungssystemen.

Klassischer Warenvertrieb

Ein Vorbehalt gegen den Online-Vertrieb gilt der immer wieder genannten Unsicherheit bei der Abrechnung. Dies ist für den Bereich von Warenbestellung weniger relevant, da übliche Bestellungen ebenfalls per Telefon, Auftragsbestätigung und Nachnahme getätigt werden und dieser Weg auch für Online-Handel offensteht. Problematisch ist allerdings der Vertrieb von zeitkritischen Internet-Dienstleistungen wie Anzeigen- oder Informationsdiensten.

Bezahlung per Kreditkarte

Noch immer wird im Internet meist durch die Angabe der Kreditkartennummer und des Ablaufdatums der Karte bezahlt. Die aktuellen Browser verschlüsseln mittlerweile den Nummerncode, womit eine der in der realen Welt ähnliche Sicherheitsstufe gewährleistet ist. Trotzdem bleibt ein grundsätzliches Mißtrauen der Nutzer bestehen. Außerdem ist die Zahlung per Kreditkarte für sogenanntes 'Micropayment', also Beträge unter 10,- DM unüblich und zu aufwendig.

Electronic Cash

Völlig neue Wege werden durch 'Cybermoney' oder 'Electronic Cash' beschritten. Beide Begriffe sind nicht genau definiert und werden für unterschiedliche Ansätze verwendet.

Sichere Transaktionen mit SET

Das Kreditkartengewerbe in den USA (Visa, Mastercard u.a.) definierte zusammen mit führenden Software-Herstellern (IBM, Microsoft, Netscape u.a.) den Standard SET ('Secure Electronic Transaction Protocol'). Dieser dient zur Abwicklung von Kreditkartenzahlungen im Internet. Es definiert einerseits die Interaktionen zwischen dem Kunden und dem Händler zur Abwicklung der Geschäftstransaktion, andererseits die Autorisierung der Zahlung im Internet zwischen dem Händler und dem 'Acquirer'. Dieser Acquirer veranlaßt die Abrechnung der Zahlung bei den jeweiligen Banken über den traditionellen Zahlungsverkehr.

SET beschreibt ein Verschlüsselungsprotokoll und dient als Browser-Erweiterung zur Abwicklung der Kreditkartentransaktionen. Es stellt sicher, daß die sensiblen Kreditkarteninformationen vom Händler nicht im Klartext erkannt werden können. Beim eigentlichen Zahlungsvorgang wird die Kreditkartennummer über ein 'Payment-Gateway' online überprüft.

Am 30. Dezember 1996 wurde die erste SET-Zahlung vollzogen: Ein dänischer Manager der IBM bestellte in einem Buchladen über das Internet Stephen Kings 'Rose Madder' und bezahlte per EuroCard. Eine von IBM installierte SET-Anwendung gewährleistete die dafür notwendige Sicherheit.

Das SET-System beinhaltet jedoch keine Lösung für das Problem des Micropayment. Für Beträge unter zehn Mark sind die Transaktionskosten im Vergleich zu den eigentlichen Produktkosten so hoch, daß ein Kaufvorgang vielfach unwirtschaftlich wird.

Ein für Micropayment taugliches System ist das E-Cash ('Electronic Cash') der niederländischen Firma Digicash. E-Cash bietet darüber hinaus die Möglichkeit anonymer Zahlung, die auf Kreditkarten basierende Anwendungen prinzipiell nicht bieten können. Beim Umgang mit Kreditkarten besteht immer die Möglichkeit, Namen und bezahlte Waren zentral zu erfassen, was aus Gründen des Datenschutzes äußerst bedenklich ist. E-Cash blendet diese Möglichkeit aus. Daher wird E-Cash als 'digitales Bargeld' bezeichnet.

Digitale Münzen

Dieses Internet-Zahlungssystem ist in seiner Handhabung weitgehend an echtes Bargeld angelehnt. Die zentrale Rolle spielen 'digitale Münzen'. Jedes dieser virtuellen Zahlungsmittel ist mit einer Seriennummer versehen und von der Bank signiert. Sie können von der Bank abgehoben und zur Zahlung für eine Ware oder Dienstleistung ausgegeben werden.

Der Empfänger muß die Münzen auf der Bank wieder aufgeben. Um die Anonymität zu wahren, wird die Seriennummer nicht von der Bank vergeben, sondern vom Nutzer selbst 'geprägt'. Die Münze wird dann an die Bank gesendet und von dieser mittels eines Verschlüsselungsalgorithmus in der Art signiert, daß die Bank die Seriennummer nicht erkennt ('blinde Signatur').

Kaufvorgang mit digitalem Geld

Die signierten Münzen werden vom Anwender gespeichert. Beim Kaufvorgang wird ein entweder Geldbetrag per Software festgelegt und vom Browser über das Netz transferiert oder eine Zahlungsaufforderung bestätigt.

Der Verkäufer läßt die Münzen durch die Bank verifizieren, woraufhin der Empfänger den Betrag gutgeschrieben bekommt.

Verwendete Münzen werden in schwarze Listen eingetragen, um eine doppelte Bezahlung zu verhindern. So wird verhindert, daß eine digitale Münze durch mehrere Hände geht.

Verschlüsselung sensibler Daten

Die digitalen Münzen werden verschlüsselt abgespeichert und sind nur über Paßwort zugänglich. Für den Fall eines Hardware-Defektes kann durch eine geheime Information (allerdings unter Verlust der Anonymität) verlorenes Geld wiederhergestellt werden. Die Anwendung wird als 'E-Cash-Geldbörse' bezeichnet.

Anonymität und Sicherheit

Um die so wichtige Anonymität und die Sicherheit zu wahren, werden in jeder Phase der Transaktion eine Reihe kryptographischer Verfahren eingesetzt, die den Zahlungsvorgang im Gegensatz zu seiner für den Benutzer leichten Handhabung zu einem äußerst komplizierten Ablauf machen.

Obwohl der eigentliche Mechanismus nur sehr schwer zu verstehen ist, sorgte das System bereits vor seinem Start für großes Aufsehen, weil die Nutzung nicht auf den Kreis der Kreditkarten-inhaber beschränkt ist und weder große Computerfirmen noch Kreditkartenkonzerne in die eigentliche Zahlung involviert sind.

Die Deutsche Bank hat als erste in Deutschland die Unterstützung von E-Cash angekündigt. Ein sechsmonatiger Pilotversuch mit beschränkter Teilnehmerzahl ist projektiert und wird voraussichtlich im Laufe des Jahres 1997 gestartet.

Die First Virtual Bank

Eine weitere Lösung für das Problem der Bezahlung im Internet ist der Ansatz der First Virtual Bank. Der Nutzer hinterläßt bei diesem Unternehmen seine Kreditkartennummer und erhält eine PIN ('Personal Identity Number', persönliche Identifizierungsnummer). Mit Hilfe dieser PIN autorisiert der Käufer die Transaktionen im Internet. Der Verkäufer erhält dann das Geld von der First Virtual Bank. Hier werden keine Kreditkartendaten per Internet übertragen, wodurch eine Manipulation auf dieser Ebene ausgeschlossen ist. Die Verbreitung dieser und ähnlicher Konzepte stellt sich in der Praxis allerdings weniger als realisierungstechnisches denn als Akzeptanzproblem dar.

CyberCoin

Ebenfalls auf Kreditkarten basieren Clearing-Services für die digitale Bezahlung per CyberCoins der Firma CyberCash. An dieser Entwicklung waren neben US-Kreditkartenfirmen auch Provider und Computerunternehmen beteiligt. Der bei CyberCash registrierte Kunde benötigt dafür ein Konto bei einer der Vertragsbanken von CyberCash, die derzeit ausschließlich in Nordamerika zu finden sind. Die beteiligten Provider nutzen ein Software-Modul, das die von den Kunden bezahlten Beträge direkt an CyberCash weiterleitet. Von dort werden sie an die Vertragsbank übermittelt, die sie über Kreditkarte vom Kunden einzieht.

CyberCoin steht in direktem Wettbewerb zu E-Cash. Im Gegensatz zu E-Cash ist allerdings keine Anonymität des Kunden gegenüber der Bank bei Zahlungsvorgängen gewährleistet. Ein wesentlicher Nachteil von CyberCoin gegenüber E-Cash besteht darüber hinaus darin, daß es aufgrund der US-Exportbeschränkungen für hochwertige kryptographische Mechanismen derzeit ausschließlich für den amerikanischen Markt eingesetzt werden kann.

Chipkartensysteme

Eine andere Lösung ist die elektronische Chipkarte, die wie eine Telefonkarte einen Wert gespeichert hält, der beim Bezahlen verfällt ('Elektronische Börse'). Mit einem an den Computer angeschlossenen Chipkartenleser kann diese Chipcard auf der Homepage der Bank aufgeladen und als Zahlungsmittel im Online-Shop genutzt werden. Das Bezahlen per Chipkarte ist anonym und Micropayment-tauglich. Der starke Konkurrenzkampf um das Chipkartengeld verhindert derzeit eine Standardisierung. Es kann jedoch davon ausgegangen werden, daß die sich in der 'realen' Welt durchsetzende Lösung auch im Internet den Standard setzen wird.

Pico-Payment

Für Beträge im D-Mark-Bereich und darunter wird der Begriff 'Pico-Payment' verwendet. Hier ist auch der Einsatz von E-Cash oder der Chipkarte nicht mehr ökonomisch sinnvoll. Typische Anwendungen sind die Bezahlung von Recherche-Ergebnissen über die Zahl der recherchierten Seiten oder ein Datenbankzugriff. Für diesen Einsatzzweck werden Pico-Payment-taugliche Zahlungssysteme entwickelt, von denen einige veröffentlicht wurden. Bei sehr kleinen Beträgen ist das Sicherheitsrisiko weniger hoch, allerdings sind mit diesen kleinen Summen auch nur geringe Umsätze zu generieren. Sollten viele kleine Payments erfolgen, kommt sinnvollerweise ein sichereres System zum Einsatz. Die proprietären Dienste, insbesondere T-Online, verfügen von Hause aus über Abrechnungssysteme, im speziellen Fall von T-Online werden die Beträge mit der Telefonrechnung eingezogen, also das Inkasso vom Provider übernommen.

NetBill

Für Kleinstbeträge befinden sich mehrere Entwicklungen, unter anderem die Anwendung NetBill, in unterschiedlichen Erprobungsphasen. NetBill - seit Anfang 1997 in der Alpha-Testphase - sieht einen Server vor, auf dem Händler und Kunden ein Konto besitzen. Die eigentliche Transaktion erfolgt mit digitalen, signierten Schecks, wobei nur geringe Kosten entstehen, da sowohl Zahler als auch Empfänger auf einem gemeinsamen System zugreifen.

HBCI

In Deutschland wurde durch das Bankgewerbe mit HBCI ('Home-Banking-Computer-Interface') eine multibankfähige Kommunikationsschnittstelle für Transaktionsdienstleistungen definiert. Die aktuelle Version 1.0 legt die Basismechanismen (Protokoll, Nachrichtenformate) sowie zwei typische Geschäftsvorfälle (Zahlungsverkehr Inland, Umsatzinformationen) fest. In der zukünftigen Version 2.0 wird die Anzahl der Geschäftsvorfälle erweitert. HBCI läßt sich je nach Anforderung des einzelnen Kreditinstituts um zusätzliche Funktionen erweitern und ermöglicht so individuelle Dienste.

Der HBCI-Standard wird von der gesamten deutschen Kreditwirtschaft unterstützt und soll kurzfristig bei vielen Kreditinstituten und Softwarehäusern implementiert werden. Der langfristige Erfolg des HBCI-Standards im Internet hängt davon ab, ob er sich auch trotz seiner fehlenden internationalen Ausrichtung über Deutschland hinaus durchsetzen kann.

OFX

Im internationalen Bereich etabliert sich derzeit OFX ('Open Financial Exchange') als Standard. OFX hat seinen Ursprung aus der Integration von Microsoft's OFC ('Open Financial Connectivity'), Intuit's 'OpenExchange' und den Electronic-Banking- und Zahlungsverkehrsprotokollen der Firma CheckFree. Obwohl die Marktmacht der Entwickler enorm ist, wird sich die endgültige Etablierung von OFX erst bei der Integration in die nationalen Transaktionsmechanismen und durch die Akzeptanz der nationalen Kreditinstitute entscheiden.

7.4   Bekanntheit im Web

Eintrag in Such-systeme

Im Internet eröffnen sich durch die Navigationsinstrumente wie Verzeichnisse, Suchdatenbanken und Nachschlagewerke viele Möglichkeiten, eine Web-Site kostenlos bekanntzumachen. Unternehmen heben sich von der Konkurrenz dadurch ab, daß sie mit Angeboten in diesen Navigatoren eingetragen sind, die noch nicht so oft vorhanden sind. Entsprechende Schlüsselworte sollten in die Formulare für die Suchmaschine eingetragen werden.

Registrierungs-dienste

Für den Eintrag in die amerikanischen Suchmaschinen kann der kostenlose Registrierungsdienst 'Submit It!' (zu erreichen unter 'http://www.submit-it.com') genutzt werden. Er fragt die Daten einmal ab und leitet sie an die gewünschten Dienste weiter.

7.5   Beispiel: Die Süddeutsche Zeitung online

Markttendenzen im Zeitungsbereich

Für Zeitungsverlage sind mehrere Tendenzen in deren Stammärkten ausschlaggebend für ein Engagement in Neuen Medien. Die klassischen Märkte befinden sich im Zustand der Sättigung, und die Reichweiten zeigen - insbesondere in bestimmten Kernzielgruppen - fallende Tendenz. Hinzu kommt, daß innerhalb des Marktes für Printprodukte in den vergangenen Jahren eine starke Differenzierung in Nischenmärkte erfolgte. Außerdem zeigen sich starke konvergente Strömungen, marktfremde Unternehmen dringen in Stammärkte ein.

Gesättigter Markt

Beispiele für gesättigte Märkte innerhalb der Informations- und Kommunikationsindustrie sind der Markt der Tageszeitungen und Fachzeitschriften, der Bereich Consumer Electronics und in besonderem Maße die traditionelle Druckindustrie.

Fallende Reich-weiten

Die Reichweiten der Tageszeitungen zeigen seit Beginn der achtziger Jahre deutlich fallende Tendenz, wobei im besonderen der Schwund an jungen Lesern einen Grund zur Besorgnis darstellt. Um diesem Trend zu begegnen, beschloß man beispielsweise bei der Süddeutschen Zeitung, das Jugendsupplement 'jetzt' in den Markt zu bringen, wodurch der Reichweitenverlust in den vergangenen Jahren abgeschwächt werden konnte.

Produktdiversifizierung

Viele Unternehmen versuchen, in den gesättigten Segmenten ihre Produkte zu diversifizieren. Die Fülle der derzeit erhältlichen Special-interest-Magazine und die Etablierung der Anzeigenblätter im Zeitungsmarkt belegt diese Entwicklung nachhaltig. Eine typische Diversifizierung vorhandener Linien in enge Marktsegmente stellen auch elektronische Umsetzungen klassischer Printprodukte wie Zeitschriften auf CD-ROM dar. Auch die Mehrfachnutzung von Videomaterial (z.B. in Spartenkanälen), das in Verlagen aufgrund deren Engagement im Rundfunkbereich vorliegt, kann unter diesem Gesichtspunkt angeführt werden.

Konvergenzen und Allianzen

Konvergenzen und Allianzen sind in Form von Zusammenschlüssen oder Kooperationen zwischen Unternehmen unterschiedlicher Branchen erkennbar (Beispiel: ZDF und Microsoft), typisch sind auch Mehrheitsbeteiligungen von Großfirmen an kreativen kleineren Unternehmen (Beispiel: die Bertelsmann-Beteiligung an der Softwareagentur Pixelpark).

Drittanbieter in traditionellen Segmenten

Für die Verlage, die Tageszeitungen publizieren, bilden neben den Abonnementgebühren die Anzeigen die existentielle Einnahmequelle. Das Aufkommen der elektronischen Medien schafft gerade hier eine neue Wettbewerbssituation, da plötzlich Drittanbieter oder Branchenfremde, z.B. Makler im Immobilienbereich oder Autohersteller im KFZ-Sektor, ihre Angebote unabhängig von den Tageszeitungen und an diesen vorbei online publizieren können. Hierdurch sehen sich viele Zeitungsverlage innerhalb ihrer Stammärkte bedroht.

7.5.1   **Die Umsetzung: Online im Süddeutschen Verlag**

Auch für die Süddeutsche Zeitung (SZ) wurden die strategischen Rahmenbedingungen und Forderungen definiert. Diese waren das Erkennen und Besetzen neuer Märkte, die Realisierung sinnvoller Konzepte (dazu gehört nicht alles technisch Machbare), die Erhöhung der Leser-Blatt-Bindung, das Heranführen neuer Nutzergruppen an das Unternehmen und seine Produkte sowie das Zeigen von Medienkompetenz im Markt.

Struktur des Auftritts

Die Struktur des Auftrittes sieht ein übergeordnetes SVillage vor, in dem neben der Süddeutschen Zeitung auch die Tochterunternehmen und Beteiligungen des Konzerns zu finden sind. Die Süddeutsche Zeitung ist als 'SZonNet' Teil dieses Gesamtauftrittes.

Statistik

Im II. Quartal 1997 ist die 'SZonNet' mit einer monatlichen Zugriffszahl von mehr als einer Million Seitenzugriffen eine der meistfrequentierten deutschen Tageszeitungen im Internet. Der redaktionelle Umfang der bisher erschienenen Artikel liegt bei mehr als 15.000, im Jahre 1996 gelang die Generierung von mehr als 2.000 Probeabonnements und damit ein unerwarteter wirtschaftlicher Erfolg.

Datengenerierung

Die Datenquelle für die redaktionellen Inhalte ist das Archivsystem REGIS, ein großrechnerbasiertes DV-System, das intern mit dem Datenformat SZML, also SGML mit einer SZ-eigenen Dokumenttypbeschreibung (DTD), die Aufbereitung in HTML erfolgt halbautomatisch. Eine dedizierte Internet-Redaktion wurde nicht eingerichtet, alle Inhalte stammen direkt aus dem Informationspool der SZ-Redaktion.

Die Artikel stehen am Vortag des Erscheinungstages von 9:00 Uhr an zur Verfügung, die Anzeigen von 00:00 Uhr des Erscheinungstages an. Der Datenfluß des Systems beginnt im Redaktionssystem UNISYS Hermes, dessen Daten konvertiert und in REGIS übernommen werden. Die nun SZML-codierten Artikel werden durch das 'SZonNet'-Team mit Hilfe eigenentwickelter und frei erhältlicher Softwaretools in HTML konvertiert und in den Dienst eingespielt.

Redaktionelle Inhalte

Inhaltlich besteht der redaktionelle Teil aus ausgewählten Artikeln aus der Süddeutschen Zeitung, speziellen Inhalten wie Foren und temporären 'special events' wie dem Rätselrennen des SZ-Magazins. Seit dem Start steigen sowohl Zugriffszahlen als auch generierte Abonnements an, ebenso wurden viele Emails an die 'SZonNet' gesandt, die eine überwiegend positive Resonanz von seiten der Nutzer zeigen. Die Anregungen aus den Emails werden zur ständigen Weiterentwicklung des Dienstes genutzt.

7.5.2   Kommerzialisierung - Anzeigen online

Die Rolle des Branding und der kritischen Masse

Innerhalb der Planungsgruppen von Zeitungsverlagen wird davon ausgegangen, daß die derzeitige Marktposition, die Tradition und das 'branding' der Zeitung einen Vorsprung in puncto Glaubwürdigkeit und Seriosität gegenüber den neuen Konkurrenten verschaffen. Um diesen Vorsprung zu halten, erscheint es nötig, eigene Systeme zu entwickeln und am Markt zu etablieren. Gerade Zeitungsverlage besitzen zum einen das Potential der Anzeigenkunden und damit die kritische Masse, die ein Angebot für die Nutzer attraktiv macht, zum anderen meist eine etablierte Infrastruktur zur Generierung und Verarbeitung von Information. Beide Faktoren begünstigen die Entwicklung elektronischer Anzeigensysteme.

Arten von Anzeigen

Bei der Umsetzung von Anzeigen in elektronische Form ist zunächst zwischen Fließtext- und gestalteten Anzeigen zu unterscheiden. Fließtextanzeigen sind zum überwiegenden Teil textbasiert, als graphische Elemente kommen Textauszeichnung, z.B. Fettungen, und Logos vor. Gestaltete Anzeigen sind vom Kunden vollkommen frei designed und können neben Texten auch Bilder, Logos und Farben enthalten.

Fließtextanzeigen

Fließtextanzeigen müssen meist nicht digitalisiert werden, da sie überwiegend in elektronischen Anzeigensystemen gehalten werden. Diese Systeme sind jedoch in vielen Fällen proprietär und daher nur unter hohen Aufwänden zu ändern oder zu erweitern.

Im ersten Quartal 1996 wurde deutlich, daß neben den redaktionellen Inhalten auch die Anzeigen im Netz verfügbar gemacht werden mußten.

Proprietäre Systeme als Datenquelle

Das Grundproblem waren die in einem Großrechnersystem (IVS) gehalten Anzeigen und die technischen und wirtschaftlichen Probleme, die die Schaffung von neuen Schnittstellen im Eingabebereich (Änderung von Masken und Datenstrukturen) oder bei der Ausgabe mit sich gebracht hätten. Auch die Organisation der Anzeigenannahme durfte nicht geändert werden.

Entwicklung eines marktfähigen Produktes

Für die erste Projektphase wurde der Bereich KFZ-Fließtextanzeigen gewählt, das Online-Anzeigensystem der Süddeutschen Zeitung sollte als marktfähiges Produkt auch anderen Unternehmen angeboten werden können.

Abbildung: Schematischer Aufbau des Anzeigensystems der SZ

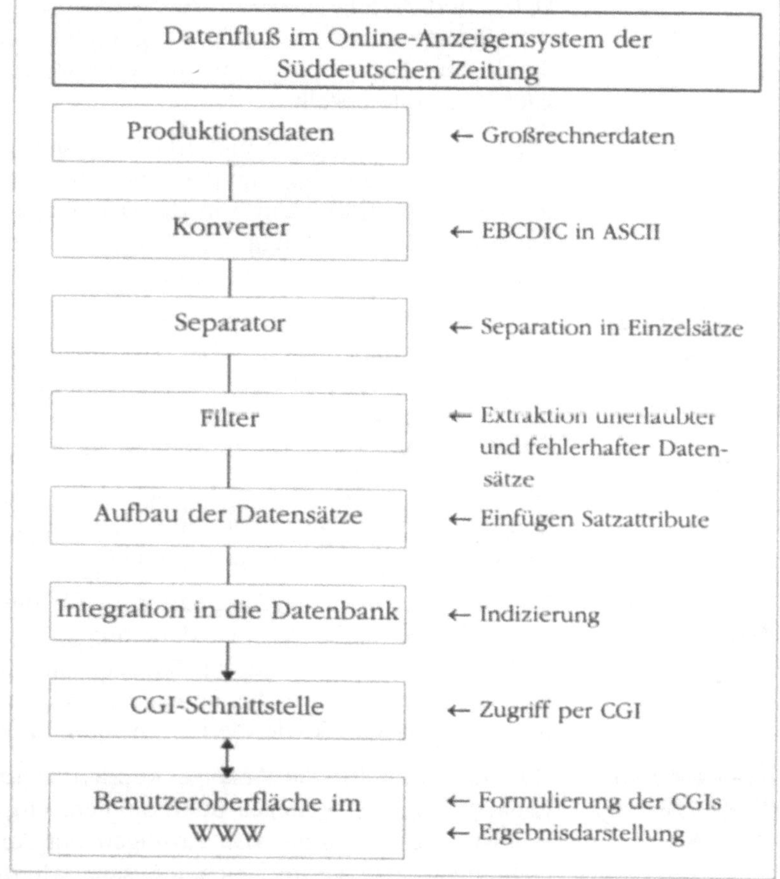

Die Basisdaten aus dem Produktionssystem liegen in EBCDI codiert vor. Über eine Schnittstelle werden die Daten in das Online-Produktionssystem übergeben. Das erste Modul des Systems konvertiert die EBCDIC-Daten in den üblichen ASCII-Code, wobei die Steuerbefehle für das Satzsystem aus dem Produktionsdatenstrom eliminiert werden.

Separation und Filterung

Das folgende Modul, der Separator, vereinzelt die Dateien aus dem Datenstrom unter Berücksichtigung des Rubrikenplanes und des Datums. Dem Separator folgt ein Filter, der unbrauchbare Daten und Anzeigen, deren Veröffentlichung im Internet durch den Inserenten unerwünscht sind, entfernt. Dieser Filter wird 'Robinson-Filter' genannt. Zur Kontrolle werden Positiv- und Negativprotokolle erstellt.

Indizierung

Die technisch möglichen und erlaubten Anzeigen werden nun in ein datenbankgerechtes Format überführt, mit Datensatzattributen versehen, indiziert und in die Datenbank integriert. Die Datenbank, ein DB/2-System auf UNIX-Basis, protokolliert in einem Positiv- und einem Negativ-Logfile die erfolgreiche Übernahme.

Datenbankabfrage mittels CGI

Die Anfragen werden in eine Maske eingetragen, mit CGI in eine definierte Form gebracht, über TCP/IP vom Client zum Server geschickt und dort, zu SQL-Statements umgewandelt, verarbeitet. Die Struktur des Systems erlaubt den Zugriff auf den Datenbestand sowohl über indizierte Begriffe als auch über Volltext.

Projektfortschritt

Bereits nach sechs Wochen konnte ein Prototyp vorgestellt werden, im August 1996 wurde eine Testversion ins WWW gestellt, die Markteinführung war im September 1996.

Projektbegleitendes Marketing

Neben der technischen Umsetzung ist für die Etablierung eines neuen Produktes auch eine Marketingkonzeption nötig. In der Süddeutschen Zeitung wurden Eigenanzeigen gestartet, besonderes Augenmerk erhielt die Berichterstattung in Fachzeitschriften und im Fernsehen sowie die Präsentation auf Publikumsmessen.

Registrierung und Reichweitenmessung

Das Marketing für die Anzeigenkunden wurde von der Anzeigenabteilung des Verlages übernommen, ein besonderes Angebot war die Aufnahme von Anzeigen der Autohäuser, die ihre Gebrauchtfahrzeuge im gleichen System wie die aus der Zeitung stammenden anbieten konnten. Die Problematik der Reichweitenmessung wurde umgangen, indem eine Registrierung der Nutzer gefordert wird. Diese erlaubt dem Verlag, den Kunden eine valide Nutzungsstatistik bis zur einzelnen Anzeige herunter anzubieten.

Die Herausforderung: Gestaltete Anzeigen

Im Vergleich zu den Fließtexten stellen die gestalteten Anzeigen eine erheblich höhere Herausforderung dar. Hier erreichen die Anzeigendaten den Verlag zum großen Teil als Vollvorlagen, also in analoger Form, die Digitalisierung ist technisch aufwendig. Das Scannen und Lesen per OCR-Software erweist sich als außerordentlich fehlerträchtig, da die Schrift oft als Gestaltungselement genutzt wird und die OCR-Systeme derartige Layouts nicht sinnvoll auswerten können. Eine Neuerfassung scheidet aus wirtschaftlichen Gründen, aber auch aufgrund des erforderlichen Zeitaufwandes ebenfalls aus.

Die elektronisch übermittelten Anzeigen sind ebenfalls nicht ohne weiteres nutzbar. Insbesondere die Indizierung der einzelnen Annoncen birgt große intellektuelle Nachbearbeitungsaufwände, da beispielsweise im Stellenbereich oft keine eindeutigen Zuordnungen möglich sind (z.B. ist für eine Annonce 'EDV-Bereichscontroller' zu entscheiden, ob es sich um eine Stelle im Bereich EDV oder Controlling handelt).

Koine sinnvolle technische Lösung erkennbar

Da hier keine technische Lösung sichtbar ist, erscheint es sinnvoll, eine organisatorische zu etablieren, beispielsweise den Anzeigenkunden ein System zur Verfügung zu stellen, mit dem sie ihre Inhalte elektronisch zusammen mit den eigentlichen Inseraten an die Zeitung übergeben können.

8   Strategieentwicklung und Projektmanagement

Planung, Strategie und Projektmanagement

Welche Gründe bewegen Firmen dazu, sich im Bereich Neue Medien zu betätigen? Welche Strategien stehen hinter diesem Engagement? Wie können Projekte effektiv umgesetzt werden? Welche Rolle spielen Dienstleister, wo liegen Erfolgspotentiale? Diese grundlegenden Fragen werden im folgenden Kapitel behandelt. Der Leser soll anhand der einzelnen Entwicklungsschritte eine eigene Strategie für den Eintritt in den Online-Markt erstellen und auf diese Weise sowohl Chancen als auch Risiken seines Weges erkennen können.

8.1   Strategieentwicklung

Produkte für das Internet-Business

Was im Netz gekauft und was dagegen auch zukünftig real im Laden gehandelt wird, ist die Kernfrage des Online-Business. Für den Online-Verkauf sind vor allem Waren geeignet, über die sich der Käufer bereits im Netz ausreichend informieren kann. Information und Werbung sind entsprechende Schlüsselfaktoren für kommerzielle Netznutzung. Ist jedoch ein körperliches Erlebnis kaufentscheidend, ist der Verkaufsort Internet nicht passend. Die Analyse der im Netz erhältlichen und auch in nennenswerten Stückzahlen verkauften Waren zeigt deutlich, daß 'körperliche' Waren wie Kleidung oder Nahrungsmittel im Vergleich zu Software, Information oder Büchern deutlich geringer vertreten sind. Nicht umsonst gehört Software zu den bisher erfolgreichsten Online-Produkten.

Informationsprodukte

Für Software-Updates ist das Internet als Vertriebsmedium prädestiniert. Auch Bücher können problemlos digital über das Netz geschickt und vom User anschließend ausgedruckt werden. Für den Verleger ergibt sich hierbei das Problem, die Anzahl der Kopien nicht kontrollieren zu können; dies trifft allerdings auf gedruckte Bücher gleichermaßen zu. Eine echte Konkurrenz ist durch die im Vergleich zum gebundenen Buch geringere haptische und oft auch optische Qualität der ausgedruckten Kopien gegeben.

Die Entwicklung eines Produktes oder einer Produktlinie im Bereich Neue Medien stellt in den meisten Fällen eine für die Entwicklung des Unternehmens bedeutende Entscheidung dar. Die Gründe, den Schritt in einen neuen - und oft unbekannten - Markt zu wagen, sind zwar unterschiedlich, lassen sich aber meist in eine oder mehrere der folgenden Kategorien fassen:

Abbildung:
Gründe für ein
Engagement in den
Neuen Medien

- Bindung vorhandener Kunden

- Gewinnung neuer Kunden

- Verbesserung vorhandener Produkte und Dienstleistungen in etablierten und neuen Märkten

- Entwicklung neuer Produkte und Dienstleistungen

- Marketingaspekte (Imageverbesserung, neue Werbeformen etc.)

- Verbesserung des Vertriebs

Für jedes dieser Ziele sind bereits vielfältige Beispiele im Markt realisiert; die folgende Tabelle zeigt einige wenige Ansätze für die Möglichkeit des Einsatzes Neuer Medien.

Abbildung:
Zieldarstellung für
unterschiedliche
Realisierungen
im Bereich Neue
Medien

Ziel	Kennzeichen	Beispiele	Relevanz
Bindung vorhandener Kunden	Höhere Aktualität	Zeitung online Angebote von Handelsunternehmen im Internet	
	Neue Produkte und Dienstleistungen	Immobilienmärkte online Kataloge auf CD-ROM	

Neukun-dengewinnung	Neue Kunden für vorhandene Produkte	Online-Banking	
	Neue Kunden für neue Produkte	Spartenkanäle im Digital-TV	
Produktverbesserung	Für Stammärkte	Verwaltungsvorschriften auf CD-ROM	
	Für neue Märkte	Hörfunk per Internet	
Neue Produkte	Für Stammärkte	Information-Broking online	
	Für neue Märkte	Screendesigning als Dienstleistung	
Marketingaspekte	Besseres Image	Firmendarstellungen im Internet Interaktive Firmenpräsentationen auf CD-ROM	
	Neue Werbeformen	Interaktive Werbung im Internet	
Verbesserung des Vertriebes	Neue Vertriebswege	Abonnementverkauf online Online-Ticketservices Softwarevertrieb via Dateitransfer	
	Verbesserung kaufmännischer Abläufe	Preislisten online Produktbestellung online	

8.1.1   Grundsätzliche Fragestellungen

Integration unter-
schiedlicher Unter-
nehmensbereiche

Schon anhand der Beispieltabelle wird ersichtlich, wie viele Bereiche eines Unternehmens bei der Planung des Markteintritts involviert sein können. Dies kann alle Abteilungen von der Herstellung - Anbindung von Autoren und Dienstleistern - über Werbung, Marketing und Vertrieb bis zur Geschäftsführung umfassen.

Dabei stellt sich oft schneller als vermutet die grundsätzliche Frage nach der Rolle der Neuen Medien für das Unternehmen. Folgende Möglichkeiten müssen dahingehend betrachtet werden:

Abbildung:
Grundsätzliche
Fragestellung

Neue Medien ...

■ **supplementär**, bestehende Produkte unterstützend,

■ **additiv**, als neue Geschäftsfelder neben bestehenden,

■ **substituierend**, bestehende Produkte ersetzend.

Um eine Klärung dieser Frage zu erhalten, ist es sinnvoll, die Entwicklung einer für das Unternehmen relevanten Strategie in mehreren Schritten voranzutreiben.

Dabei ergeben sich eine Reihe von Punkten, die vor einer aufwendigen Detailplanung zu klären sind. Nicht nur die technischen Möglichkeiten, auch die Einbindung in bestehende oder die Struktur zu schaffender Organisationseinheiten ist zu berücksichtigen.

Abbildung:
Fragestellungen
zum Engagement
im Online-Bereich

Bereich	Fragestellung
Technologie	Wie ist der aktuelle Stand der Technik, welche vergleichbare Unternehmen agieren bereits mit welchen Konzepten am Markt?

Betriebs-wirtschaft/ Marketing	Welche Parameter lassen sich für die einzelnen Märkte und Produktlinien definieren?
	Welche Produkte besitzen die größten Umsatzpotentiale für den Anbieter, wie korrespondieren diese mit den Produkten in den Kernmärkten des Unternehmens?
	Wie lauten die Prognosen für das angestrebte Segment, und mit welchen Kriterien sind sie zu bewerten?

8.1.2   Strukturentwicklung

Einbindung interner
und externer Stellen

Die Zeit- und Kostenaufwände für die Erstellung einer validen Markteintrittsplanung werden erfahrungsgemäß ebenso unterschätzt wie die Bedeutung dieses Vorgehens an sich. Gerade große Unternehmen stehen darüber hinaus zu Beginn ihres Engagements vor der Entscheidung, für die Strategiefindung interne oder externe Stellen zu beauftragen.

Externe
Dienstleister

Beide Möglichkeiten beinhalten Vor- und Nachteile, die individuell zu gewichten sind. Externe Berater vermögen das Unternehmen aus einem neutralen Blickwinkel heraus betrachten und müssen nur wenig Rücksicht auf interne Strukturen nehmen. Allerdings benötigen Außenstehende längere Vorlaufzeiten, um die inneren Mechanismen des Unternehmens kennenzulernen und entsprechend zu gewichten. Auch steht das durch die Anfertigung der Strategie erworbene Know-how dem Unternehmen selbst später nicht mehr unmittelbar zur Verfügung.

Problematisch gestaltet sich oft die Auswahl des Beraters. Unterschiede liegen in den Branchenerfahrungen des einzelnen Dienstleisters, der verfügbaren Manpower und der Ausrichtung der Beratungsfirma.

Interne Planung

Interne Strategieentwicklung hat den Know-how-Aufbau im Unternehmen, die bekannte Leistungsfähigkeit des verantwortlichen Mitarbeiters und den vorhandenen Kenntnisstand bezüglich des IST-Zustandes als Vorteile. Oft werden jedoch die Beurteilungen eigener Mitarbeiter geringer geschätzt als die für neutraler erachteten Ergebnisse externer Untersuchungen, und ein Mitarbeiter steht oft vor dem Problem, zu 'dicht' am Unternehmen zu stehen und vorhandene Strukturen zu wenig in Frage stellen zu können oder wollen.

Abbildung:
Externe und internen Stellen innerhalb der Strategieentwicklung

Kriterium	Externe Beratung	Interne Stelle	Relevanz
Neutralität	Neutral, nur dem Auftraggeber verpflichtet	Neutralität von der internen Stellung abhängig	
Know-how	Meist gutes Branchen- und Fach-Know-how	Meist gutes Fach-Know-how	
Kenntnis über das Unternehmen	Muß erarbeitet werden	Vorhanden	
Kosten	Hoch	Gering	
Anerkennung der Ergebnisse	Hoch	Abhängig von der internen Stellung	

Meist werden gemischte Teams gebildet, in denen interne und externe Stellen gemeinsam an Zielsetzungen und Problemlösungen arbeiten.

Interne Koordinationsstellen

In einigen Unternehmen wie dem Süddeutschen Verlag oder der Verlagsgruppe Hüthig sind interne Koordinationsstellen für Neue Medien - oft als Stabsstellen - eingerichtet, die alle Aktivitäten zentral lenken, für bestimmte Aufgaben aber auf externe Dienstleistungen und Berater zurückgreifen können. Diese Form ist für kleinere Unternehmen aus Aufwandsgründen meist nicht möglich.

8.1.3　Phasen der Strategieentwicklung

Allen Bemühungen um die Entwicklung einer zumindest mittelfristigen Konzeption ist allerdings voranzuschicken, daß in einem derart schnellebigen Markt wie dem der elektronischen Medien die Validität mittel- und langfristiger Planungen als äußerst begrenzt anzusehen ist. Gescheiterte Projekte wie der Versuch des eigenen Online-Dienstes Europe Online ('EOL') des Verlegers Burda oder die leidvolle Geschichte des Verlegerengagements in BTX sind nur zwei von vielen Beispielen für diese Tatsache.

Einige Unternehmen ändern in rasantem Tempo ihre Gesamtstrategie wie Microsoft Network, das 1996 innerhalb weniger Monate vom proprietären Dienst zu einem Entertainment-orientierten Internet-Service mutierte, andere sehen eine dem Markt angepaßte Planung mit der Definition von mittelfristigen Zielen und einer möglichst freien operativen Zielerreichung als sinnvoll an.

Als eine für unterschiedliche Unternehmen geeignete, an die klassische Methodik angelehnte Vorgehensweise hat sich eine Planungstechnik mit den folgenden Phasen erwiesen:

Phase	Inhalt
1. Analyse	Definition des IST-Zustandes des Marktes, der verfügbaren Technologien und des Unternehmens Zieldarstellung
2. Strategie-entwicklung	Definition des konzeptionellen Vorgehens
3. Konzeption	Umsetzung der Strategie in Business-Cases
4. Realisierung	Ausführung der Business-Modelle Markteintritt

Darüber hinaus werden in jeder einzelnen Phase die folgenden relevanten Elemente und deren gegenseitige Einflußnahme berücksichtigt:

Abbildung:
Iterationszyklus
strategisch relevan
ter Bereiche

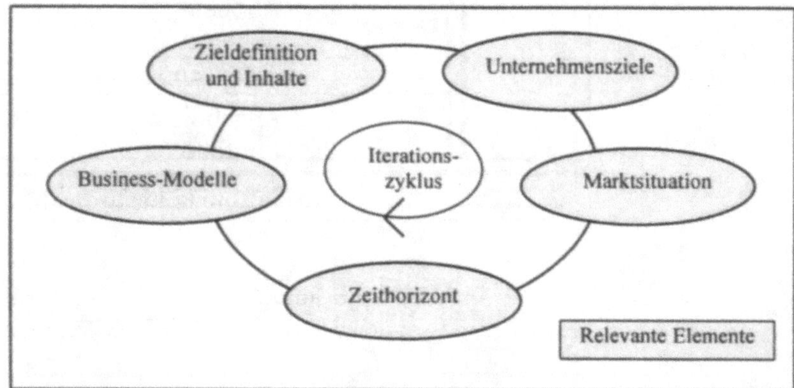

8.1.4   Analysephase

Zu Beginn der Planung erfolgt in der Analysephase die Definition des relevanten Marktes und dessen Segmentierung, es werden die Zielgruppen umrissen und der Wettbewerb untersucht.

Analysemethoden

Die Analysemethoden umfassen statistische Auswertungen, Auswertungen von (Datenbank-) Recherchen als qualitative Methode, empirische Untersuchungen, Brainstorming-Runden, Portfoli-
obewertungen unter quantitativen und qualitativen Gesichtspunkten, Lebenszyklusanalysen und den Aufbau von Bewer-
tungsschemata zur Beurteilung von Alternativen, insbesondere
im technischen Bereich.

Abbildung:
Struktur der Analy-
sephase

Phase	Markt	Inhalt	Organisation	Technik
Analyse	Marktseg- mentierung	Bestands- aufnahme	Personal	Tech- nische Plattform
	Zielgruppen		Potentiale	Prozeß- Analyse
	Wettbewerb			

	Koopera- tionen & Allianzen
	Angebots- Portfolio
Machbarkeitsstudie	

Im besonderen sind unternehmensinterne Aspekte, Markt und Konkurrenz sowie die Inhalte zu berücksichtigen.

Abbildung:
Aspekte für die
Analysephase

Unterneh-mensinterne Aspekte	Unternehmens-philosophie	Tradition/Leitbild Innovation Diversifikation
	Definition des Kern-geschäfts	Branche Kundenspektrum Produktportfolio
	Unternehmens-organisation	Geschäftsbereiche Beteiligungen Infrastruktur
	Kooperationsmodelle	
Markt und Konkurrenz	Art und Zustand des Marktes	Branchenintern Branchenfremd
	Die Konkurrenz	Branchenintern Branchenfremd
Inhalte	Angebotsportfolio	
	Quellen/Kooperationen	
	Rechtslage	
	Grad der Digitalisierung	
	CD und CI	

Zu den unternehmensinternen Aspekten gehören die Firmen-philosophie, die sowohl Tradition als auch das Unternehmensleitbild beinhaltet, der Grad der unternehmensinternen Innovationsfreudigkeit sowie die Produktdiversifikation. Weiterhin ist eine Definition des Stammgeschäfts (Branche, Kundenspektrum und Produktportfolio) nötig.

Bestandsanalyse

Gleichzeitig wird eine Bestandsaufnahme vorhandener Inhalte und Strukturen durchgeführt, die sowohl die personellen als auch die technischen Potentiale umfaßt. Vorhandene Prozesse werden ebenso überprüft wie bestehende Kooperationen und Allianzen.

Am Ende der Analysephase steht eine Machbarkeitsstudie, die die Ergebnisse zusammenführt, interpretiert und wertet.

8.1.5   Von der Strategiefestlegung zur Realisierung

Auf der Basis der Machbarkeitsstudie erfolgt die eigentliche Strategiefindung und Strategiebestimmung.

Die Konzeptionsphase

In der Konzeptionsphase werden die Marketingmaßnahmen zur Produkteinführung und -begleitung, die Bereitstellung der Inhalte, die Aufbau- und Ablauforganisation (personell und technisch) festgelegt und die Produkt-Pflichtenhefte erstellt.

Abbildung: Elemente der Konzeptionsphase

Phase	Markt	Inhalt	Organisation	Technik
Konzeption	Marketing-maßnahmen	Bereit-stellung der Inhalte	Aufbau- / Ablaufor-ganisation	Produkt-Pflichten-heft
	Business-Modelle			

Das Produkt-Pflichtenheft

Das Produkt-Pflichtenheft enthält die Beschreibung der technischen und anwendungsspezifischen Anforderungen und bildet damit die Grundlage für die Umsetzung. Neben der Definition der technischen Plattform wird im Pflichtenheft die Anwendung detailliert beschrieben, die Dialogregie, Prozeßabwicklung und die Festlegung sowie Fortschreibung der benutzten Standards getroffen.

Auf dieser Grundlage können für die einzelnen Produkte tragfähige Business-Modelle erstellt werden.

Die Realisierung

Die Realisierung der Produkte und Produktlinien erfolgt durch das Projektmanagement in der letzten Planungsphase.

Von jeder Phase muß zu den vorhergehenden eine Rückkopplungsfunktion realisiert werden, um stetige Produktentwicklung und Anpassung an veränderte Marktgegebenheiten zu gewährleisten.

8.1.6 Beispiele strategischer Planung

Die Umsetzung unterschiedlicher Strategien kann anhand einiger Beispiele verdeutlicht werden.

Die CA im Internet

Der Auftritt der österreichischen Creditanstalt (CA) im Internet wurde seit Mitte 1995 geplant und zum werbewirksamen Termin Weltspartag 1995 realisiert

Für die CA als eines der größten österreichischen Bankunternehmen stellten sich Mitte des Jahres 1995 besondere Bedingungen. Aufgabe der Analysephase war es, diese zu evaluieren und auf Relevanz zu prüfen.

Folgende Eckpunkte wurden dabei als wichtig erachtet: Es gab in Österreich (im Gegensatz zu Deutschland mit T-Online) keine Möglichkeit, Online-Banking zu realisieren. Der Internet-Markt war zunächst als Marketingkanal für die Kreditinstitute zu sehen.

Konkurrenzbetrachtung

Die Bank Austria, der direkte Konkurrent der CA, hatte zu dieser Zeit bereits ein Angebot im WWW, das aus Informationen für Bankkunden, aktuellen Kursen und kleineren Berechnungsmodulen für bestimmte Dienstleistungen bestand. Die Online-Präsenz des Wettbewerbers wurde insbesondere als Möglichkeit der Imageerhöhung in den besonders umworbenen jungen Zielgruppen betrachtet.

Abbildung:
Phasenmodell des
CA-Auftritts

Phase	Inhalt	In-tern	Ex-tern	Zeit
Analyse	Markt/Wettbewerb/Produkte Technische Möglichkeiten Zielgruppen Interne Organisation	■		05-07/ 1995
Strategie-findung	Zieldefinition Realisierungskonzept	■		06-07/ 1995
Ausschrei-bung/Kon-zeption	Zwei Ausschreibungsrunden Inhaltliche Konzeption Marketingkonzeption Bewertung	■ ■	 ■ ■	07-08/ 1995
Reali-sierung	Entwicklung des Designs Aufbau der Struktur Integration der Inhalte Marketingmaßnahmen Markteintritt (10/1995) Wartung und Pflege	 ■ ■ ■ ■	■ ■ ■ ■	08-10/ 1995

Marketing und Ziel-
gruppendefinition

In internen Planungsrunden wurden der Verlust eines Marktsegments (Erstkonten für junge Bankkunden) sowie die Preisgabe eines neuen Marktes (Online-Banking wurde als Zukunftsperspektive gesehen) befürchtet.

Als Zielgruppen für die CA wurden die gleichen Personenkreise wie die des Konkurrenten definiert, zusätzlich sollten durch spezielle Services (z.B. Rechenmodule für Immobilienfinanzierung) auch andere Nutzer an die CA herangeführt werden.

Ausschreibung als
Planungsinstrument

Die Planung erfolgte durch ein internes Team, das sich Anregungen und Realisierungsmöglichkeiten durch externe Dienstleister zukaufte. Die CA schrieb das Projekt aus, berücksichtigt wurden erfahrene Dienstleister, die aufgefordert wurden, nicht nur vorgegebene Elemente ansprechend umzusetzen, sondern auch in kreativer Weise neue Services zu entwickeln und das Vorgehen für den Markteintritt vorzuschlagen.

Die Wertung erfolgte in zwei Ausscheidungsrunden, wobei die Dienstleister, die nach der ersten Runde in die engere Wahl kamen, in jedem Fall eine Aufwandsentschädigung auch für den Fall der schlußendlichen Nichtberücksichtigung erhielten.

Am Ende wurde zum Weltspartag 1995 ein Internetauftritt verwirklicht, der eine auf den unterschiedlichen Aktualisierungszyklen basierende Struktur aufwies und bis heute ständig erweitert wurde. Hierbei wird unterschieden zwischen Elementen, die nie oder nahezu nie geändert werden (z.B. die Grundstrukturen), solchen mit seltener Aktualisierungsfrequenz wie Listen der Filialen oder die Berechnungsmodule, monatlich anzupassenden Services, z.B. der Kundenzeitschrift des Unternehmens und sehr aktuellen Inhalten wie Börsen- oder Geldkursen. Dazu kommen unregelmäßige Teile wie Hinweise auf besondere Events oder Aktionen zu bestimmten Anlässen.

ems G.Braun - Dienstleister für elektronische Medien

Völlig anders gestalten sich Planung und Markteintritt für Dienstleistungsunternehmen. Ein Beispiel ist die Firma electronic media services ems G.Braun in Karlsruhe. Dieses Unternehmen entstand aus der Abteilung ORG/DV der mittelständischen Verlagsgruppe G.Braun, die unter anderem Telefonbücher und Periodika publiziert. Der ursprüngliche Satzdienstleister für den eigenen Verlag wurde als Serviceprovider für elektronische Medien verselbständigt und suchte nach Möglichkeiten, auch auf dem offenen Markt Fuß zu fassen.

Die Planung hier erfolgte nach folgendem Schema:

Abbildung: Phasenmodell der strategischen Planung ems G.Braun

Phase	Inhalt	Intern	Extern
Analyse	Markt/Wettbewerb/Produkte	■	■
	Technische Möglichkeiten	■	■
	Zielgruppen		■
	Interne Organisation	■	■
Strategiefindung	Zieldefinition	■	■
	Definition der Geschäftsfelder	■	
	Realisierungskonzept	■	■

Konzep-tion	Inhaltliche Konzeption	■	
	Marketingkonzeption	■	■
	Entwicklung des Business-Case	■	■
Reali-sierung	Personalgewinnung	■	■
	Aufbau der technischen Infrastruktur	■	
	Markteintritt	■	
	Entwicklung von Referenzen	■	
	Aufbau der Kundendatenbank	■	
	Aktives Marketing	■	

Starke Rolle externer Berater

Markant ist hier der hohe Anteil externer Beratungsleistungen, die das Unternehmen bis zum Markteintritt betreuten. Interne Stellen waren zwar stark involviert und mußten die endgültigen Entscheidungen treffen, dem Urteil und dem Know-how neutraler Stellen wurde jedoch große Bedeutung eingeräumt.

Markt- und Unternehmensanalyse

Zunächst erfolgten die Untersuchung und Bewertung des Marktes und der eigenen Ressourcen. Die externen Berater nahmen eine Betrachtung der Marktsegmentierung vor. Zusammen mit den der Geschäftsführung wurden drei Segmente als unternehmensrelevant herausgearbeitet. Kriterien waren unter anderem Reife des Marktes, vorhandenes Know-how, Produkte und Potentiale im Markt. Entsprechend der Analysen wurden die Geschäftsbereiche Verlage und Verbände, Industrie und Handel sowie Verkehrsbetriebe definiert.

Polarisierung der Märkte

Die Analyse der zu der damaligen Zeit (1994) am Markt befindlichen Produkte ergab eine starke Polarisierung zwischen 'Quick-and-dirty'-Angeboten, die mit geringem Aufwand realisiert und zu geringen Preisen gehandelt wurden und 'High-Quality'-Linien, die höchste Produktqualität zu hohen Preisen bot. Für ems G.Braun wurden High-Quality-Standards als zukunftsträchtig bewertet.

Die Stärke des Unternehmens liegt im Bereich strukturierter Datenverarbeitung, daher wurden auch für die elektronische Umsetzung dazu affine Produkte definiert: Kataloge auf CD-ROM's, Aufbau neutraler Datenbestände und Entwicklung von Werkzeugen zu deren Verwaltung, Internet-Präsenzen auf Datenbank-Basis. Die interne Struktur des Unternehmens sah eine Zweiteilung in Marketing mit Vertriebskomponente und Produktion vor.

Marketingkonzept

Der Markteintritt erfolgte in mehreren in sich verzahnten Phasen. Es wurden Referenzprodukte für die Bereiche Industrie und Handel sowie Verlage und Verbände erstellt, die bei Kundenterminen entsprechend vorgestellt werden konnten. Marketingaktionen in den Zielgruppen umfaßten Telefonaktionen, aktive und passive Teilnahme an Kongressen und Veranstaltungen.

Auf der Basis verfügbarer Datenbasen, vorhandener Kundenkontakte sowie der Ergebnisse von Telefon- und Mailingaktionen wurde eine Datenbank erstellt, die mögliche Kunden nach bestimmten Kriterien wie Relevanz der Produktlinien des Kunden, Reife des Marktes und geschätzten Potentialen erfaßte und in ABC-Kategorien eingeteilt war.

Das bedeutendste Marketingevent war im ersten wie in den Folgejahren die Frankfurter Buchmesse, die den Bereich 'Elektronisches Publizieren' inzwischen als festen Bestandteil etabliert hat. Hier wird Verlagen und Dienstleistern eine breites Forum zur Präsentation ihrer Leistungsfähigkeit geboten.

Konsequente Verfolgung der Grundstrategie

Für ems G.Braun war die unter hohen Aufwänden entwickelte Grundstrategie die Basis für den erfolgreichen Markteintritt, wobei die grundlegenden Parameter (Marktdefinition, Produktlinien, Marketingkonzeption) hier konsequent und ohne große Änderung verfolgt wurden.

Neue Märkte für kleine Unternehmen

Betrachtet man den Anbietermarkt im Bereich Neue Medien, so ist die Anzahl kleiner Unternehmen - ähnlich wie bei der Einführung der Personal-Computer im EDV-Bereich - sehr groß. Marktkonzentrische Entwicklungen haben dieses Segment noch nicht in vollem Maße erreicht. Die Kleinunternehmen setzen sich zum großen Teil aus ehemaligen Satzbetrieben oder Graphikateliers, jungen Unternehmensgründern und Quereinsteigern zusammen. Charakteristisch ist die mit dem Markt einhergehende flexible Unternehmensplanung und das bisweilen völlige Fehlen fester Strategien.

Vom Musikverlag zum Mediendienstleister

Ein Beispiel für ein solches Kleinunternehmen sei hier angeführt: Mitte der achtziger Jahre gründete Thomas Wolf, ein Jungunternehmer im kleinen Ort Liebenscheid im Westerwald aus Passion den Musikverlag 'Wolf Records'.

Mehrere Jahre lebte das Unternehmen von Musikaufnahmen und der Duplikation von Cassetten. Die Kunden fragten im Laufe der Zeit vermehrt nach CD's mit ihren Aufnahmen, so daß eine kleine Infrastruktur mit günstigen Lieferanten und entsprechendem Know-how bis zum Premastering aufgebaut wurde.

Da sich die Produktion von CD-ROM's nicht von der normaler Musik-CD's unterscheidet, wurde das Angebotsspektrum diversifiziert und mittlerweile betätigt sich das Unternehmen mit mehreren Mitarbeitern als Dienstleister für Computerfirmen und Verlage.

8.2   Projektmanagement

8.2.1   Phasen der Projektumsetzung für einen Auftraggeber

Ist der strategische Ansatz im Unternehmen gefunden und den entsprechenden Stellen kommuniziert, erfolgt die Umsetzung der definierten Projekte. Die konkreten Phasen innerhalb des Projektmanagements für ein auftraggebendes Unternehmen lassen sich in dem auf der folgenden Seite dargestellten Schema zeigen.

Aufbauorganisation

Eine für ein solches Phasenmodell sinnvolle Aufbauorganisation benötigt eine verantwortliche Planungsstelle, die der Geschäftsführung berichtet und den Kontakt mit den Fachabteilungen, den internen Planungsrunden, externen Dienstleistern sowie dem Marketing koordiniert.

Einbeziehung der Fachabteilungen

Aus den Fachabteilungen kommen oft Anregungen, da sie sehr dicht am entsprechenden Markt agieren, benötigen allerdings (zumindest in den ersten Projekthasen) Beratung, um die Anforderungen den technischen Möglichkeiten und wirtschaftlichen Rahmenbedingungen gegenüberzustellen zu können.

Phase	Inhalt
Projektformulierung	Projektskizze mit ■ Aufwandsschätzung ■ Zeithorizont ■ Erlösschätzung ■ Alternativen ■ Zusammenfassung und Bewertung der Projektskizze
Erstellung eines Business-Planes und einer konkreten Projektdefinition	Entscheidungsvorlage mit ■ Projektbeschreibung ■ Aufwandsdarstellung (Budget) ■ Erlösdarstellung ■ Rentabilitätsanalyse ■ Zeitplan
Entwicklung eines Realisierungsweges	■ Vergleich unterschiedlicher Realisierungsmöglichkeiten ■ Finden geeigneter Dienstleister ■ Prüfung vorhandener Partner
Ausschreibung	■ Zeitplanung ■ Entwicklung eines Bewertungsschemas ■ Durchführung der Ausschreibung ■ Bewertung der Angebote ■ Entscheidung
Projektrealisierung und Marketingplanung	■ Überwachung der Realisierung ■ Testläufe ■ Entwicklung eines Marketingkonzeptes ■ Markteintritt
Laufende Betreuung, Pflege und Wartung des Produkts	■ Produktverbesserung/ Marktbeobachtung/Anpassung

<table>
<tr><td>Kritische Einschät-
zung von Demon-
strationen</td><td>Beispiel für kritische Bewertungen sind oft Demonstrationen, die den 'state-of-art' der möglichen Technologie darstellen, jedoch den tatsächlichen Möglichkeiten weit vorauseilen. Anfang 1996 wurden den Geschäftsführungen vieler Tageszeitungsverlage Demonstrationen geschlossener Online-Dienste vorgeführt, in denen interaktive Immobilienanzeigen - also ein Produkt für einen der Kernmärkte dieser Unternehmen - präsentiert wurden. Die Anwendung ermöglichte einen virtuellen Gang durch das gewählte Objekt, Änderungen der Ausstattung und des Grundrisse und dessen Bezahlung per sicherem Online-Payment.</td></tr>
<tr><td>Realitätsnähe</td><td>Solche Möglichkeiten sind zwar mit Hochleistungs-PC offline realisierbar, die Übertragungskapazitäten der aktuellen Netze und die Leistungsfähigkeit üblicher Rechner wird jedoch durch solche Anwendungen weit überfordert. Die Multimedialeiter der Verlage sahen sich nun einer Idee gegenuber, die sich bei den Geschäftsführungen und Fachabteilungen etabliert hatte und die nur sehr schwer als Vision kenntlich gemacht werden konnte. Anzumerken ist, daß der entsprechende Online-Dienst kurz darauf auf diese Präsentation verzichtete, da er die gezeigte Dienstleistung mit seiner Technik nicht realisieren konnte.</td></tr>
</table>

8.2. 2 Aufbauorganisation

Eine mögliche Aufbauorganisation sei im folgenden dargestellt:

Abbildung:
Beispiel einer Auf-
bauorganisation mit
zentralem Pla-
nungsgremium

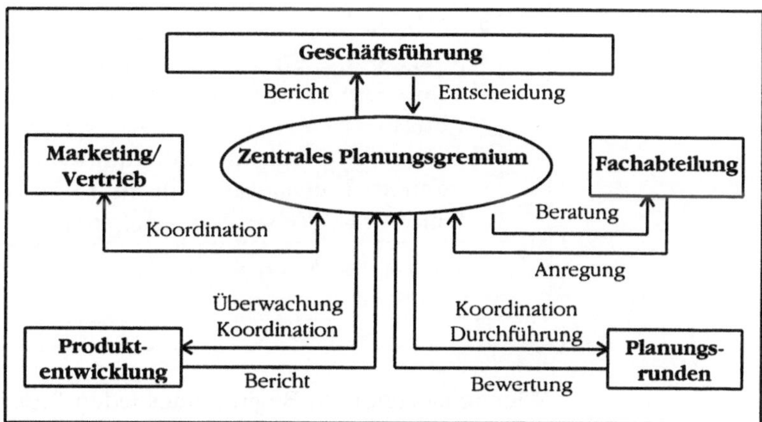

Mögliche Projekte und Projektideen werden von den Fachabteilungen an die Planungsstelle herangetragen. Diese hilft bei der Konkretisierung der Idee oder gibt Anregungen hierzu.

Planungsrunden

Die Planungsrunden dienen als Forum für eine erste Bewertung einer Idee. Sie kann eine Empfehlung aussprechen, das Thema weiterverfolgen und eine erste Realisierungsschätzung vornehmen.

Zentrale Planung

Die Projekte werden dann von einem verantwortlichen Planungsgremium geprüft und dokumentiert. Die Wichtigkeit einer verantwortlichen Stelle für den Projektablauf und die gesamtheitliche Planung wird schon aus dem einführenden Diagramm deutlich. Ein solches Gremium sollte folgende Aufgaben haben:

Abbildung: Aufgaben einer zentralen Planungsstelle

	Beschreibung der Aufgabe
1	Organisation von Planungsrunden
2	Sammlung und Dokumentation aller Vorhaben im Umfeld des Projektes
3	Verfügbarmachung der Unterlagen für alle Fachabteilungen
4	Unterstützung und Überwachung der Umsetzung durch: ■ Formulierung des Vorhabens ■ Vorlage und Empfehlung für die Geschäftsführung ■ Erarbeiten eines Business-Plans bis zur entscheidungsreifen Vorlage für die Geschäftsführung ■ Vermittlung und/oder Beratung von Know-how-Partnern/Dienstleistern für die Umsetzung oder im Sinne strategischer Partnerschaften
5	Beratung und Kontrolle bei der Umsetzung bis hin zur Projektdurchführung.

Wichtig ist schon zu Beginn eines jeden Projektes eine möglichst genaue Projektbeschreibung. Diese sollte die auf der folgenden Seite in Form einer Checkliste aufgeführten Elemente beinhalten.

		Inhalt	**Eintrag**
1		Name des Projekts	
2		Vorschlagende/umsetzende Stelle	
3		Projektleiter	
4		Inhalt des Projektes	
5		Marktsegment	
6		Zielgruppe	
7		Nutzen des Projektes ■ wirtschaftlich ■ strategisch ■ aus Marketingsicht	
8		Ist mehr als eine Abteilung betroffen? ■ vom Thema ■ vom Ressourceneinsatz	
9		Erste Kosten-/Umsatzschätzung	
10		Zeithorizont für die Umsetzung	
11		Partner für die Umsetzung ■ intern ■ extern	
12		Risikoabdeckung ■ allein ■ mit internen Stellen ■ mit externen Partnern	
13		Welche Investitionen sind nötig? ■ zur Erschließung eines neuen Geschäftsfeldes ■ zur reinen Vorfinanzierung ■ für Basisinvestitionen	

Die Checkliste liegt als Datei im Format Winword in der Internet-Site dieses Buches zum Download bereit.

In größeren Unternehmen ist die Relevanz des Projektes für das Gesamtunternehmen zu bewerten. Unterschieden wird dabei in Projekte, bei denen das Risiko und die Budgetierung beim Profitcenter liegen und in Projekte, die Pilotcharakter haben bzw. bei denen Konzernrelevanz besteht.

Wirtschaftlichkeitsbetrachtung

Die generelle Anforderung an Projekte lautet meist, daß das jeweilige Projekt sich innerhalb eines bestimmten Zeitraumes rechnen muß und daß die Wirtschaftlichkeit im Einzelfall zu zeigen und nachzuprüfen ist.

Diese übergeordnete Anforderung kann jedoch vernachlässigt werden, wenn aus Sicht jeder einzelnen Fachabteilung oder aus Unternehmenssicht eine strategische Notwendigkeit für die Realisierung des jeweiligen Projektes besteht.

Für die Unternehmensrelevanz können folgende Kriterien angeführt werden; die Beispiele sollen für ein Verlagshaus gelten:

Abbildung: Kriterien der Unternehmensrelevanz

	Kriterium	**Beispiel**
1	Projekt betrifft das gesamte Unternehmen	■ Basisinvestition Online für ein Verlagshaus
2	Projekt mit Pilotcharakter und hohem Aufwand	■ Aufbau eines neutralen Produktionsdatenpools
3	Projekt hoher strategischer Bedeutung, das Budget und Risikotragfähigkeit einzelner Fachabteilungen übersteigt	■ Online-Anzeigensystem einer Tageszeitung ■ Geschäftsfelderweiterung
4	Projekt betrifft mehrere Fachabteilungen	■ Einführung eines Online-Vertriebssystems

Finanzierung strategisch wichtiger Projekte

Sollte eines dieser Kriterien auf das Projekt zutreffen, ist zu entscheiden, ob das Projekt aus übergeordneten (Unternehmens-) Budgets finanziert werden kann. Aus diesem Grund ist für größere Unternehmen die Einrichtung einer Rücklage für strategisch wichtige Projekte auch im Bereich Neue Medien sinnvoll.

Die Feststellung der Notwendigkeit zur Durchführung von Projekten in einem einzelnen Bereich löst nicht automatisch die Finanzierung des Projektes aus. Die Finanzierung der Investitionen und der Kosten/Aufwendungen erfolgt hier durch die einzelne Fachabteilung.

Dokumentation und Koordination

Das Projekt wird jedoch der Planungsstelle angezeigt und dokumentiert, da hier die Koordination mit übergeordneten Stellen, die Prüfung auf eventuelle Synergien mit anderen Bereichen und die Anbindung an übergeordnete Infrastrukturen, beispielsweise mit externen Dienstleistern oder Kooperationspartnern, erfolgt. Damit ergeben sich unternehmensweite Standards, Vergleichbarkeit und Transparenz.

Synergien

Oft ist es von übergeordneten Stellen aus nötig, einen 'Zwang' zu Synergien zu erzeugen und deutlich zu machen, daß vorhandenes Know-how und etablierte Strukturen in die einzelnen Projekte zu integrieren sind. Dies ist sinnvoll, um zu vermeiden, daß ein Wildwuchs aus anfangs sinnvollen, später jedoch innerhalb eines Gesamtkonzepts nur unter hohen Aufwänden zu vereinenden Einzelprojekten entsteht.

Wirtschaftlichkeitsrechnung

In der Entscheidungsphase über die Durchführung eines Projektes ist es notwendig, eine Wirtschaftlichkeitsrechnung für das Projekt aufzustellen. Damit kann die Risikoabschätzung für den betriebswirtschaftlichen Bereich verdeutlicht werden. Trotz negativer Wirtschaftlichkeit sind oft strategisch wichtige Projekte zu realisieren. In diesem Fall dient die Wirtschaftlichkeitsrechnung zur Darstellung des maximalen Risikos. Auf der Internetpräsenz dieses Buches liegt eine solche Wirtschaftlichkeitsberechnung zum Download bereit.

9   Digitaler Rundfunk - DAB und DVB

Auf Rundfunkstrukturen basierende Onlinesysteme transportieren Programminformationen auf der Basis eines digitalen Datenstroms vom Sender zu beliebig vielen Empfängern. Digitale Übertragungssysteme für Rundfunk sind DAB ('Digital Audio Broadcasting', digitale Hörfunkübertragung) und DVB ('Digital Video Broadcasting', digitale Fernsehübertragung). Beide Systeme werden zur Zeit in mehreren Pilotprojekten in Deutschland erprobt, durch welche die technischen Rahmenbedingungen, die Bestandteile der Wertschöpfungsketten sowie deren relevante Parameter definiert und offene Punkte in den einzelnen Stufen des Ablaufes erkannt werden sollen.

9.1   Digitaler Hörfunk - DAB

Radio- und Datenübertragung im Broadcast-Verfahren

DAB transportiert Radioprogramme und zusätzliche digitale Informationen in Form eines Datenstroms. Der Nutzer kann diese Daten mittels spezieller DAB-Endgeräte empfangen. Als Endgeräte sind derzeit mehrere Varianten in Auslieferung oder Entwicklung. Mobilgeräte für den Einsatz in Kfz für Hörfunkempfang besitzen Cassettenlaufwerke und analoge Hörfunkempfangsteile, das eigentliche DAB-Empfangsgerät wird - ähnlich einem CD-Wechsler - im Kofferraum des Fahrzeugs montiert. Mobilgeräte für Hörfunk- und Datendienstempfang bieten neben dem Audioteil eine Darstellung von Daten auf einem Monitor im Format 1/4 VGA. Einsteckkarten für PC für Hör- und Datenfunkempfang und Heimgeräte für Hör- und Datenfunkempfang (derzeit nur in Dänemark) sind derzeit in den Pilotprojekten noch nicht im Einsatz.

Die Endgeräte

Zusätzlich zu den eigentlichen Empfangsmodulen beinhaltet ein DAB-Endgerät einen kompletten PC mit Betriebssystem OS/2, der die Systemverwaltung und Datenzwischenspeicherung übernimmt. Die Komplexität und der Entwicklungsaufwand dieser Technologie verzögerten die Einführung von DAB in der Anfangsphase erheblich. Die Auslieferung der Geräte erfolgt in den einzelnen Pilotprojekten in Form begrenzter Stückzahlen als

Testgeräte, zum Teil subventioniert durch die jeweilige Pilotprojektgesellschaft.

9.1.1   Technische Grundlagen

Aufbau des Datenstroms

Die Bandbreite des Datenstroms liegt in einem Frequenzblock von 1,75 Mhz, die Datenübertragungsbandbreite bei 1,5 Mbit/s. Die Datenmengen werden zur Vermeidung von Störsignalen und Reflexionen mittels des COFDM-Verfahrens ('Coded Orthogonal Division Multiplex') parallel über eine Vielzahl von Unterträgern ausgesendet. Alle Sender, die ein bestimmtes Programm übertragen, arbeiten synchronisiert auf einer Welle. Ein einzelner Datenstrom kann beliebig in unterschiedliche Teil-Datenströme von jeweils n x 8 kBit/s aufgeteilt werden, wobei der Inhalt der einzelnen Teile irrelevant ist. Inhalte können z.B. Radiodaten, Wetterinformationen, Daten eines Verkehrsleitsystems oder Verlags-Contents sein. Selbst die Übertragung von mittels Kompressionsverfahren wie MPEG-1 oder MPEG-2 komprimierten TV-Daten ist möglich.

Datenreduktion

Die digitale Signalverarbeitung erlaubt es mittels Datenreduktion (Quellencodierung und Decodierung im Empfänger), bereits mit einem Datenstrom von 192 kBit/s ein subjektiv der CD-Qualität (Datenrate 1.400 kBit/s) gleichwertiges Klangbild zu übertragen. Bei geringeren Ansprüchen, z.B. für Wortbeiträge, läßt sich der Kapazitätsbedarf bis auf 64 kBit/s reduzieren. Dadurch kann die Datenmenge eines durch einen Multiplexer (viele Ursprungsdaten werden zusammengefaßt und verteilt) gefüllten Datenstroms, die bei 1.184 kBit/s liegt, programmabhängig ökonomisch genutzt werden.

Programmbegleitende Dienste

Parallel zum eigentlichen Radioprogramm können programmbegleitende Daten ('PAD', Programme Associated Data) wie z.B. Begleitbilder zur Nachricht, Wetterkarte zur Wettermeldung, Verkehrskarte zur Verkehrsmeldung gesendet werden.

Nicht-programmbegleitende Daten

Neben den Radio- und radioprogrammbegleitenden Daten läßt sich durch die inhaltsneutrale Übertragungsform auch die Übertragung von nicht-programmbegleitenden Daten ('NPAD', Non Programme Associated Data) per DAB realisieren. Die Möglichkeiten gehen hier vom Datenrundfunk (z.B. der Radio-Zeitung oder dem Sport-Ergebnisdienst) bis zu Informationen für geschlossene Nutzergruppen, Übertragung von Software-Updates und ähnlichem.

Interaktivität innerhalb des Systems ist möglich in Form von gezieltem Zugriff auf im übertragenen Gesamtprogramm erhältliche Informationen (ähnlich dem Videotext) oder über einen - in den meisten bisher realisierten Anwendungen nicht vorhandenen - schmalbandigen Rückkanal per Modem und Telefonleitung.

9.1.2   Datenformate

Nachdem das DAB-System zunächst für die verbesserte Übertragung von Hörfunkprogrammen entwickelt wurde, erkannte man die Wichtigkeit von Datendiensten für die Einführung des Systems erst relativ spät.

Das System sah zwar von Beginn an vor, wie Daten durch das System transportiert werden können, detaillierte Angaben der Inhalte sowie ein Übertragungsprotokoll waren aber nicht vorhanden. Aus diesem Grunde wurden zunächst mit dem DSF ('Daten-Sende-Format') und dem MOT ('Multimedia Object Transfer Protocol') zwei unterschiedliche Formate entwickelt.

Das DSF, eine Entwicklung im Auftrag der Deutschen Telekom AG, dient zum Transport der Daten aus dem zentralen Daten-Service-Center der Telekom in Norddeich zu speziell hierfür entwickelten Datenempfängern.

Es enthält Informationen, die wesentliche Eigenschaften einer im System übertragenen Datei wie Größe und Dateinamen beschreiben und für eine sinnvolle Verwertung im Empfänger unbedingt notwendig sind. Darüber hinaus kann der Anbieter auch zusätzliche Angaben wie Indizes angeben, anhand derer das Auffinden bestimmter Daten erleichtert werden kann.

Nachteil des DSF ist, daß es als proprietäre Lösung nicht an die Signalisierungsmechanismen des DAB-Systems angepaßt ist und somit nur dann eine einwandfreie Funktion sichergestellt ist, wenn einige Informationen im Empfänger fixiert sind, die nicht signalisiert werden. Dies setzt voraus, daß Sender wie Empfänger vom gleichen Betreiber stammen.

Außerdem können keine PAD-Informationen mittels dieses Protokolls versendet werden. Die Deutsche Telekom hat sich im Zuge der DAB-Entwicklung bereit erklärt, zukünftig Datendienste im MOT-Format auszusenden.

Seit Oktober 1996 wird zusätzlich im überregionalen Netz der DGPS-('Differential Global Positioning System'-) Dienst angeboten.

Einsatz des GPS

Das GPS ('Global Positioning System'), das vom amerikanischen Verteidigungsministerium betrieben wird, dient zur Positionsbestimmung mittels Nachrichtensatelliten und wird unter anderem auch von Navigationssystemen in Kraftfahrzeugen verwendet. Da die Genauigkeit des normalen GPS-Dienstes für einige Anwendungen nicht ausreicht, kann eine Korrektur der Position vorgenommen werden. Dazu wird an einer Referenzstation eine sehr exakte Positionsbestimmung vorgenommen und die Abweichung von der durch GPS ermittelten Position ausgesendet (DGPS). Für die flächendeckende Verbreitung dieser Information an unbegrenzt viele Teilnehmer ist das DAB-System ideal geeignet.

9.1.3 Wertschöpfung in DAB

Die Wertschöpfung innerhalb des DAB-Systems kann in Anlehnung eines Modells der DAB-Plattform Bayern e.V. in groben Zügen wie folgt dargestellt werden.

Abbildung:
Wertschöpfungskette im DAB

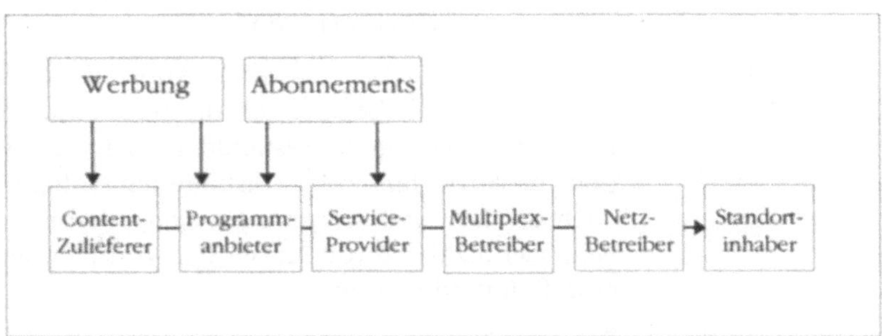

Die Graphik veranschaulicht die Elemente einer Wertschöpfungskette in DAB von der Inhaltsquelle bis zum eigentlichen Sendevorgang, mit Hinweisen zu möglichen Zusammenarbeitsformen.

Refinanzierung

Die Finanzierungsquellen des Systems sind eventuell zu erweitern um Rundfunkgebühren (insbesondere für den Bereich der Multiplexer-, Sendernetz- bzw. Standortbetreiber) sowie in der Pilotphase um Mittel aus der Technischen Infrastrukturförderung der Landesmedienanstalten, soweit diese zur Verfügung gestellt werden.

Einzelne Positionen dieser Wertschöpfungskette können auch bei einem Anbieter vereint sein, so strebt z.B. die Deutsche Telekom AG an, für sämtliche Aufgaben ab der Stufe des Service-Providers Angebote bereitzustellen.

Ebenso ist zu berücksichtigen, daß horizontale Verbindungen, beispielsweise zwischen den Multiplex-Betreibern unterschiedlicher Versorgungsgebiete, bestehen können.

Die Abgrenzung der einzelnen Anbieterformen läßt sich laut Angaben der DAB-Plattform Bayern e.V. in der folgenden Weise definieren:

Wertschöpfung für Content-Provider

Content-Zulieferer können die ohne eigene medienrechtliche Lizenz Audio-, PAD- oder Datenrundfunkangebote herstellen und einem oder mehreren Lizenzinhabern gegen entsprechende Vergütung exklusiv im Verbreitungsgebiet zur Verfügung stellen. Beispiele können überregional operierende Anbieter von Wetter- oder Verkehrsinformationen sein, bei denen auch die Möglichkeit besteht, eigene werbliche Angebote in ihren Dienst aufzunehmen und zu vermarkten.

Lizenzierung von Programmanbietern

Als Programmanbieter werden Anbieter von freien oder Abonnementsdiensten bezeichnet, die über eine eigene medienrechtliche Lizenz verfügen. Bestandteil der Lizenz wird danach, neben den bestehenden oder diskutierten inhaltlichen Regelungen, auch die Datenrate für das jeweilige Verbreitungsgebiet und die Fehlerschutzklasse (durch die das Verbreitungsgebiet erst genauer definiert wird) sein.

Bei der Festlegung der Datenrate ist außerdem zu berücksichtigen, daß der Anteil der PAD-Daten im Gesamt-Datenstrom vom Anbieter bis zu max. 64kBit/s zu Lasten des Audio-Signals, also der technischen Qualität des Systems, variiert werden kann. Programmanbieter können beispielsweise auch die Inhaber eines reinen Daten-Subchannels sein. Die medienrechtlichen Regelungen hierzu (Anzeigepflicht, Genehmigung etc.) sind noch nicht festgelegt.

Conditional Access

Service-Provider nehmen die Dienste verschiedener Anbieter auf und bearbeiten sie vor Weitergabe an den Multiplexer. Dies kann z.B. durch Hinzufügen von Zugangsbeschränkungen (Conditional Access) für einzelne oder mehrere Dienste geschehen, ebenso ist denkbar, daß auf dieser Stufe eine Abonnementsverwaltung (Subscriber-Management) aufgebaut wird.

DAB und SMS

Bei der Weiterentwicklung des DAB-Systems beschäftigen sich derzeit verschiedene Organisationen mit der Verbindung von DAB mit dem SMS (Short-Message-Service) des GSM-Systems. Der Service-Provider könnte in diesem Falle als gemeinsame Rückkanalbasis für die codierten Rückmeldungen fungieren.

Besonders für kleinere Programmanbieter interessant ist die Möglichkeit, die eigenen PAD- und Datenrundfunkdienste auf dieser Stufe in der Form bearbeiten zu lassen, daß diese Angebote auch in anderen DAB-Verbreitungsgebieten oder auch in gänzlich anderen Medien verfügbar gemacht werden. Hier ist zu denken an eine Aufbereitung der Daten für

- DAB,
- Videotext- oder
- Internet-Angebote,
- Datenströme in DVB oder auch im SWIFT-System,

die mit den einheitlichen Programmiersprachen (wie z.B. HTML oder JAVA) möglich wird.

Multiplexing

Multiplex-Betreiber sind Unternehmen, bei denen die Zusammenführung mehrerer Datenströme zu einem sendefähigen Datenstrom erfolgt. Dies können Pre-Multiplexer (dem abschließenden Multiplexing vorausgehende Zusammenfassung mehrerer Datenstrukturen) verschiedener Stufen oder der Transport-Multiplexer, der vor dem Ausgang zum Sendernetz angesiedelt ist, sein. Auch hier sind Vermarktungsaktivitäten, refinanziert z.B. über einen pauschalen Zuschlag auf die Kapazitätskosten oder über Beteiligungen der Sendenetzbetreiber oder der Endgeräteindustrie, möglich.

Vermarktung

Als Vermarktungsmaßnahmen kommen der Betrieb einer allgemein-informativen DAB-Hotline, Öffentlichkeitsarbeit über das DAB-System und die Programmangebote im jeweiligen Ensemble oder die Schulung und Betreuung von Händlern und Einbaubetrieben in Betracht.

Der Betreiber des DAB-Sendernetzes übernimmt das Signal ab dem Ausgang des Multiplexers, nimmt die Sende-Codierung entweder zentral oder an den einzelnen Standorten vor und führt das Modulationssignal den Sendern zu.

Frequenzzuweisung

Zu berücksichtigen ist dabei auch, daß der Betrieb eines DAB-Sendernetzes in einer Frequenzzuweisung für ein bestimmtes Gebiet (sog. 'Allotment') zumindest so lange ein natürliches Monopol darstellt, als durch die Frequenzverwaltung keine weiteren Verbreitungsmöglichkeiten ausgewiesen werden.

Auf den Inhaber des jeweiligen Sendestandortes kommen zunächst keine besonderen DAB-typischen Anforderungen zu.

9.1.4   Stand der Entwicklung

Anfang 1997 bestehen nach Angaben der Bayerischen Medientechnik GmbH in den Bundesländern insgesamt 11 DAB-Pilotprojekte in unterschiedlichen Verfahrensstadien. Nachfolgend ein kurzer Überblick über einige Projekte.

Baden-Württemberg

Mit der konkreten Planung des Pilotsendernetzes in Baden-Württemberg wurde Ende 1995 begonnen. Im Endausbau sollen mit 14 Sendern ca. 1/3 des Landes abgedeckt und gleichzeitig die wichtigsten Autobahnen versorgt werden. Zusätzlich sind lokale Sendegebiete in Stuttgart, Ulm, Freiburg, Karlsruhe/Baden-Baden und Mannheim/Heidelberg vorgesehen. Die endgültige Auswahl der Programme und Dienste hat im Spätherbst 1996 stattgefunden.

Berlin-Brandenburg

In den derzeit 18 DAB-Hörfunkprogrammen des Pilotprojektes Berlin-Brandenburg finden sich über UKW empfangbare und neue Angebote öffentlich-rechtlicher wie privater Hörfunkstationen.

Darüber hinaus werden die Möglichkeiten des Datenrundfunks über DAB mit verschiedenen Angeboten und speziellen Geräten erprobt.

Nordrhein-Westfalen

Ein großflächiges Sendernetz in Nordrhein-Westfalen wird die Rheinschiene von Bonn bis Düsseldorf, Teile des Ruhrgebietes und des Bergischen Landes abdecken und 4,2 Millionen Haushalte erreichen. Als zweiter Schwerpunkt sollen drei regionale Sendegebiete in Köln, Bonn und Düsseldorf/Wuppertal zur Integration der Lokalradios eingerichtet werden.

Hessen

Die Testphase im Rhein-Main-Gebiet im DAB-Pilotprojekt Hessen begann am 5. Dezember 1996. Später soll eine Autobahnversorgung realisiert werden, um so die Anbindung an die Pilotprojekte der Nachbarländer zu erreichen.

Rheinland-Pfalz

In Rheinland-Pfalz sollen im Bereich des Fernsehkanals 12 die Städte Koblenz, Linz und Rheinböllen großflächig versorgt werden. Darüber hinaus sind für die Städte Mainz, Ludwigshafen und Neustadt Versorgungsgebiete vorgesehen. Im weiteren Ausbau des K12-Sendernetzes wird später die Versorgung entlang der Autobahn A61 hergestellt.

Thüringen und Sachsen

Ein DAB-Projekt entlang der A4 in Thüringen und Sachsen sowie der Stadt und des Großraums Leipzig startete am 6. März 1996. Bis Mitte 1996 wurden 15 Sender zur Versorgung der Autobahnen in Thüringen und Sachsen in Betrieb genommen.

Außerhalb der Bundesrepublik finden derzeit in zahlreichen Staaten in Europa Aktivitäten zur Einführung von DAB statt.

9.2   Digitales Fernsehen - DVB

9.2.1   Grundlagen

DVB ('Digital Video Broadcasting') bezeichnet ein System für digitale Video-, Audio-und Datendienste und wird im europäischen Rahmen unter Mitwirkung der Deutschen Telekom AG entwickelt.

Neue Qualitäts-
maßstäbe

Neue technische Qualitätsmaßstäbe werden durch den Einsatz der Digitaltechnik gesetzt. Nebengeräusche und Geisterbilder entfallen.

Projektorganisation
und Finanzierung

Das DVB-Projekt wird durch Mitgliedsbeiträge von 195 Organisationen aus 17 europäischen und sechs außereuropäischen Ländern finanziert. Es soll die Verteilung von Datenströmen nach ISO/IEC MPEG-2 über Kabelnetze und Satelliten ermöglichen.

Die Entwicklung der satellitengestützten DVB-Übertragung ist seit 1994 abgeschlossen und wurde vom ETSI normiert.

Die Normierung der terrestrischen DVB-Übertragung wird noch erarbeitet. Die Standards hierfür sind seit Ende 1995 als DVB-T-Standard ('Digital Video Broadcasting Terrestrial') verabschiedet.

Bereits seit dem Beginn der Planung wird Interaktivität mit einbezogen. Das DVB-Satellitensystem und die Verbreitung über das Kabelnetz basieren auf der gleichen Technik, nutzen jedoch unterschiedliche Modulations- und ein Fehlerkorrekturverfahren.

Voraussetzungen
beim Empfänger

Der Empfänger benötigt neben dem Satelliten-Receiver und einem LNC ('Low-Noise-Converter') pro Satellitensystem (bzw. einem Universal-LNC für mehrere Satelliten) eine sogenannte Set-top-Box für die Decodierung und Weiterverarbeitung der Daten.

Folgende Frequenzbereiche sind in den Kabelnetzen vorhanden:

Frequenzbereiche in Kabelnetzen

- Bereich I   47-86 MHz   Kanal K 2-4
- Bereich II   174-230 MHz   Kanal K 5-12
- Bereich III   470-606 MHz   Kanal K 21-37
- Bereich IV   606-862 MHz   Kanal K 38-60

Herkömmliche Kabel-TV-Netze sind analoge Verteilnetze, die die Programme über Koaxialkabel und Verstärkerstationen zum Zuschauer senden.

Bis zu 150 TV-Kanäle im Digitalnetz

Neue digitale Dienste nutzen Kapazitäten im Hyperband-Frequenzbereich (300-450 MHz, später bis 606 MHz oder 862 MHz). Bis zu 150 TV-Programmen lassen sich hierbei in 18 Kanälen mit je 8 MHz Bandbreite übertragen.

Aufgaben der Kopfstationen

Von zentralen Stellen werden die Daten in sogenannte Kopfstationen eingespeist, die folgende Funktionen erfüllen:

- Aufbereitung der empfangenen digitalen Daten
- Digitalisierung analoger Video- und Audioprogramme
- Speicherung und Bereitstellung von Video- und Audioprogrammen
- Konfiguration der Datentransportströme (Multiplexing)
- Einspeisung von Daten, Service Informationen und elektronischer Navigation ('EPG', Electronic Program Guide)
- Verschlüsselung von Programmen und Transportströmen für Zugriffskontrolle ('Conditional Access')
- Administration der Daten und Teilnehmer

DVB nach dem DVB-T-Standard kann stationär mit Dachantenne und portablen Stabantenne empfangen werden.

Funktionalität der Set-Top-Box

Die Set-top Box ermöglicht die Dekomprimierung, Dekodierung und Digital-/Analogwandlung der Daten sowie den Teilnehmerzugang (Conditional Access mit Decryption). Andere Geräte wie z.B. PC's können über eine RS-232-Schnittstelle angeschlossen werden. RS-422-Schnittstellen erlauben die Übertragung von höheren Datenraten (2-4Mbit/s), eine PSTN-Modem-Schnittstelle, oder ein integriertes Modem ermöglicht den Einsatz der Telefonleitung als Rückkanal zum Programmanbieter. Über IEEE P 1394 (eine serielle Busschnittstelle) läßt sich ein digitaler Videorecorder anschließen.

9.2.2   Charakteristika/Funktionalität

**Videokomprimie-
rung mit MPEG-2**

Die Codierung von DVB basiert auf MPEG-2. Das Videosignal wird mit einer Auflösung von 720 x 576 Bildpunkten bei einer Bildwechselfrequenz von 25 Hertz auf einem Datenstrom von 4 Mbit/s komprimiert. DVB beschränkt MPEG-2 auf Anwendungen für ein 625-Zeilen-TV-System ein. Es ermöglicht Applikationen von niedriger Auflösung über VHS-Qualität bis zur 625-Zeilen-Studioqualität.

**Audiokomprimie-
rung mit MUSICAM**

Im Audiobereich wird das MUSICAM-Verfahren eingesetzt. MU-SICAM ('Masking Pattern Adapted Universal Subband Integrated Coding and Multiplexing') ist ein sogenanntes Subband-Codierverfahren, bei dem das Audio-Signal in Teilfrequenzbänder zerlegt wird, die, an die Empfindlichkeitskurve des menschlichen Ohrs angepaßt, mit unterschiedlichen Bitraten codiert werden. Hierdurch kann mit 192 KBit/s subjektiv 'CD-Qualität' erreicht werden.

Für den Nutzer hat die Verwendung digitaler Technologie folgende Vorteile:

**Vorteile Digitaler
Technologie im
Videobereich**

- Die technische Übertragungsqualität entspricht höchsten Ansprüchen
- Einwandfreier Empfang außerhalb von Gebäuden mit einer Stabantenne möglich
- Gleichbleibender, hochqualitativer Empfang, auch bei mobilen Geräten
- Die Verbreitung eines Hörfunk- und TV-Programms erfordert im gesamten Versorgungsgebiet lediglich einen Über tragungskanal
- Kein Umschalten der Frequenz bei Fahrten
- Geringe Sendeleistung nötig
- Reflexionen verbessern die Übertragungssicherheit ('network gain')

Darüber hinaus ist die Benutzerführung durch eine Vielzahl von möglichen Programmen sehr komfortabel. Abhängig von der

Qualitätsanforderung ist es möglich, bis zu 15 nach MPEG-2-Standard komprimierte TV-Programme in einem 8-MHz-Kanal zu übertragen. Die Anzahl hängt von der gewünschten Qualität ab. In einem 34 Mbit/s transferierenden Kanal können bei Nutzung des gleichen Typs folgende Programmquantitäten untergebracht werden:

Abbildung:
Verteilung von
Diensten im digitalen Videonetz

Art des Dienstes	Datenrate	Anzahl der Dienste
Video, VHS-Qualität	2 MBit/s	18
Video, mittlere Qualität	4 MBit/s	9
Video, hohe Qualität	192 kBit/s	4
Audio, CD-ähnliche Qualität	64 kBit/s	ca. 180
Daten, ISDN-B-Format	64 kBit/s	ca. 580
Daten, ähnlich Datex-J	2,4 kBit/s	ca. 15.500

9.2.3   Einsatzmöglichkeiten

Hochleistungs-Breitbandkommunikation

In der ersten Phase werden die DVB-Systeme als reine digitale Verteilnetze für unidirektionale Breitbandkommunikation genutzt. Aufgrund der Digitalisierung stehen große Übertragungskapazitäten zur Verfügung, die nicht nur von traditionellen Diensteanbietern, sondern auch von privaten Firmen für unternehmensspezifische Zwecke genutzt werden können.

**Interaktive
DVB-Nutzung**

Größere Unternehmen können z.B. eigene Daten- und/oder TV-Sender betreiben, wenn die Endgeräte in den Unternehmensbetrieben/-niederlassungen oder bei Kunden mit entsprechenden Endgeräten ausgestattet sind. Die Möglichkeiten der Interaktivität per Rückkanal lassen die Entwicklung völlig neuer Produkte ('on demand-Services') und bidirektionale Dienste in mittelfristigen Zeiträumen wahrscheinlich erscheinen.

9.2.4   Zukunftssicherheit

**Erweiterung der
analogen Kapazitäten**

Die Kapazität der analogen Übertragungskanäle der Satellitensysteme, terrestrischen Sender und Kabelverteilanlagen ist nahezu vollständig ausgeschöpft. Die Einführung der digitalen Übertragungstechnik ermöglicht, die Systemkapazitäten um ein Vielfaches zu erweitern. Spezifische Dienste für einzelne Unternehmen sind realistisch. Die Satelliten- und Kabeltechnik ist marktreif entwickelt, entsprechende Dienste werden seit 1996 angeboten (Digitales Fernsehen mit DF1).

Pilotprojekte

DVB-T befindet sich noch in der Erprobungsphase, ähnlich wie im DAB existieren auch im DVB entsprechende Pilotprojekte (z.B. in Bayern). Die großflächige Verbreitung wird allerdings durch die undurchsichtige Kabelkapazitätsvergabe der Deutschen Telekom AG und die Entwicklung unterschiedlicher Set-Top-Boxensysteme derzeit noch gebremst.

9.2.5   Nutzung von Breitbandnetzen für Internet und Video-on-demand

**Marktverteilung
TV und PC**

Gegenüber der fast vollständigen Marktsättigung im TV-Bereich sind nur ca. 15% aller Haushalte in Deutschland mit einem PC ausgerüstet. Um den Fernseher in das Internet einzubinden oder die Übertragung von High-Quality Videos per Breitbandnetz zum PC zu ermöglichen, sind drei Punkte zu beachten:

- Es wird eine Set-top-Box benötigt, welche die codierten Bilder entschlüsselt und sie z.B. als Video-Signal an das Fernsehgerät weitergibt.

- Die Set-Top-Box muß über eine Leitung entsprechender Übertragungskapazität mit einem zentralen Server verbunden werden.

Der zentrale Server muß in der Lage sein, Video-Content in höchster Qualität und in fast beliebiger Menge an die Endkunden zu transferieren.

Übertragung im ADSL-Verfahren

Die Übermittlung in die Haushalte kann per Glasfaser oder Koaxialkabel realisiert werden. Mittels des neuartigen Modulationsverfahrens ADSL ('Asymmetric Digital Subscriber Loop') ist die Übertragung über gewöhnliche Telefondrähte mit Raten von 2 MBit/s bis zu 6 MBit/s möglich. ADSL wurde speziell für die Übertragung von digitalen Videos entwickelt und gestattet die Nutzung vorhandener Kupferdrahtleitungen, wobei der normale Telefonbetrieb nicht beeinträchtigt wird.

Die Rolle des Servers

Der eingesetzte Server spielt bei der Übertragung von High-Quality Videos eine entscheidende Rolle. Er übernimmt die Speicherung der Videos und ist für den verzögerungsfreien Transfer der Videos zum Endkunden verantwortlich.

Wahlfreier simultaner Zugriff

Die Speicherung der Videos erfolgt im MPEG-2-Format auf Festplatten. Dies gestattet im Gegensatz Magnetbandaufzeichnungen den freien Zugriff auf beliebige Positionen innerhalb eines Films. Damit können Suchvorgänge schnell durchgeführt werden und mehrere Zuschauer gleichzeitig auf unterschiedliche Teile des Films zugreifen.

Anforderungen an die Hardware

Eine 3-GB-Festplatte bietet Platz für ein bis zwei abendfüllende Spielfilme. Für ein akzeptables Filmangebot sind sogenannte Diskfarmen mit Hunderten bis Tausenden von Platten nötig, die online im Zugriff gehalten werden müssen. Die Speicherung der Videos erfolgt dabei verteilt über mehrere Platten. Dadurch werden Engpässe beim Zugriff auf eine bestimmte Disk vermieden, wenn plötzlich viele Kunden gleichzeitig einen bestimmten Film sehen wollen.

Versorgung großer Kundenkreise

Die Schwierigkeit besteht darin, unter Umständen Tausende von Kunden gleichzeitig mit einem kontinuierlichen Strom von Videodaten zu versorgen. Verzögerungen sind hier nicht tolerierbar, da diese zu Unterbrechungen bei der Wiedergabe führen würden.

Bei konventionellen Computerarchitekturen laufen alle Daten auf dem Weg von den Festplatten zu den Netzwerkschnittstellen über einen gemeinsamen Hauptspeicher. Dieser entwickelt sich mit zunehmender Nutzerzahl zum Flaschenhals des Systems. Eine Lösung sind Parallelprozessor-Systeme, in denen jeder Prozessor einen eigenen Hauptspeicher besitzt. So können simultane Anfragen zeitrichtig abgearbeitet werden. Ein Beispiel für ein solches System ist die Server-Architektur der Firma nCube.

9.2.6 Kabelmodems versus ISDN

Internet im Kabelnetz

Für die Nutzung von Breitbandkabeln als Internetzugang wird ein sogenanntes Kabelmodem benötigt, das den Rechner mit dem Kabelnetz verbindet. Die Zahl der Kabelmodems wird entsprechend einer Studie des britischen Marktforschungsinstituts Ovum in den kommenden sieben Jahren stark ansteigen. Weltweit sollen zur Jahrtausendwende 4,4 Millionen Kabelmodems benutzt werden, im Jahr 2005 bereits 19 Millionen.

Bandbreitenprobleme bei schmalbandigen Leitungen

Während die für Stimmübertragung ausgelegten schmalbandigen Telefonnetze oft Engpässe in der Datenübertragung verursachen, bieten Kabelmodems eine Lösung für die Bandbreitenprobleme. Aufgrund der steigenden Verbreitung des Internet ist mit einer stark zunehmenden Nachfrage nach Kabel-Modems zu rechnen. Außerdem können durch diese Technologie anspruchsvolle Echtzeitdienste für Business-Anwendungen wie beispielsweise Telearbeit realisiert werden.

ISDN versus Kabelmodem

In Ländern mit ISDN-Netz (z.B. in Deutschland) dürfte sich diese Technik gegenüber den Kabelmodems durchsetzen. Es sprechen jedoch viele Anzeichen dafür, daß die deutschen Telekom-Konkurrenten Kabelmodems zum Einsatz bringen, um nach dem Fall des Monopols ein Komplettpaket aus Kabelfernsehen, Internet-Zugang und Telefon auf dem Markt anbieten zu können.

Anhang 1: Glossar

Abtastauflösung

Anzahl der Bits, die zur Darstellung (= Speicherung) eines Abtastwertes verwendet werden, z.B. 8 Bit = 28 = 256 Abtaststufen

Abtastfrequenz

Samplingfrequenz; Anzahl der vorgenommenen Messungen eines analogen Signals pro Sekunde, bei der Audio-CD z.B. 44.100

Abtastung

Periodische Erfassung eines analogen Signals zu bestimmten Zeitpunkten. Die so gewonnenen Abtastwerte werden entsprechend der Abtastauflösung digital gespeichert.

Account

Zugangsberechtigung (Benutzername und Paßwort) für einen Computer oder ein Online-Angebot

ActiveX

Programmierumgebung ähnlich ⇨Java

ActiveX Controls

Kleine Programme oder Programmteile, die ein ⇨Browser vom ⇨Web-Server lädt und ausführt

ADPCM

'Adaptive Differential Pulse Code Modulation'; bei ⇨CD-ROM/XA eingesetztes Komprimierungsverfahren für Audiodaten

AIFF

Audio Interchange File Format'; Austauschformat für Audiodaten

Animated GIF

Bildfolge aus ⇨GIF-Dateien, bei der mehrere Einzelbilder in einer Datei gespeichert werden und hintereinander ablaufen

Anonymous

Zugriff auf einen Server (z. B. FTP, WWW oder News) ohne Identifizierung

Applet

⇨Java-Programm, das der ⇨Browser automatisch vom Server lädt und ausführt

ASCII

'American Standard Code for Information'; Standardformat für Textdaten

Authoring

Integration mehrerer Datentypen (Text, Audio, Video usw.) zu einer Multimedia-Anwendung mit Hilfe von Autorensystemen

Bandbreite

Maximaler Datendurchsatz einer Verbindungsleitung (Einheit: bps = bits pro Sekunde)

BER

'Bit-Error-Rate'; Bit-Fehler-Rate; die Häufigkeit fehlerhafter Bits beim Lesen von einer CD

BLER

'Block-Error-Rate'; Block-Fehler-Rate; die Anzahl fehlerhafter Blöcke bzw. Sektoren einer CD

Bookmarks

Lesezeichen zum schnellen Wiederfinden bestimmter WWW-Lokationen

bps

Bits per second; Datenmenge, die innerhalb einer Sekunde übertragen wird (1024 bps = 1 Kbps, 1024 Kbps = 1 Mbitps)

Bridge Disc

CD-Format, das von einem speziellen CD-Player, einem CD-I-Player und einem XA-fähigen CD-ROM-Laufwerk wiedergegeben werden kann, z.B. die Kodak Photo-CD

Browser

Programm zum Abruf und zur Darstellung von WWW-Seiten im ⇨HTML-Format (z.B. Netscape Navigator, Microsoft Internet Explorer, Spry Mosaic etc.)

Cache

Lokales Verzeichnis, in dem ein ⇨Browser bereits heruntergeladene Daten zwischenspeichert, um ein erneutes Laden vom Server zu sparen

CAV

'Constant Angular Velocity'; Aufzeichnungsverfahren bei magnetischen Datenträgern mit konstanter Drehzahl und ringförmigen Spuren in Form konzentrischer Kreise

CD-DA

'CD-Digital Audio'; das CD-Format gemäß ⇨Red-Book-Standard, mit dem ausschließlich Audiodaten gespeichert werden können

CD-I-Ready Disc

Eine CD-DA mit zusätzlichen Eigenschaften, die aber nur durch einen CD-I-Player genutzt werden können; dies entspricht dem ⇨Green-Book-Standard

CD-MO

'CD-Magneto-Optical'; CD-Format gemäß Orange Book-Standard - Teil 1, welches die Kompatibilität zwischen einmal- und mehrfach beschreibbaren Discs sicherstellt

CD-R

'CD-Recordable'; CD-Format, das es ermöglicht, die CD einmal magneto-optisch zu beschreiben und beliebig oft zu lesen.

CD-ROM

'CD-Read Only Memory'; CD-Format gemäß ⇨Yellow-Book-Standard, das neben der Speicherung von Audiodaten auch die Integration anderer Datentypen zuläßt

CD-ROM-Jukebox

CD-ROM-Laufwerk, das bis zu hundert CD's im Zugriff halten und bei Bedarf vollautomatisch tauschen kann

CD-ROM/XA

'CD-ROM/Extended Architecture'; CD-Format für die Speicherung sowohl sensibler Computerdaten und -programmen als auch von unkritischen (komprimierten) Audio- und Videodaten innerhalb eines Tracks

CD-RW

'CD-Rewritable', beliebig oft beschreibbare und lesbare CD gemäß ⇨Orange Book Teil III mit einer Speicherkapazität von 680 MB und einer Zugriffszeit von 300 Millisekunden

CD-WO

'CD-Write Once'; entspricht der ⇨CD-R; CD-Format gemäß ⇨Orange Book-Standard - Teil 2, das die einmalige Aufzeichnung von Daten auf eine CD ermöglicht

CERN

'Conseil Europeen pour la Recherche Nucléaire', Europäisches Labor für Teilchenphysik. Entwicklungsinstitut des ⇨WWW

CGI

'Common Gateway Interface'; Protokoll zum Datenaustausch zwischen externen Programmen und einem ⇨Web-Server. Hauptanwendung: Datenbankanbindung

Client

Anwendung, die die Dienste eines Servers nutzt. Beispiel: ⇨WWW-Browser

CLV

‘Constant Linear Velocity’; Aufzeichnungsverfahren bei optischen Datenträgern mit spiralförmigen Spuren und von innen nach außen abnehmender Drehzahl

Content-Provider

Unternehmen, das Inhalte (z.B. Verlagsinhalte) anbietet

Cookies

Auf dem lokalen Rechner durch den ⇨Browser abgelegte Server-Informationen, z.B. Nutzer-Informationen für eine Identifizierung bei einem neuerlichen Serverbesuch

Daemon

Prozeß auf einem ⇨Server, der bestimmte Dienste zur Verfügung stellt, z. B. httpd (WWW-Daemon) oder FTPd (FTP-Daemon)

DDNS

‘Dynamic Domain Name Service’. Dienst zur Vergabe eines Domain-Namen innerhalb eines TCP/IP-Netzes zusätzlich zur ⇨IP-Adresse

DE-NIC

‘Deutsches Network Information Center’ mit Sitz in Karlsruhe. Instanz, die unter anderem für die Vergabe der Domains mit der Endung ‘.de’ zuständig ist

DHCP

‘Dynamic Host Configuration Protocol’, vergibt einem Client im ⇨TCP/IP-Netz dynamisch eine ⇨IP-Adresse

Domain-Name

Teil der hierarchischen Nomenklatur im Internet. Die Endungen (‘Toplevel-Domains’) wie z.B. ‘.de’, sind fest definiert, die anderen Teile (‘Secondary-Domain Names’) werden von zuständigen Instanzen wie ⇨DE-NIC vergeben.

Download

Herunterladen von Daten aus einem ⇨WWW- oder ⇨FTP-Server

DTD

'Document Type Definition'; Definition der Struktur eines Dokumentes in ⇨SGML

Durchsatz

Tatsächliche Datentransferrate, abhängig von Bandbreite, Serverleistung, Geschwindigkeit des Modems und Netzauslastung

DVD

'Digital Versatile Disc', auch 'Digital Video Disc', 1996 normiertes, doppelseitig bespielbares optisches Medium mit der Möglichkeit, Daten in zwei Schichten ('Layern') zu speichern. Hohe Speicherkapazität bis zu 17 GB

Email

Elektronische Post, einer der Dienste innerhalb des Internet

Ecash

'Electronic Cash'; elektronische Abrechnung per Internet

FAQ

'Frequently Asked Questions'; häufig gestellte Fragen, oft als Service-Teil eines Web-Angebotes

Firewall

'Brandschutzmauer'; spezielles System zur Verhinderung von Eingriffen Fremder in ein Netzwerk

Forms

Formulare als ⇨HTML-Seiten mit definierten Eingabefeldern

Frames

Durch Rahmen getrennte Bereiche, die ⇨HTML-Seiten in mehrere Teildokumente zerlegen; im Videobereich: Einzelbild; auf CD: Teilbereich einer CD

FTP

'File Transfer Protocol'; Dienst zur Datenübertragung im Internet

GIF

'Graphics Image Format'; datenkomprimiertes Graphikformat im ⇨WWW mit maximal 256 Farben

Green Book

Standard zur Definition der ⇨CD-I

Helper Application

Hilfsprogramm, das einem Client die Bearbeitung nicht unterstützter Formate ermöglicht

Hits

Meßgröße, die die Anzahl der Zugriffe auf die Dateien eines ⇨Web-Servers ermittelt. Die Ergebnisse sind von geringer Aussagekraft, da jedes einzelne Seitenelement berücksichtigt wird.

Home Shopping

Warenbestellung über die Fernbedienung des Fernsehgerätes oder per Internet

Homepage

Hierarchisch höchste Seite eines Web-Angebots ('Leitseite')

Host

Früher Zentralrechner eines Großrechnersystems, heute der Begriff für ein Internet-Interface eines Servers

HTML

'Hypertext Markup Language'; Strukturbeschreibungssprache, Standard-Dateiformat des ⇨WWW

HTTP

'HyperText Transport Protocol', Standard-Protokoll des ⇨WWW

Hyper-G

An der Universität Graz entwickeltes ⇨Hypertext-System, das ein modifiziertes ⇨HTML benutzt. Inzwischen in 'Hyperwave' umbenannt.

Hypertext

Textdokument, das Sprungmarken (⇨Links) zu anderen Dokumenten enthält

Interaktivität

Möglichkeit der individuellen Beeinflussung eines Programmablaufs durch den Nutzer

Internet

Weltweites, dezentrales Rechnernetz auf Basis des ⇨TCP/IP-Protokolls. Derzeit etwa 50 Millionen Anwender

Intranet

Unternehmensinternes Netz auf der Basis der Internet-Technologie und des ⇨TCP/IP-Protokolls

IP-Adresse

Eindeutige Adresse eines Internet-Rechners im Netz

ISAPI

'Internet Server Application Programming Interface'; Protokoll, ähnlich ⇨CGI, zur Koppelung von externen Programmen und Web-Servern

Java

Vom Hersteller Sun entwickelte, auf einem Byte-Code basierende Programmiersprache; Java-Anwendungen laufen plattformunabhängig, sofern ein entsprechender Interpreter vorhanden ist

JavaScript

Vom Hersteller Netscape definierte Scriptsprache, deren Anweisungen durch den ⇨Browser interpretiert werden

JPEG

'Joint Photograph Experts Group'; von diesem Gremium verabschiedetes Bildformat mit verlustbehafteter Datenkomprimierung, aber beliebiger Anzahl von Farben

Lands

Vertiefungen in der Spur einer CD

Lead-In-Area

Die innersten 4 mm einer CD, die den Table of Content ('TOC') sowie Zusatzdaten enthält

Lead-Out-Area

Der äußerste Millimeter einer CD, der das Aufzeichnungsende ('EOV', End of Volume) markiert

Link

In ⇨HTML-Dokumenten meist hervorgehobener Verweis auf ein anderes Dokument

LiveAudio

Online-Audio-Dateiformat, das das Abspielen von Audio-Datenströmen während des Herunterladens in Echtzeit ermöglicht

Mastering

Herstellungsschritt, in dem die Inhalte des ⇨Premasters auf das Glasmaster einer CD überführt werden, das die Basis für die industrielle Vervielfältigung darstellt

MIDI

'Music Instruments Digital Interface'; Schnittstelle für digitale Audiogeräte; auch Dateiformat für Musikübertragung

MIME

'Multipurpose Internet Mail Extensions', Erweiterung der Email-Datenströme für unterschiedliche (auch Echtzeit-) Anwendungen

Mixed Mode-CD

CD-Format, das sowohl ⇨CD-DA-Audio-Tracks als auch ⇨CD-ROM-Daten-Tracks enthält

Modelling

Erstellen der äußeren Formgebung einer 3D-Graphik

MPEG

'Motion Pictures Experts Group', durch dieses Gremium verabschiedeter datenkomprimierender Standard zur Übertragung von Bewegtbilddaten

Multimedia

Kombination von Text, Bild, Graphik, Animation, Musik und Video auf einer Plattform

Multisession

Beschreibung einer CD mit zeitlichen Unterbrechungen in mehreren Durchgängen

Nameserver

Auch Domain-Name-Server; Rechner, der die Domain-Namen den zugehörigen ⇨IP-Adressen zuordnet

NCSA

'National Center for Supercomputing Applications', eines der Entwicklungsinstitute des ⇨WWW

Netiquette

'Network Etiquette'; Regeln für 'korrektes' Verhalten im Internet

NIC

'Network Information Center', Instanz, die unter anderem für die Vergabe von Domains mit der Endung .com zuständig ist

NSAPI

'Netscape Server Application Programming Interface'; Protokoll zur Koppelung von externen Rechnern und einem Web-Server, ähnlich CGI

OLE

'Object Linking and Embedding'; in ⇨ActiveX umbenannter Microsoft-Standard für programmübergreifenden Datenaustausch und Kommunikation

Orange Book

Standard mit den Definitionen der ⇨CD-MO (Teil 1) und der ⇨CD-WO (Teil 2)

PageViews

Meßgröße, die die Anzahl der Abrufe einer bestimmten Seite eines Web-Servers nutzt

PDF

'Portable Document Format', plattformunabhängiges Dateiformat ähnlich Postscript, das vom Hersteller Adobe entwickelt wurde und über ein ⇨Plug-In von ⇨Browsern dargestellt werden kann

Perl

Scriptsprache zur einfachen Programmierung kleiner Programme auf einem Web-Server

Personal Certificates

Digitale Unterschriften für Transaktionen im Netz

Photo CD

Multisessionfähige Bridge Disc für die Speicherung von Bildern in verschiedenen festgelegten Auflösungen

Pits

Erhöhungen in der Spur einer CD

Plug-in

Hilfsprogramm zur Erweiterung der Funktionalität meist von Standardprogrammen wie WWW-Browsern und -Servern

PNG

'Portable Network Graphic'; datenkomprimierendes Bildformat ähnlich ⇨GIF

POP

'Point of Presence', Einwählknoten ins ⇨Internet

POP3

'Post Office Protocol'; Standardprotokoll für Email-Empfang

Premastering

Konvertierung der auf Festplatte befindlichen zukünftigen CD-ROM-Daten in ein für die Fertigung nötiges Image-Format

Presence Provider

Unternehmen, das Internet-Präsenzen für Kunden einrichtet

Provider

Anbieter von Online-Dienstleistungen

Proxy

Zwischenspeicher für abgerufene Internet-Daten; häufig im Providingbereich eingesetzt, um bereits geladene Dateien vorzuhalten, damit diese nicht erneut komplett geladen werden müssen; im Unternehmensbereich oft als ⇨Firewall zur Kontrolle der Internet-Kommunikation genutzt

QuickTime

Vom Hersteller Apple definierter Standard zur Übertragung von Audio- und Videodaten

RealAudio

Vom Hersteller Progressive Networks entwickeltes Verfahren zur Echtzeitübertragung von Audiodaten

Red Book

Standard zur Definition der ⇨CD-DA

Rendering

Auftragen einer Oberfläche auf ein 3D-Modell

Retrieval

Abfrage an/Suche in einer Informationsbasis

RFC

'Request for Comment'; Textdokumente, die Vorschläge für neue Internet-Standards enthalten

Sequencer

Anwendung zur zeitlichen Steuerung von Prozesse, z.B. bei der Erstellung von Animationen oder Musikstücken

Server

Rechner oder Programm, das anderen Rechnern oder Programmen Dienste anbietet (z.B. ⇨FTP, ⇨Email)

Server Hosting

Betrieb des eigenen Internet-Servers bei einem ⇨Provider

Server Renting

Mieten eines Servers zur exklusiven Nutzung

Service Provider

Unternehmen, das den Zugang zum Internet anbietet

SGML

'Standard Generalized Markup Language', standardisierte (ISO 8879), Strukturbeschreibungssprache, die Dokumente mittels definierter Elemente beschreibt. Ausgangsbasis ist dabei ein ⇨A-SCII-Text, der durch Referenzen auf Graphiken oder andere externe Elemente erweitert wird. ⇨HTML wurde aus SGML entwickkelt

Shockwave

Vom Hersteller Macromedia entwickeltes Multimedia-Datenformat zur Darstellung von Animationen auf ⇨HTML-Seiten

SHTTP

'Secure HTTP'; um Sicherheitsmechanismen erweitertes HTTP

Single-Bit-Fehler

Bei der Wiedergabe einer CD auftretender Fehler, der nur ein einzelnes Bit betrifft

Singlesession

Aufnahmetechnik, mit der eine CD nur in einem Durchgang beschrieben werden kann

Site

Angebot im Internet

SMTP

'Simple Mail Transfer Protocol'; Protokoll zum Versand von ⇨E-mail

SSI

'Server Side Include'; Methode, die eine dynamische Integration von Dateien im HTML-Dokumenten erlaubt

SSL

'Secure Socket Layer'; vom Hersteller Netscape entwickeltes Übertragungsformat für sensible Daten im ⇨WWW

Tag

Auszeichnungselement, das einem Dokumentteil einen Befehl (z.B. ein Schriftattribut) zuordnet

TCP/IP

'Transport Control Protocol/Internet Protocol'; Basisprotokoll des ⇨Internet

Top Level Domain

Übergeordneter Teil eines Domain-Namen z.B. für Länder ('.de', '.us' etc.) oder Institutionen ('.com', '.edu' etc.)

Transfervolumen

Tatsächlich übertragene Datenmenge, die innerhalb eines bestimmten Zeitraums über eine Leitung bewegt wurde

Upload

Übertragen von Daten von einem Client auf einen Server (z.B. zur Aktualisierung)

URL

'Uniform Resource Locator', standardisiertes Darstellungsverfahren, durch das jede Internet-Adresse eindeutig identifiziert werden kann

User Authentication

Prüfung der Zugriffs- und Benutzerrechte zum Schutz vor unerlaubtem Eindringen in ein Netzwerk

VBScript

Scriptsprache auf Basis von Visual Basic für die Steuerung von ⇨ActiveX-Anwendungen

View-Time

Meßgröße, die die Dauer eines Aufenthaltes auf einer ⇨HTML-Seite mißt

Virtueller Server

Einer von mehreren gleichzeitig bei einem ⇨Provider auf einem Rechner laufenden Servern

Visits

Meßgröße, die die Anzahl der Besuche auf einem Web-Server zählt

VRML

'Virtual Reality Markup Language'; Beschreibungssprache für virtuelle Szenarien und Animationen im ⇨WWW

WAV

Audioformat, vor allem im Windows-Bereich

Webmaster

Administrator eines Web-Servers

World Wide Web (WWW)

Der multimediale und nach ⇨Email beliebteste Dienst des ⇨Internet

WORM

'Write Once Read Multiple'; einmal beschreibbares optisches Speichermedium, das beliebig oft gelesen werden kann; entspricht ⇨CD-R

Yellow Book

Standard zur Definition der ⇨CD-ROM

Anhang 2: Literaturverzeichnis

Association for Computing Machinery (Hrsg.): Communications of the ACM. ACM Press, New York, Vol. 36, No. 1, Januar 1993

Adkins, Allen L.: Data Preparation and Premastering. Erschienen in: [Sherman 1994: 337-390]

Andrews, Christopher: The education of a CD-ROM publisher. An insightful (and humorous) history of CD-ROM's rise from libraries to Hollywood. Eight Bit Books, Wilton, Connecticut, USA, 1993, ISBN 0-910965-10-2

Apple Computer, Inc.: Apple CD-ROM Handbook. A Guide to Planning, Creating and Producing a CD-ROM. Addison-Wesley Publishing Company, USA, 1992, ISBN 0-201-63230-6

Apple Computer GmbH: QuickTime - Architektur zur Medienintegration. Firmenprospekt, Februar 1992

Becker, Jörg: Folgen neuer Informations- und Kommunikationstechnologien. Erschienen in: Informatik Forum, März/Juni 1993, Forschungsgesellschaft für Informatik (FGI), Wien, Band 7, Heft 1-2, Seiten 4-9

Biaesch-Wiebke, Claus: Funktionsweise - So funktioniert die optische Abtastung. Erschienen in: [Dörfler 1989: 66-76]

Binder, Wolfgang: Einsatz optischer Platten in Bibliotheken und Verbund. Erschienen in: [UB Bielefeld 1988: 19-31]

Bottoms, John W.: Full-Text Indexed Retrieval Systems. Erschienen in: [Sherman 1994: 303-322]

Brannemann, Marcel: Weiterverarbeiten von Daten nach Downloading. Erschienen in: [Lehmler/Schnelling 1988: 213-216]

Braxton & Partner: Strategiepapier Online für Verlage, 1996 (Studie)

Bruno, Richard: Compact Disc-Interactive. Erschienen in: [Sherman 1994: 129182]

Darr, Jürgen: CD-ROM XA. Silberstreif der Zukunft. Erschienen in: Microsoft Anwender Journal (Juni/Juli) 3/1992, Vogel Verlag und Druck KG, Würzburg, Seiten 72-75

Davies, David H.: Future Possibilities of CD-ROM. Erschienen in: [Sherman 1994: 203-231]

Dörfler, Michael (Hrsg.): CD-ROM. Wissen für alle. Chip Spezial. Vogel Verlag, Würzburg, 1989, 90 Seiten, ISBN 3-8023-1001-2

Duggan, Mary Kay (Hrsg.): CD-ROM in the Library. Today and Tomorrow. G. K. Hall & Co., Boston, Massachusetts, 1990, 126 Seiten, ISBN 0-8161-1934-1

Erkkila, John E.: Research Perspectives. The Basic Economics Of CD-ROM Pricing. Erschienen in: [Herther 1992: 72-75]

Fenner, Peter und Armstrong, Martha C.: Research. A practical Guide to Finding Information. William Kaufmann, Inc., Los Altos, California, USA, 1981, 174 Seiten, ISBN 0-86576-010-1

Freund, Dr. Michael: Im Weltraum wird's enger. Globale Satelliten-Netze bekommen Konkurrenz. Erschienen in: Der Standard vom 12. April 1994, Oscar Bronner Ges. m. b. H. & Co KG, Wien, Nr. 1631, Seite 13

Fricks, James R.: Compact Disc Terminology. Erschienen in: [Sherman 1994: 541-572]

Funk, Robert: Printmedien versus Online-Datenbanken versus CD-ROM oder Quo vadis CD-ROM? Erschienen in: [Lehmler /Schnelling 1988: 217-227]

Glöckner-Rist, Angelika; Lehmler, Wilfried und Wettler, Manfred: Akzeptanz und Suchstrategien bei der Endnutzersuche in CD-ROM-Literaturdatenbanken. Erschienen in: [Lehmler /Schnelling 1988: 125-150]

Gottheiner, Detlev: CD-ROM Standards und die Kodak Photo-CD. Firmenunterlage, Kodak AG, Version vom 10. Februar 1993

Harley, Robert: Mastering. Erschienen in: [Sherman 1994: 405-425]

Harley, Robert; Bancroft, Dwight; Weeks, Albert T. und Lindberg, Theodore: Manufacturing. Erschienen in: [Sherman 1994: 427-442]

Heinisch, Christian: Connectivity und Zukunft von CD-ROM-Netzwerken und -Medien. Erschienen in: [UB Bielefeld 1992: 167-185]

Herzog, Günter: Praxiswissen - Der Einfluß der CD-ROM auf die Informationsverarbeitung. Erschienen in: [Dörfler 1989: 24/25]

Hülsbusch, Werner: Fachinformation auf optischen Speichern. Kontexte, Technologie und Anwendungspotentiale einer innovativen Publikationsform. Eine informationswissenschaftliche Studie. W. Hülsbusch Verlag, Konstanz, 1992, 352 Seiten, ISBN 3-9802643-1-9

Karney, James: SGML. The Quiet Revolution. Erschienen in: PC-Magazine vom 9. Februar 1993, Ziff-Davis Publishing Co., New York, Vol. 12, No. 3, Seite 246, ISSN 0888-8507

Koch, Hans-Albrecht: How will CD-ROM affect the Cooperation within Library Networks. Erschienen in: [Helal/Weiss 1989: 77-93]

Kölling, Jürgen: Anwendungsbeispiel - Normensammlung. Normen in drei Sprachen auf CD-ROM. Erschienen in: Dörfler 1989: 29/301

Line, Maurice B.: The Future of CD-ROMs for Full Text of Journals. Erschienen in: [Helal/Weiss 1989: 189-197]

Loeb, Shoshana: Information Filtering. Architecting Personalized Delivery of Multimedia Information. Erschienen in: Communications of the ACM von Dezember 1992, ACM Press, New York, Vol.35, No.12, Seiten 39-48, ISSN 00010782

Luther, Arch: Digital Video Interactive. Erschienen in: [Sherman 1994: 183-202]

McLuhan, Marshall: Die Gutenberg Galaxis. Das Ende des Buchzeitalters. Addison-Wesley (Deutschland), Bonn, Neuauflage 1995, ISBN 3-89319-999-3

Maier, Gunther und Wildberger, Andreas: In 8 Sekunden um die Welt. Kommunikation über das Internet. 3. überarbeitete Auflage, Addison Wesley (Deutschland), Bonn, 1994, ISBN 3-89319-775-3

Meiré und Meiré und Peter Glaser: Online-Universum. Erschienen bei Metropolitan-Verlag, Düsseldorf, München 1996, ISBN 3-89623-016-6

Mendelson, Edward: Acrobat 2.0. The Source for All-Purpose Portable Documents. Erschienen in: PC-Magazine vom 10. Januar 1995, Ziff-Davis Publishing Co., New York, Vol. 14, No. 1, Seite 37/38, ISSN 0888-8507

Modular Windows. Erschienen in: Microsoft System Journal Mai/Juni 1993, Vogel Verlag und Druck KG, Würzburg, Seiten 29-36, ISSN 0933-9434

Microsoft GmbH: Multimedia PC Computing. A Reseller' s Guide to Hardware and Operating Systems. Firmenprospekt, Microsoft GmbH, Unterschleißheim

Müller, Michael: Grundlagen CD-I. Daten interaktiv. Erschienen in: Microsoft Anwender Journal 6/1992, Vogel Verlag und Druck KG, Würzburg, Seiten 66-69

Nadeau, Michael: Rewritable Drive Integrates Two Optical Technologies. Erschienen in: BYTE, February 1995, McGraw-Hill Inc., Hightstown, NJ, USA, Seite 28, ISSN 0360-5280

Nicholls, Paul Travis: Research Perspectives. Sex, Lies And CD-ROM: The Seven Deadly Sins Of CD-ROM Revisited. Erschienen in: [Herther 1992: 254257]

Online Computer Systems, Inc.: Questions and Answers on OPTI-NET. CD-ROM Networking Software Product Family. Firmenprospekt, Online Computer Systems, Inc., 20251 Century Boulevard Germantown, Maryland 20874, vom 1. Juli 1993

Ores, Pauline: Can form follow content? Erschienen in: PC-Magazine vom 9. November 1993, Ziff-Davis Publishing Co., New York, Vol. 12, No.19, Seite 203 ff., ISSN 0888-8507

Payer, Alois: Online-Komfort: Western Library Network auf CD-ROM. Erschienen in: [Dipl.-Bibliothekare 1991: 5-41]

Perratore, Ed: The Power of Shared Access. Erschienen in: PC-Magazine vom 31. Dezember 1991, Ziff-Davis Publishing Co., New York, Vol.10, No. 22, Seite 333 ff., ISSN 0888-8507

Photo CD: Newsletter für professionellen Einsatz des Photo-CD Systems - Nr. 1. Verlag Peter Walz, Berlin

Press, Larry: Personal Computing. Before the Altair - The History of Personal Computing. Erschienen in: Communications of the ACM vom September 1993, ACM Press, New York, Vol. 36, No. 9, Seiten 27-33, ISSN 0001-0782

Press, Larry: Personal Computing. The Internet and Interactive Television. Erschienen in: Communications of the ACM vom Dezember 1993, ACM Press, New York, Vol. 36, No.12, Seiten 19-23+140, ISSN 0001-0782

Raskin, Robin: Creating Multimedia To Die For. Erschienen in: PC-Magazine vom 22. Februar 1994, Ziff-Davis Publishing Co., New York, Vol.13, No.4, Seite 209 ff., ISSN 0888-8507

Raubenheim, Dr. Reinhard: Entstehung - Premastering und CD-ROM-Produktion. Erschienen in: [Dörfler 1989: 20-23]

Rheingold, Howard: Virtuelle Gemeinschaft. Soziale Beziehungen im Zeitalter des Computers. Addison-Wesley (Deutschland), Bonn, 1994, ISBN 3-89319-671-4

Riehm, Ulrich; Böhle, Knud; Gabel-Becker, Ingrid und Wingert, Bernd: Elektronisches Publizieren. Eine kritische Bestandsaufnahme. Springer Verlag, Heidelberg, 1992, 440 Seiten, ISBN 3-540-54159-4

Saacke, Rudolf: Softwarenutzung, Schnittstellen und Standardisierungen. Erschienen in: [UB Bielefeld 1988: 45-60]

Scheder, Georg: Die CD-ROM, Technik - Herstellung - Anwendung. Erschienen bei Addison-Wesley Inc., Deutschland, 1995, 244 Seiten, ISBN 3-89319-819-9

Schüler, Peter: Elektronisches Publizieren mit CD-ROM und CD-I. Technik und Anwendungen. Herausgegeben von Scientific

Consulting Dr. Schulte-Hillen, Köln, Klaes GmbH, Agentur und Verlag, Essen, 1988, 324 Seiten, ISBN 3-925506-11-X

Diverse Autoren: screen MULTIMEDIA. Alles über Multimedia. MACup Verlag GmbH, Hamburg, 12 x jährlich

Sedgewick, Robert: Algorithmen. Addison-Wesley Publishing Company, Deutschland, 1992, ISBN 3-89319-301-4

Simone, Luisa: The less-paper office. Erschienen in: PC-Magazine vom 14. 1994, Ziff-Davis Publishing Co., New York, Vol.13, No.11, Seite 127/128, ISSN 0888-8507

Sony DADC Austria AG: CD-ROM Handbuch. Januar 1994, Version 2.2 D, 30 Seiten

Steinbrink, Bernd: Multimedia. Einstieg in eine neue Technologie. Begriffsdefinition, Einsatzmöglichkeiten, Technische Voraussetzungen, Standardisierungen, Lösungen, Glossar. Markt & Technik Verlag, Haar bei München, 1992, 512 Seiten, ISBN 3-87791-297-4

Steinhau, Henry: Angriff der Killerapplikationen. Erschienen in: screen MULTIMEDIA 3/95, MACup Verlag, 1995, Seite 10

Steinhaus, Ingo: Online-Handbuch. Erschienen in der Lingen PC-Bibliothek, Lingen Verlag, Bergisch Gladbach, 1995, 608 Seiten

Szillat, Horst: SGML. Eine praktische Einführung. International Thomson Publishing, Deutschland, 1995, ISBN 3-929821-75-3

Thomas, Michael: Die Orchesterprobe. Midi-Grundlagen. Erschienen in: [PC Professional 1993: 26-31]

Wiener, Lauren Ruth: Digitales Verhängnis. Gefahren der Abhängigkeit von Computern und Programmen. Addison Wesley (Deutschland), Bonn, 1994, ISBN 3-89319-672-2

Index

2

2D-Animation 72

3

3D-Animation 72

A

A/D-D/A-Wandler 71
A/D-Wandler 62
A/D-Wandlung 62
Abspiel-Plattform 101
Abtastfehler 37
Abtastfrequenz 68
access-controll 27
Acrobat 91
Acrobat Capture 93
Acrobat Catalog 93
Acrobat Destiller 92
Acrobat Exchange 93
ActiveX 173
AdClicks 186
Adobe Acrobat 91
ADPCM 40; 88
Adreßdatenbank 96
Adreßklasse 129
Adreß-Registrierung 139
Adreß-Suche 146
Adreßtransformierung 158
ADSL 236
AGC 46
Akquisition 111
Aktualisierung 24
Aliasing 67; 80
Alpha-Kanal 80

Altdatenbestände 20
America online 24; 138
Analog/Digital-Converter 62
Analoge Textdatenbestände .. 63
analoge Videosignale 76
Analysephase 113; 209
Animation 71
Animationserstellung 101
animierte 3D-Graphik 72
AOL 24; 136
Apple HFS 37
Apple Macintosh 9; 53
Applets 25
Archie 150
Arpanet 123
ASCII-Format 89
Asymetrix 11
Asymetrix Toolbook 59; 81
Atkin 13
ATRAC 69
Audio-CD's 70
Audio-Kompression 88
Aufbauorganisation 219
Auflösung 44; 68
Austastlücke 76
Authoring 100
Authoring-Methode 101
Authoring-Plattform 101
AUTOCAD 66
Autorensystem 94

B

Backbone 124
Bandpaßfilter 87
BAS 77
Beleuchtungsmodelle 73
Benutzeroberfläche 125
Bestandsanalyse 211

Beta 77
Betacam SP......................... 75
Betriebssystemdisketten 30
Bildmustererkennung............ 96
Bildwiederholfrequenz.......... 42
Bildwiederholraten................ 76
Billing 188
Binärbaum........................... 97
Binärdaten 32
Bitmap-Graphik.................... 53
BITNET.............................. 124
BLOB 90
Blocking 82
bonding 48
Booklet 105
Brainstorming....................... 54
Break-Even-Betrachtung 120
Breitbandkommunikation ... 235
Brennvorgang...................... 103
Bridge-CD............................ 41
Browser 101; 154; 155
Browsing 99
buchstabenadditive Suche .. 100
Bush.................................... 11
Business-Modell 118

C

C++ 100
Capture Companies.............. 64
Cartridge............................ 103
Cartridges 31
CAV..................................... 30
CBT................................... 107
CCD-Technik....................... 77
CCIR................................... 86
CD+G.................................. 35
CD-Brenner 59
CD-I 23; 35; 41
CD-I-Player.......................... 41
CD-I-Ready 41
CD-R 23; 42

CD-Recordable...................... 42
CD-Rohling 42
CD-ROM.................... 23; 36; 78
CD-ROM's mit Internet-
   Zugang............................... 28
CD-ROM/XA 40
CD-ROM-Modes.................... 36
CD-RTOS.............................. 41
CD-RW 46; 108
CDTV 35; 39
CD-WO 42
CERN..................... 14; 153
CGI...................... 168
CGI-Scripten 171
CGM.................................... 90
Chat-Room 152
Chipkartensystem 193
Client-Server 153
Cluster................................ 97
CLV..................................... 31
CMY-Farben........................ 83
COFDM 225
ColorSync........................... 94
Compact Disc...................... 31
COM-Port 134
Composing........................... 80
CompuServe 24; 138
Computergraphik.................. 71
Content layout process.......... 91
Content-Providing................ 110
Cool-Talk 153
CORA 6 7
Crosfield.............................. 9
Cross-Media-Strategie 177
CSNET............................... 124
Customer Care 118; 189
CyberCoin 193

D

DAB 26; 224
DAB-Endgerät..................... 224
DAC.................................... 62

DAT 29; 103
Data Trail............................ 11
Datenanalyse 94
Datenbankanbindung.. 101; 167
Datenbanklayout 94
Datenbanktypen.................... 96
Datenbankzugriff.................. 168
Datenbereitstellung 61
Datendurchsatz...................... 78
Datenkomprimierung............. 81
Datenqualität 95
Datenstrukturierung 89
Datentransferrate.............. 37; 96
DAW 71
DBMS...................................... 169
DCT 83
DeBabbelizer 95
DE-CIX...................................... 144
Declaration 90
Dekomprimierung.................. 69
DE-NIC 127
Descriptive Markups 90
Descriptor................................ 98
Desktop Publishing................ 8
DETECON................................ 142
DF1 236
DFN 126
DGPS 227
Digital Audio 34
Digital Audio Broadcasting ... 26
Digital Audio Workstation 71
Digital Signal Processor 70
Digital Video Broadcasting ... 26
Digitale Audioformate........... 21
Digitale Graphik.................... 66
Digitale Münzen 191
Digitale Signatur.................. 147
Digitale Videoaufzeichnung.. 77
Digitale Videoformate 21
Digitales Video...................... 76
Digitalisierung 20
Digitalisierungsmethoden 21
Digitaltechnik 14

Diskette................................ 23
Disketten................................ 29
Diskfarm 237
Dithering................................ 80
DNS...................................... 128
Document Instance................ 90
Document layout process...... 91
Dolby AC-3 49
Domain 127
Domain Blocks 84
Domain-Name-Server 128
Download 25
Downsampling........................ 94
dpi.. 20
Drahtgittermodell.................. 72
DSF.. 226
DSP 70
DTD 90
DTP.. 8
Dual-Layer-Discs.................... 47
DVB 26; 224
DVB-T-Standard.................... 233
DVD 23; 28; 46; 108
DVD-Format............................ 46
DVD-Forum 50
DVD-M 50
DVD-R...................................... 50
DVD-Video 48
Dye 42

E

EBCDI 89
ECRC...................................... 142
EDC/ECCLayer...................... 37
EFM-Transformation 32
EFM-Transformations-
    algorithmus........................ 36
Einlegeblatt 105
Einzelfertigung...................... 102
Einzugsscanner 65
Electronic Book 107
Electronic Cash 190

Email 145
Email-Transport 146
Encarta 1
Endfertigung 102
End-Tag 90
ENIAC 6
Entity References 90
EPG 233
Erfolgsfaktoren 114; 115
Ergebnishandling 96
Erkennung von Handschrift .. 66
Ersatzteilkatalog 96
EUNet 124; 142; 143
Exabyte 103
externe Dienstleister 58

F

Fahrtroutenplaner 114
Farbtiefe 20; 62; 67; 79
Faxmodem 134
FDCT 83
Fehlerkorrektursystem 32
Festpreisangebot 140
Filterprogramme 95
Finanzierung 223
Fixe und variable Kosten 118
Flachbettscanner 67
Flat Fee 137
Flat-Shading 74
FMFSV 78
Fourier-Synthese 84
Frame-Relay-Netz 142
Frames 75; 142
Framework 8
FTP 128; 145
FTP-Server 141

G

Gateway 124
Gestaltung 162
GIF 82

Glaskörperdarstellung 73
Glasmaster 103
Global Network 143
globale Komprimierung 82
Goo 115
Gopher 151
GPS 227
Granulateffekt 63
Graphikorientierte
    Digitalisierung 63
Graphik-Sequenzer 75
Graphiktablett 66
Guide 13

H

Halbbild 77; 78
Halbdisc 49
Halblinge 48
Händlerbindungsprogramm 117
handwerkliche Herstellung 5
Harddisk-Recording 45
HAYES 134
HBCI 194
Header 90
Hell 9
High-Sierra-Group 37
Hits 185
Host-Adresse 129
Hotline 110
HTML 91; 125; 161
Hybrid-CD-ROM's 53
Hybrid-DVD 49
HyperCard 13
Hyperfilm 13
Hyperlinks 92
Hypertext 11; 15; 22

I

ICC 94
IIS 169
IMA 68

Imagedatei 102
ImagePac 44
Implementierung von
  TCP/IP 167
Indextabelle 98
Indizierung 94; 97
Information Highway 25
Informationsindustrie 2
Informationsprodukte 202
Integration 14; 94
Interaktive Datenträger 22
Interaktive Online-Medien 24
Interaktivität 15; 22
Interleaving 40
Internet 24; 122
Internet Relay Chat (IRC) 152
Internet-Adresse 139
Internet-Business 202
Internet-Link 4
Internetpräsenz 138
Internet-Programmierung 170
Internet-Topologie 132
Intranet 161; 164
Intranet-Server 165
Iomega Jaz 31
IP-Backbone 142
IP-Connectivity 142
IP-Router 158
IP4 132
IPv6 133
IPX 167
IS 142
ISDN 135; 238
ISDN-Karte 135
ISO 38; 130
ISO 8613 91
ISO 8879 89
ISO 9660 .... 38; 39
ISO/IEC 232
isometrische Graphiken 66
ISP 134
Itedo IsoDraw 66
Iterationszyklus 209

J

Jahrgangs-CD-ROM 95
Java 25; 171
Javascript 170
Jewel Box 104
JPEG 67; 82; 83; 92
Jughead 152

K

Kabelmodem 238
Kapazität 22
Kerr-Effekt 46
Keyboarding 64
Kodak Photo CD 44
Kommunikation 16
Kompatibilitätslevel 38
Kompressionsraten 88
Kompressor 69
Komprimierung 44
Komprimierungs-
  algorithmen 69
konvergente Entwicklung 2
Konvertierung 21
Konzeptionsphase 211
Kreativitätsfindung 114
Kundendatenbank 117
Kundenkontakt durch
  Registrierung 186

L

Labeling 104
Lambert-Strahler 74
LAN 126
Lands 31
Layout process 91
Lead-In 35; 43
Lead-Out 35; 43
Lesegeschwindigkeit 34
Limiter 69
lineare Medien 16

lineares Wahrnehmungs-
modell 16
Linotype................................. 6
Lizenz 99
LNC.................................. 232
Log-File.............................. 141
Logistik 110
Lotus 1-2-3............................. 8
LWL.................................. 126
LZW 85

M

MACE................................. 88
Macromedia 11
Macromedia Director 59; 81
magnetisch 23
magneto-optisch..................... 23
Magneto-optische
Speicherung 44; 45
Mail-Gateway 146
Mailinglisten 146
manuelle Erfassung 64
Marketing........................... 117
Marketing-Mix 27
Marketingmix 118
Markteintritt....................... 111
Markteintrittsstrategie 112
Marktpotential 120
Markttendenzen.................... 17
Marktvolumina 109
Markup Declarations............. 90
Markups............................. 90
Massenfertigung 103
Master-CD 34
Mastering........................... 102
Maxi-CD's 34
McLuhan............................ 12
Mediamix........................... 179
Medienintegration 15
Medientypen 16
Memex.............................. 11
Merging-Bit......................... 32

Metawelten 71
Micropayment...................... 27
Microsoft Network 24; 143
MIDI................................. 70
Milnet............................... 124
Minidisc.................. 23; 45; 69
MMA................................ 70
Mode 1-Anwendung 39
Modelling........................... 72
Modem.............................. 134
Modemprotokolle 134
MOT................................. 226
Motion Capture..................... 71
MPEG 85
MPEG-1 .... 42; 86; 225
MPEG-2.............................. 86
MPEG-Audio 69; 87
MPEG-Audio-Layer 70
MPEG-Videos....................... 86
Multimedia 11
Multiplexing........................ 233
Multi-Read-Laufwerke........... 46
multisensorische Sicht 12
Multisession 43
Music-Track 35
Musikproduktion 71
Mustervergleich 66
Muttermatrize...................... 104

N

Näherungssuche 99
Nameserver......................... 128
Navigation.......................... 154
Navigatoren......................... 24
ndata 90
NetBill 194
Netzzugang 135
NIC.................................. 127
Nicht interaktive
elektronische Medien 25
Nickname........................... 153
NLS.................................. 12

NPAD 225
NTSC 76
Nur-Lese-Speicher 44
Nutzbares Datenvolumen 37
Nutzendarstellung 114; 117
Nutzerstruktur 181
Nutzerzahlen 179
Nutzungskosten 136

O

Objektdatenbanken 96
OCR 21; 65
OCR-Vorgang 65
ODA 91
Offline-Medien 23
OFX 194
one-to-many 25
Online 122
Online Präsenz 184
Online-Commerce 185
Online-Kommunikation 184
Online-Marketing 177
Online-Mediaplan 178
Online-Payment 27
Online-Produkte 183
Online-Transaktionen 27
Online-Updating 100
Online-Zeitschriften 178
optisch 23
Optische Abtastung 31
optische Speicher 45
Orange Book 43
OSI-7 Modell 130

P

Packaging 104
PAD 225
PageViews 185
Paketfilterung 158
PAL 76
Parser 90

PASC 69
Patches 70
PCA 43
PCI 10
PCM 1610/1630 103
PCX 82
PDF 91
PDF-Writer 92
Pentium 10
Perl 172
Personal Computer 8
Personal Publishing 10
Phong-Shading 74
Photo-CD 107
Photosatz 7
PhotoShop 9
PIN 192
Pit-/Landmuster 104
Pits 31
Pixelisierung 80
Pixellation 79
Plattenstapel 30
Plug-In 94; 163
PMA 43
PNG-Format 85
PoI 18
PoI-/PoS-Systeme 18
Polygone 73
POP 134
POP3 144
POP3-Protokoll 142
PoS 18
Postscript 91
PowerPC 10; 81
PPP 135
Präsentationsgraphik 53
Pregap 42
Preisfestlegung 120
Preisfindung 119
Premastering 60; 102
Preßmatritze 104
Pressung 60
Preview 100

Processing Instructions 90
Produktlebenszyklen 111
Produkt-Pflichtenheft 211
Projektmanagement............. 202
Projektumsetzung................ 217
proprietäre Systeme 24
Protokolle 130
Provider...................... 125; 139
Provider-Wechsel 139
Proxy-Lösungen................... 159
pull-Werbung 18
push-Werbung...................... 18

Q

Quantisierung........................ 62
Quantisierungsfehler............. 62
QuarkXPress.......................... 9
QuickTime..................... 75; 80

R

Rainbow Books 31
Range Blocks......................... 84
Rauschabstand...................... 69
Rauschverhalten 69
Raytracing............................ 74
Real-Audio........................... 25
Realisierung......................... 212
Rechtschreibprüfung 65
Red Book............................. 34
redundante Speicherung....... 53
Redundanz 48; 82; 84
Referenzmodulation............. 43
Registrierung 195
Reichweitenmessung..... 18; 185
Relationalität........................ 89
Rendering............................. 73
Repository 89
Retrieval.............. 97; 99; 164
Retrieval-Programme............. 38
RGB 555 79
Roadpizza............................. 80

S

Sampling-Frequenz...............68
Samplingrate 20
Satzrechenzentren...................7
Scannen...............................21
Schlüsselmärkte 17
Schnittstelle...........................94
Schrägspurverfahren..............77
Schreib-/Leseköpfe 30
Scriptprogrammierung...........95
Search Engines....................156
SECAM 76
Server...................................155
Server Side Includes 173
Server Space 140
Service-Providing................110
SET.....................................190
Set-Top-Box 26; 232
SGML....................................89
Shopping-Malls 178
Sicherheit 157
Signalverdichter 69
Single-Layer-DVD 48
Singlesession...................34; 43
SLIP 135
SMF.......................................70
SMS 229
Software-Integration 14
Speicherbedarf......................81
Speicherung auf
      Magnetband.....................29
spektrale Redundanz 82
Spin-Off.................................95
Spracheingabe von Texten....66
Spurbreite 34
Stand-alone-PC.......................9
Standards für CD's 33
Standleitung 139
Stärken-Schwächen-Profil....117
Start-Tag.................................90
Statistikfunktion 100
Steuerzeichen........................95

Stoppwortliste 98
Storyboard 72; 100
Strategieentwicklung ... 202; 208
Strukturentwicklung 206
Style Guides 163
Subbands 87
Suchmaschinen................... 156
Superhub 142
S-VHS........................... 48; 77
symbolische Adressierung .. 128
Synthesizer 70

T

T1-Anbindung 141
T3-Leitung 141
tags 161
TCP/IP 124; 130; 136
Telekom-Gebühren 137
Telnet 150
Terminaltypen 151
Testphase 102
Textdatenbanken................. 96
Textdisketten........................ 23
Texture Mapping.................. 74
Texturen 74
thumbnail 100
TIFF 82
Timbre 70
TOC 43
T-Online 135; 138; 146
Trace Routing..................... 141
Trackball............................ 66
TrueColor 83
TTS 6

Ü

Übertragungs-
    geschwindigkeit 163
Übertragungsvorgang (FTP) 149

U

UDF...............................49
U-Matic...........................77
UNIVAC........................6; 29
Unternehmensanalyse 115
Usenet............................147
UUNet 143

V

VBScript 170
Verbindungsoperator............99
Verdeckungseffekt................70
Verlinkung 97
vernetzte Arbeitswelt............17
Veronica...........................152
Verschlüsselung...................147
Vertrieb 115
Vertriebskanäle...................117
VHS 48; 77; 86
Video 2000........................77
Video for Windows 75
Videodigitalisierung.............79
Videotext.....................22; 226
ViewTime...........................186
Virtual Reality 71
virtueller Server 139
Visits................................186
Volumenabhängige
    Abrechnung 140
Vorformatierung 43

W

WAIS 145
WAN................................126
Warenkorbsystem 188
Wavelet.......................82; 84
WebSite Promotion..............178
Webvertising........................17
Wechselplatten 30; 31
Wellenlänge des Laserlichts ..48

Werbebotschaft 17
Werbenutzung..................... 183
Wertschöpfung.................... 106
Wertschöpfung (CD-ROM).. 109
Wiederbeschreibbarkeit 23
Wild Card 99
Wildcards........................... 150
WIN 126
Windows-PC........................ 53
Wirtschaftlichkeits-
    betrachtung 119; 222
Workflow.............................. 21
Workstation 9
World Wide Web 122; 153
WWW 153
WWW-Tools 174
WYSIWYG.........................7; 91

X

XLink 142
XML 163

Y

YAHOO!................................24
Yellow Book.........................36

Z

Zahlungssystem 187
Zeilenabtastung 76
Zeilensprung..........................78
zeitliche Redundanz 82
zentrale Fragestellungen...........2
Zieldefinition 112; 178
Zieldefinition für CD-ROM's..52
Zugriffsfunktionalität 94
Zugriffsgeschwindigkeit 23